도료^{塗料}
생산기술의
정석^{定石}

이기열 지음

지식더미

이 책을 발간하면서

　35년 전인 1975년도에 고려화학에 입사할 당시만해도 도료산업(塗料産業)은 사양산업(斜陽産業)이라 하였다.

　70년대는 철(鐵)로 만든 제품들이 플라스틱으로 전환될 때이다. 특히 가정용 생활용품에서는 내쇼날 플라스틱 제품이 히트를 치고 있었다. 내가 사양산업인줄 알면서도 이 길을 택하게 된 것은 어쩌면 우연일지도 모른다. 그러나 한번 택한 길이었고 33년의 내 일생을 쏟아부은 나의 전부이고, 목표이었으므로 말없이 이 길을 걸어오게 되었다.

　처음 입사할 당시 페인트가 무엇인지도 모르는 무지(無知)의 상태에서 윗분들이 시키는 일만 하였다. 현대자동차의 포니 도장라인에 도료를 처음 공급할 때, 왜 그렇게 불량이 많은지, 무엇이 문제점인지 도무지 모르는채 밤을 지새며 안타까워하면서, 페인트 속으로 들어가 문제의 원인이 무엇인지 밝혀내고 싶은 심정이었다. 도료란 칠만하면 되는 페인트로 알고 시작한 첫 직장에서 생산(기술)을 처음 시작할 때, 기초지식(基礎知識)도 없어 너무나 많은 시행착오(試行錯誤)를 범했다.

　산업여건도 빈약하여 일반건축용 도료가 주종을 이루고 있었고 산업 및 공업용 도료는 외국에서 수입하여 판매되는 시기였다. 우리의 제조기술은 전무(全無)하면서도 '페인트는 발로 비벼도 만들 수가 있다'고 하는 무지에서 비롯된 억지스런 말이 기억이 난다. 얼마나 무지(無知)의 극치인가. 오늘날 우리의 발전된 기술이 산업 전반에 걸쳐 정착하기까지는 중화학공업의 산업화가 진행되면서 발빠르게 추진됐

던 선진기술의 도입이 큰 역할을 하였다. 하지만 기술도입에 따른 응용 연구기술은 발전되었으나 생산 제조기술은 아직도 빈약(貧弱)하기 그지없다.

도료의 공정관리 업무를 하면서 페인트란 종합예술이란 생각을 가지게 되었다. 왜냐하면 수지기술의 화학반응으로부터 물리, 화공, 기계, 전기, 열역학 등 모든 학문의 집합으로 도료 제조기술이 이루어지며, 도장(塗裝) 또한 미(美)와 색(色)의 조화와 창조로 예술성이 뛰어난 것으로 태어난다고 아니 할 수가 없기 때문이다. 내가 체험한 도료생산의 기술은 발로 비벼 생산하는 기술이 아니라 섬세하고 창조적인 전문성이 요구되는 기술이었다.

우리의 삶에서도 기본과 원칙이 중요하듯이, 도료 생산기술에서도 기초이론을 바탕으로 공정개선을 하여야만 개선된 기술이론이 성립 될 수가 있다. 아무리 이론적인 충분한 지식을 가지고 그에 대비한 예행연습(豫行演習)을 많이 했다 하더라도, 수많은 시행오차(施行誤差)를 거치고 배우면서 확장된 이론을 정립시켜 나가는 것이다.

퇴사 후 페인트와 관련된 여러 중소기업의 공장을 방문한 결과, 제조설비의 운영이나 생산은 이론이 뒷받침 되지않은 일천한 경험을 가지고 작업공정과 설비에 적용하고 있어 몹시 안타까웠다. 나의 조그마한 경험과 내가 알고 있는 올바른 제조방법을 제시해 드리는 것이 작게나마 도료발전에 도움이 될 것으로 생각했다.

무(無)에서 얻은 지식을 버리기는 아까워서 하나 둘씩 모아온 자료 중, 도료에 입문하는 생산기술자라면 꼭 알아둘 필요가 있다고 생각되는 지식을 발췌(拔萃)하여 정리하였다.

이 책을 통해, 현장에서 부딪치는 과제들을 개선하고 이를 통해 기쁨을 느끼는 동료들이 되길 빌며, 이 책이 여러분의 "나를 위한 책" 이자 "내가 만든 책" 이 되길 바랍니다.

이 책을 마무리하면서 도료의 공정기술이란 학문을 가르쳐주시고 이끌어주신 선배님께 감사 드리며, 이 책을 정리할 수 있게 배려해 주신 이상민 사장님께도 감사를 드립니다.

2010년 8월 이기열

추천의 글

저자(著者)와 만난 지 어언(於焉) 20년이 훌쩍 지났다. 지난 1990년 독일 Drais Bead Mill(現, Buhler Bead Mill)을 팔려고 동분서주하는 와중에 KCC의 전주 신 공장, 울산 신 증설공장 등 굵직굵직한 프로젝트에 참여하면서 생산공정 책임자로 있던 이 기열 과장을 만나게 된 후, 자연스럽게 해외 출장도 함께 가고 술자리도 몇 번인가 같이 하면서 저자의 서민적이고 인간적인 모습, 전문기술자로서의 고집스러운 면면 등 여러 부분에서 감동을 받고 차츰 개인적으로도 친해지고 싶은 욕구가 발동하기 시작했다.

다행스럽게도 그 기회가 불쑥 찾아 왔다. 저자가 정년퇴직을 한 것이다.
나는 불야 불야 삼고초려(三顧草廬)하는 심정으로 저자의 집을 방문해서 정중하면서도 매우 조심스럽게 우리 사무실에서 함께 생활하자는 제안을 드렸다. 과거 대기업에서 33년을 근무하시던 분께 우리 회사와 같이 자그마한 중소기업에서 함께 생활하자는 제안이 외람되어 무척 망설였다. 하지만 꼭 한번은 저자와 함께 생활을 하고 싶었고, 숱한 세월 동안 축적(蓄積)된 기술 Know-how 또한 탐이 나서 용기를 내었다.

내딴에는 저자를 유혹할 수 있는 방안을 강구했다고나 할까….

이 선생께 지금까지 오랜 세월 동안 현장에서 축적(蓄積)된 모든 Know-how를 책으로 편찬하자는 제안을 하면서 저자가 솔깃해하기만을 기다렸다. 마침내 이 제안이 먹혀 들어가는 순간이 왔다.

혹시 근무여건이 어떤지도 확인할 겸해서 저자가 저의 사무실을 찾아온 것이다. 다행히 당시는 사무실을 확장 이전하여 새로이 단장한 상태라 깔끔한 모습을 보여드릴 수 있었고, 우리 회사가 취급하는 설비 중 아라미드 섬유의 수평 반응기, 나노 분산기 등 첨단제품의 기계를 판매하고 있었던 터라 만사 오케이, 대어를 낚는 순간이었다.

이 책은 저자가 30여 년 간 축적해 왔던 곰삭은 도료생산에 대한 노하우를 지난 2년 여 동안 매우 심혈을 기울여, 창조적으로 기록한 도료생산의 바이블이라고 해도 부족함이 없을 것이다. 생산현장에서 직접 경험한 내용을 바탕으로 공장설계, 생산 Process 설계 등 페인트 제조와 관련된 모든 분야를 총망라(總網羅)하여 기술(記述)하였다. 물론 그 제목과는 달리 안료입자의 분산에 관련된 분야에 종사하는 어느 누구도 활용이 가능한 책이다.

이 책으로 인해서 관련업계의 기술수준이 한 단계 도약하는 계기가 되기를 간절히 바라며 나보다 더한 저자의 간절한 바램이 이루어지기를 기원해 본다.

세우씨앤이㈜ 이상민

C O N T E N T S

C O N T E N T S

C O N T E N T S

도료의 일반 개요와 조색

도료의 일반 개요와 조색

1. 도료의 정의

도료란 물체의 표면에 도포하여 건조된 피막 층을 형성 시킴으로써 물체에 소기의 성능을 부여하는 유동상태의 화학제품을 말한다.

물체의 표면에 도포하여 건조된 피막 층을 형성시켜 내수, 내습, 내유, 내약품의 성능을 발휘하여 그 물체를 보호하고 색, 광택, 입체, 평활화 등으로 물체를 미화하고 방화, 방출, 방음, 방열 등의 성능을 얻도록 해 준다.

2. 도료의 분류

[표 1-1] 도료의 분류

분류표	명칭의 예
원료에 의한 분류	유성도료, 합성수지도료, 주정(酒精)도료, 셀루로우스 락카
사용하는 합성수지에 의한 분류	알키드수지도료, 메라민수지도료(아미노알키드 수지도료), 비닐수지도료, 아크릴수지도료, 에폭시수지도료, 폴리우레탄수지도료, 염화고무도료
상태에 의한 분류	조합페인트, 견련페인트, 빠데, 분체도료, 에멀죤도료, 이액형도료, 소부형도료

경화 건조성에 의한 분류		상온건조형도료, 소부형도료, 자외선경화도료, 전자선경화도료
도장법에 의한 분류		붓도장용도료, 스프레이도장용도료, 전착도료, 정전도장용도료, 침지도장용도료
도장공정에 의한 분류		하도용도료, 중도용도료, 상도용도료, 퍼티프라이머, 써어훼이서, 톱도료
도막의 성능에 의한 분류		방청도료, 방화도료, 방오도료, 시온도료, 형광도료, 내열도료, 전기절연도료
피도물(용도)에 의한 분류		자동차용도료, 건축용도료, 선박용도료, 선저도료, 목공용도료, 콘크리트용도료, 캔용도료
유통 경로에 의한 분류		일반도료, 가정용도료, 공업용도료
건조기구에 의한 분류	휘발건조	세락니스, 락카, 비닐도료, 고무계도료
	산화건조	유성도료, 합성수지페인트, 페놀수지도료
	중합건조	아미노알키드수지도료, 열경화성아크릴수지도료, 에폭시수지도료
	냉각건조	홀멜트페인트(hot melt)

3. 도료의 구성성분

도료는 그의 조성과 용도에 따라 상당히 많은 종류가 있으나 조성을 크게 나누면 수지, 안료, 용제, 첨가제의 4가지 성분으로 되어 있다. 다시 말하면 도료는 점성이 있는 수지용액과 안료, 용제, 첨가제로 연육시키고 도장하기 쉽게 하거나, 마감을 잘하게 하기 위하여 첨가제를 가한 것이다

도료의 구성은 그 성분이 갖는 역할에 따라서 ①도막 주요소 ②도막 부요소 ③도막 조요소로 분류된다.

도막 주요소는 도막이 고착하여 본래의 목적인 보호와 미관에 직접 관계를 갖는 수지, 안료 등의 주성분을 말한다. 도막 부요소는 도료를 만들기 쉽게 하거나, 도료가 잘 건조 되도록 적극적으로 돕는 역할을 갖는 분산제, 안정제 등의 첨가제라 불리는 성분을 말한다. 도막 조요소는 안료와 수지를 연육할 때에 사용되는 용제나 도장하기 쉽도록 가하는 신나 등과 같이 도장이 건조되면 소멸되어 버리는 성분을 말한다.

1) 수지 · 수지바니쉬

수지바니쉬란 천연 또는 합성된 고분자 화합물인 수지를 그대로의 상태에서 용

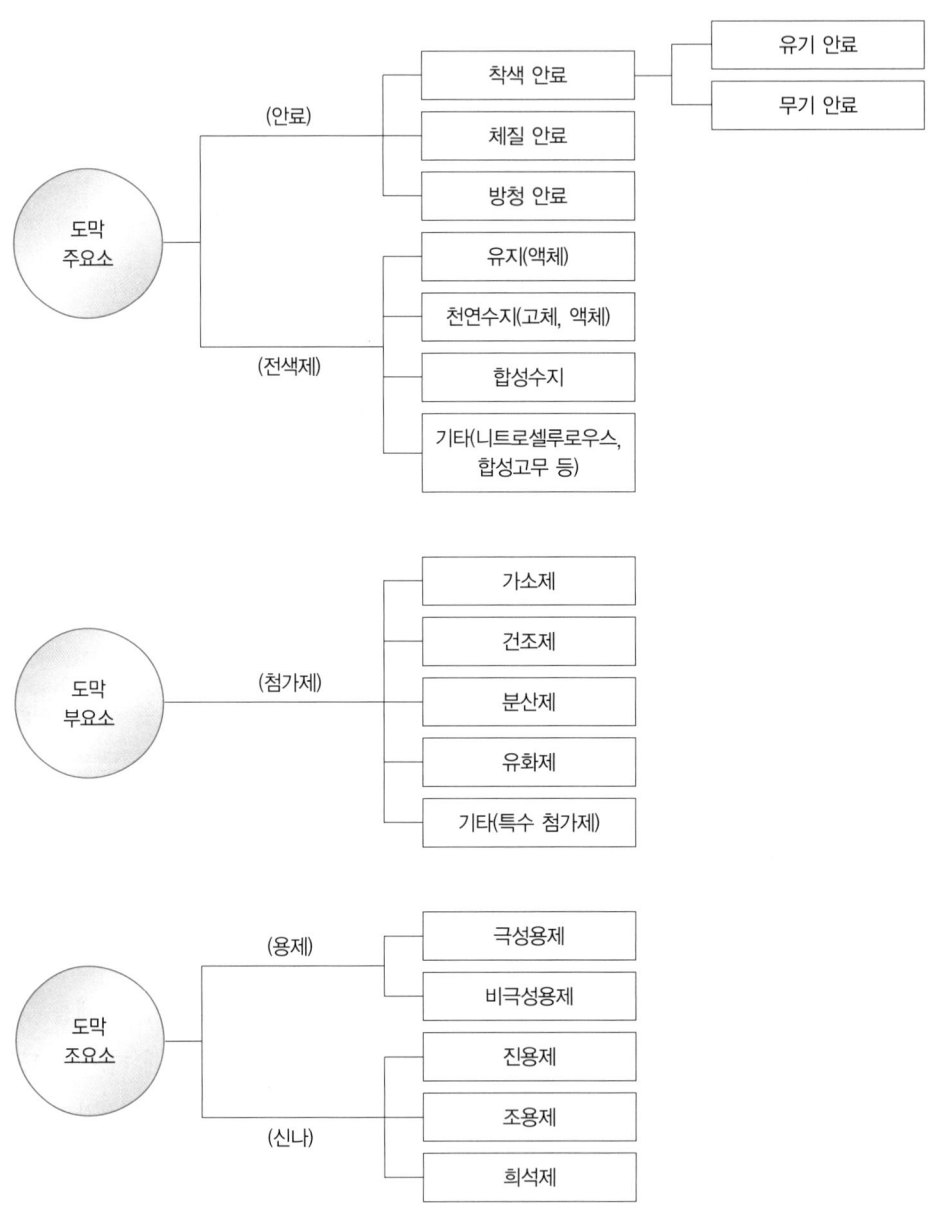

[그림 1-1] 도료의 구성성분

제를 녹인 것으로서, 매우 점성이 있는 것부터 물에 가까운 점성을 갖는 것까지 여러 가지가 있다.

일반적으로, 수지와 수지바니쉬는 같은 의미로 쓰이는 것이 많다. 좀더 구별하면 안료를 분산하거나 혼합할 때 점성 그 외의 효율적인 점성이 되도록 수지를 녹인 것을 수지바니쉬라고 부르는 것을 구별하는 것에 지나지 않는다.

무기도료 등에 사용되는 특수한 것을 제외 하고는 이들 수지는 어느 것이나 유기물이며, 고온에서 가열하면 대개는 연화(軟化)→유동(流動)→고화(固化)를 거쳐 타든가 분해(分解)되는 것이다. 수지는 도료의 기본적인 골격이며, 도료 중에 접하는 수지의 성분이 도료의 특징과 성능을 나타내는 것이 많다. 그러나 이들 수지는 단독으로 구성되는 것은 적으며, 조합되는 수지 중에서 '주성분의 수지' '독특한 개성을 갖는 수지'가 대표하여 도료의 명칭이 되며, 도료의 특성을 나타내는 포인트가 되는 것이 많다. 따라서 각각의 수지가 갖는 '수지의 장점·단점'을 대략 아는 것이 도료를 이해하는 데 기본이 된다.

수지의 분류법에는 여러 가지 이론이 있지만 대개 '천연수지와 합성수지'로 분류 하거나 수지의 생성 과정인 '축합계·중합계'로 분류하는 것도 있으며, '수성계·용제계'로 분류 하는 등 여러 가지 분류법이 있다.

2) 안료

물·용제 등에 용해되지 않고 색이 있는 분말을 말하며 물에 용해되고 색이 있는 분말은 염료라고 한다. 안료는 전색제와 함께 섞어 도료, 인쇄잉크, 그림물감 등을 만들며, 물체의 표면을 착색하거나 합성수지, 고무, 셀룰로이드 등에 혼합시켜 이를 착색하기 위하여 사용된다. 염료는 주로 섬유제품의 착색에 사용된다.

안료는 크게 나누면 무기안료와 유기안료로 나눌 수 있는데 무기안료는 아연, 티탄, 철, 납, 크롬의 화합물로서 내광성, 내열성이 크고 유기용제에 강하며 값이 싸다. 유기안료는 염료를 물에 녹지 않는 금속 화합물의 형(레이크)으로 바꾼 것이 대부분이다. 색이 선명하고 착색력이 강하지만 내광성과 내열성이 약하며 값이 비싸다.

(1) 착색안료

착색안료는 물, 기름, 용제에 녹지 않고 햇볕에 견디는 색을 갖는 분말이며, 수지바니쉬와 연육시켜 도료에 색채를 갖도록 하기 위해 사용된다.

도료에 사용되는 안료는 도장의 목적과 기능에 따라 다르며, 물과 용제에 녹아 나오지 않는 것이 필수조건이다.

착색안료는 무기안료와 유기안료로 크게 나눌 수가 있다. 무기안료에는 티탄, 납, 철, 동, 크롬 등의 금속화합물이 있고, 석유 또는 천연가스를 불완전 연소시켜 만든 카본블랙도 포함된다. 유기안료는 LAKE 안료라고도 부르며 염료를 물이나 용제에 녹지 않는 금속화합물의 형으로 한 것과 체질안료를 염료로 염색하여 물과 용제에 녹아나지 않도록 한 것도 있다. 이들 착색안료의 일반적인 성질을 비교하면 무기안료는 내후성, 내열성이 뛰어나지만 입자가 거칠고, 색의 선명도가 떨어지는 결함이 있다. 유기안료는 선명한 색체의 것이 많으며, 입자가 가늘어 착색력이 뛰어나지만 내후성, 내열성에는 약간의 난점이 있는 것이 보통이다.

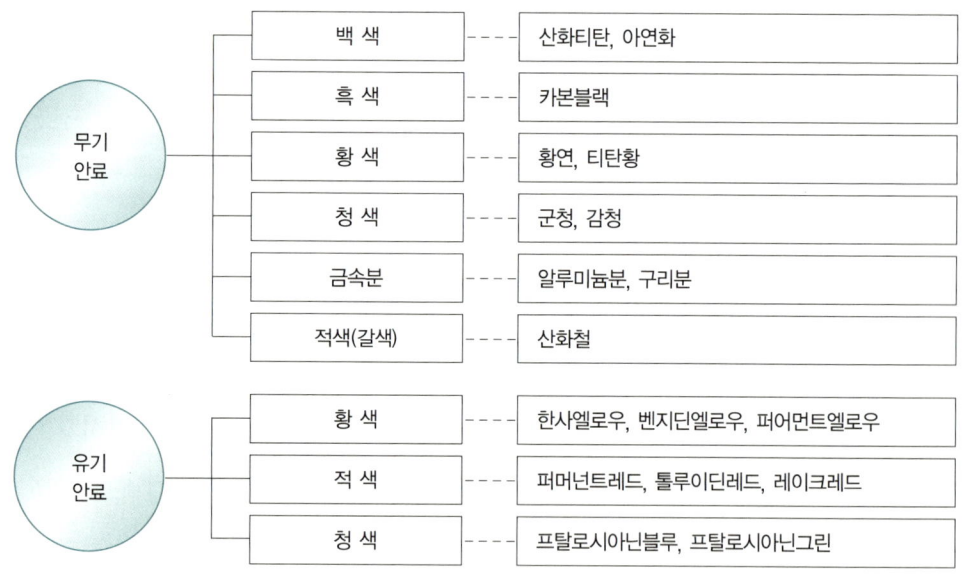

[그림 1-2] 안료의 종류

(2) 체질안료

체질안료란, 천연석이나 백색점토를 그대로 분쇄하거나, 열처리 등으로 가공 후 분쇄한 것이다. 분쇄 후 체로 여과하여 입자를 고르게 한다. 체질안료의 명칭은 원석의 산지, 조성, 가공법 등에 의해 붙여진다.

체질안료는 수지바니쉬와 연육할 때의 유동성(점성) 등이 크게 다르므로 도료의 종류에 따라 신중하게 선택되고 있다. 도료의 성분에 쓰이는 체질안료에는 다음과 같은 기능이 있다.

① 도료의 막을 보호하고, 강한 성질을 부여한다.
② 도료 막의 살 오름을 좋게 하여 평활성을 준다.
③ 마감 상태에서 광택 소실 효과를 준다.
④ 연마를 쉽게 하는 효과를 준다.
⑤ 점성을 조정하거나 증량에 의해 가격을 낮추는 효과를 준다.

- 체질안료의 종류
  - 탈크, 탄산칼슘, 실리카, CLAY, 산성백토, DOLOMITE, BLANC FIXE

(3) 방청안료

철 등의 금속이 녹스는 것은 특수한 경우를 제외 하고는 물과 산소에 접촉되기 때문이며, 이것에 염분, 탄산가스 등의 산성 약품이 가해지면 녹은 급속히 진행된다. 이것에 반하여 알카리 분위기에서는 철은 녹슬기 힘들며, 알카리의 종류와 양에 의해서 철이 전혀 녹슬지 않는 경우도 있다.

방청안료란 이들 철을 녹슬게 하는 성분을 녹슬지 않는 성분으로 변하게 하는 반응기 결국 '적당한 화학활성'을 갖는 안료인 것이다. 방청안료에는 염기성안료(활성안료: 광명단), 가용성안료(징크 크로메이트), 금속분안료(아연말) 등이 있다.

- 방청안료의 종류
  - 연단, 아연말, 아산화납, 크롬산 아연, 염기성 크롬산납, 시안화납, 염기성 황산납

3) 첨가제

첨가제란 도료의 제조에서부터 도료가 건조되어 내구력을 지속시킬 때까지 각각의 단계에서 도료에 필요한 기능이 충분히 발휘될 수 있도록 가하여지는 보조적인 역할을 하는 약품이다.

도료의 작업성, 마감상태의 우열은 첨가제에 의해 좌우되는 것 등의 중요한 역할을 갖는 것임에도 불구하고, 그 효과가 충분히 알려지지 않은 것이 많다.

(1) 분산제

안료를 수지바니쉬 중에 균일하게 안정한 상태로 효율 좋게 분산 시키기에 필요한 첨가제로 '계면활성제' '습윤제' 라고도 부른다.

＊원료 : DISPALON, TRITON X-100, SOYA LECITHIN

(2) 침전방지제

도료 저장품에 안료가 용기 밑에 침전되는 것을 방지하기 위하여 가하는 첨가제이다. 도료가 흐르는 것을 방지하는 것에는 '흐름방지제'나 '증점제' 등이 있다.

＊원료 : BENTON, THIXATROL ST, AL-STEARATE, NATROSOL

(3) 피막형성 방지제

도료가 저장 중에 용기 안에서 표면이 건조되어 피막이 형성되는 현상을 방지하기 위해 가하는 첨가제이다. 유성페인트, 푸탈산 에나멜과 같이 건조유를 원료로 하는 것으로 공기와 접촉하면 산화 중합으로 건조되므로 도료에는 꼭 필요한 첨가제이다.

＊원료 : METHYL ETHYL KOTOXIME

(4) 가소제

유연성, 내구성, 내한성을 줄 목적으로 사용되는 것으로 첨가제라기보다는 보강제라고 하는 쪽이 적절할 지 모른다. 이것들을 사용하는 도료의 종류에는 락카계, 염화비닐계, 합성고무계, 에멀죤도료 등이 있다.

수계의 에멀죤도료 등에 조막성(물이 증발한 후 수지 입자를 뭉치기 쉽도록 하는 성질)을 향상 시키는 목적으로도 쓰인다.

＊원료 : DOP, DBP, 염화파라핀(EMPARA 40, 70), TCP, 피마자유

(5) 소포제

도료를 제조할 때나 도장할 때 기포 발생을 막기 위하여 가하는 첨가제이다. 제조할 때 기포가 발생하면 작업효율이 나쁘게 되며, 도장할 때에는 외관이 나쁘게 된다.

이것을 방지하는 첨가제에는 기포가 나오기 어렵게 하는 것(억포효과)과 기포가 나오면 곧 없어지게 하는 것(파포효과)의 2종류가 있다. 도료에 사용하는 소포제는

특수한 것을 제외 하고는 파포효과를 갖는 것이 많다.

    ＊원료 : SILICONE, NOPCO NDW

(6) 색분리 방지제

도료의 저장 중에 분산된 안료가 응집 되거나 색이 변하지 않도록 가하는 것과 도장할 때 색분리를 방지하여 색채가 제대로 얻어질 수 있도록 가하는 첨가제이다.

    ＊원료 : SILICONE

(7) 기타 첨가제

    ① GAS 방지제
    ② 대전방지제
    ③ 난연제, 방화제
    ④ 방부제
    ⑤ 건조제, 경화제
    ⑥ 자외선, 흡수제
    ⑦ 유화제
    ⑧ 침투제
    ⑨ 열안정제
    ⑩ 활제

4) 용제

용제는 문자 그대로 수지를 녹이거나 도료를 묽게 할 때 쓰이는 액체이며 물도 용제 중에 포함된다. 용제에는 일반적으로 다음과 같은 성질이 요구된다.

    ① 수지의 용해성이 있을 것
    ② 무색으로 탁하지 않을 것
    ③ 상온에서 전부가 증발할 것
    ④ 악취나 독성이 적을 것
    ⑤ 용제 상호간에 상용성이 있을 것.

용제와 신나는 동의어로 사용되는 경우가 많지만, 본래는 틀린 의미를 갖고 있다. 신나는 복수의 용제를 혼합한 것으로 도장하기에 알맞도록 도료를 '묽게 하는 것'

이며 용제는 수지를 '녹이는 것'의 의미로 쓰이기 때문이다. 용제는 지하 자원인 석탄, 석유를 원료로 하고 분류, 정제에 의해 얻어지는 것이 거의 대부분이다. 이들 용제를 크게 나누면 '비극성 용제'와 '극성 용제'로 나눌 수가 있다

비극성 용제는 탄소와 수소로 구성되어 있으므로 탄화수소계 용제라고 부른다. 이 탄화수소계 용제를 2가지로 나누면 석유계에서 보는 직쇄상의 분자구조를 갖는 '지방족 탄화수소'와 석탄계에서 볼 수 있는 벤젠핵의 골격을 갖는 '방향족 탄화수소'로 나누어진다.

극성용제는 -OH, -COO, -NH₂, -CO 등의 화학 구조식을 갖고, ⊖ 또는 ⊕의 전하를 갖기 쉬운 반응기를 갖는 용제로 알콜계, 에스텔계, 케톤계의 용제 등으로 불린다.

용제가 도료에 따라서는 단독으로도 적절한 용해력과 경제성을 갖는 것도 있으며, 이것도 신나라고 부르지만 일반적으로 신나는 복수의 용제가 혼합되어 만들어진다. 이 혼합된 각각의 용제는 그 역할에 따라 '진용제', '조용제', '희석제'의 3가지로 분류할 수가 있다.

진용제는 도료를 잘 용해하는 용제이며, 조용제는 알코올계 용제 등과 같이 소량을 가하므로서, 진용제의 용해력을 일단 향상시키는 용제를 말한다. 희석제란 작업성(증발속도의 조정)이나 경제성을 가미시킨 증량제적 역할을 하는 용제를 말한다.

이와 같이 신나에는 만능인 것은 없으며, 도료에 적절한 신나를 묽게 하지 않으면 도장의 마감이 나쁘게 되거나, 전혀 녹지 않는다. 도료에 사용되는 대표적인 용제를 분리하면 다음과 같이 된다.

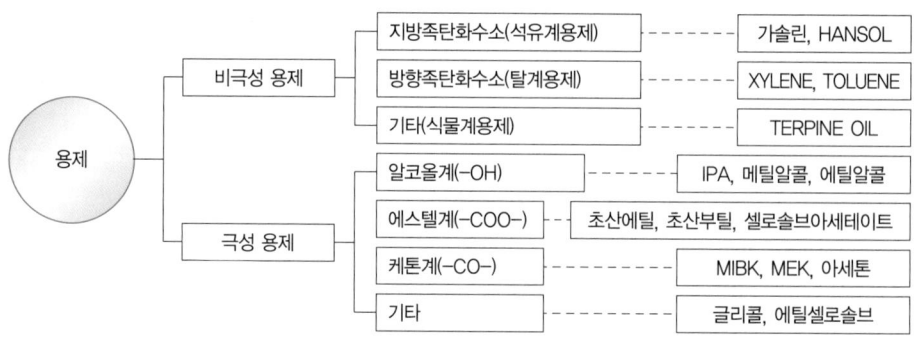

[그림 1-3] 용제의 구분

4. 색의 정의와 구성요소

조색을 행하기 위해서는 올바른 색의 성질을 알 필요가 있다.

색은 맛이나 냄새와 같이 '감각'의 일종이며, 물체나 빛은 아니다. 빛이 눈에 들어와서 뇌를 자극해 색으로 감지되는 것으로 색은 빛의 존재 하에서 감지되는 것이지만, 빛의 파장에 따라 눈에 감지되지 않는 영역이 있으며, 눈에 감지되는 파장영역을 '가시범위'라고 한다.

COLOR를 나타내기 위해서는 물리적 개념으로 광원(LIGHT SOURCE), 물체(OBJECT), 감지기관(DETECTOR: 눈, 뇌)의 3가지 요소가 필요하다.

1) 광원

인간이 눈으로 볼 수 있는 영역을 가시광선(VISIBLE LIGHT)이라 하고, 전자기 방사선 스펙트럼(ELECTROMAGNETIC SPECTRUM)의 일부이다.

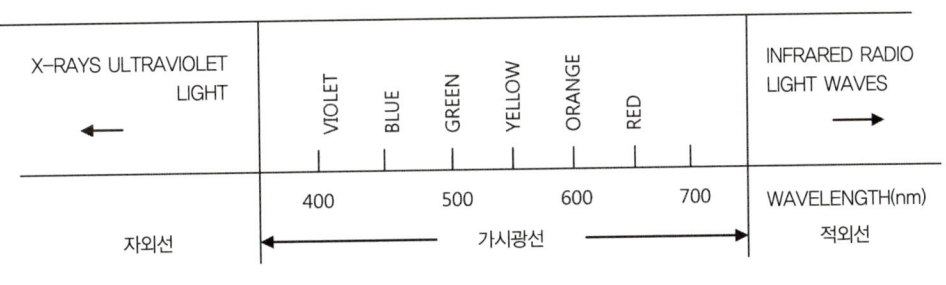

[그림 1-4] 가시광선의 영역

(1) 빛(LIGHT)을 여러 가지 종류로 구분해 볼 수 있다

단색광, 형광등, 백열등, 수은등 등으로 구분 할 수 있으며, 위의 광 에너지 색은 보통 백색으로 보일 수 있으나 온도에 따라 빛의 밝기와 방사 에너지는 각각 다르다.

(2) 표준광원 (STANDARD LIGHT SOURCE)

위의 광원에 따라서 에너지 방출량이 조금씩 차이를 나타내므로 광원의 표준화를 위해 국제조명기구(CIE: INTERNATIONAL COMMISSION ON ILLUMINATION)에서는 다음의 표준광원을 설정 하였다.

- CIE A 광원 : 백열등(텅스텐 필라멘트 램프 2854K)
- CIE D₆₅ 광원 : 대낮의 광원(6500K)
- CIE F 광원 : 형광등(게르마늄 COOL WHITE LAMP 4200K)
- CIE C 광원 : 쾌청한 날의 평균광원(6770K)

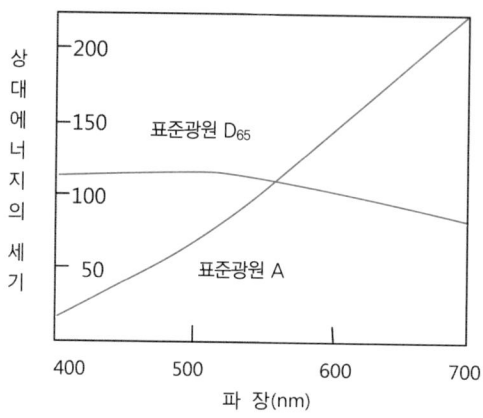

[그림 1-5] 가시영역에서의 표준광원들의 에너지 분포도

2) 색 판별 메커니즘

물체는 광원의 빛을 받아서 반사(REFLECTANCE)되는 정도에 따라 색을 띠게 된다. 물체가 적색을 나타낸다고 하는 표현은 다시 말하면 가시광선의 일부 중 장파장에서만 반사하고 그 나머지 파장에서는 흡수되는 것을 말한다.

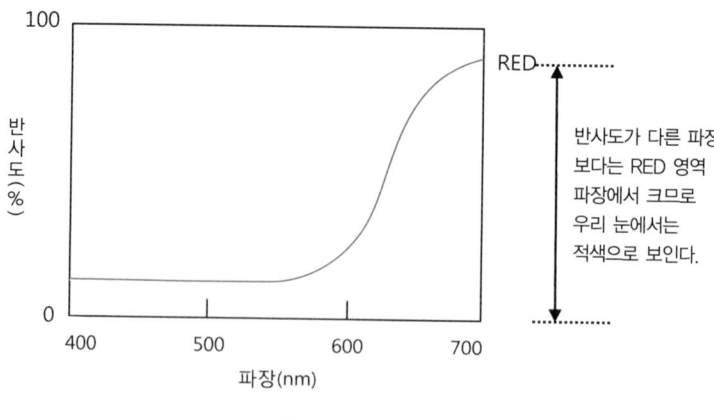

[그림 1-6] 적색 파장

물체가 반사하는 빛을 인간의 눈을 통해 받아 뇌에서 COLOR를 판독하게 된다. 학술적으로 표현하면
- 인간의 눈에서 → 지각하는 과정(PERCEPTUAL PROCESS)
- 뇌에서 → 해석되는 심리과정(PEYCHOLOGICAL PROCESS)

하나의 색을 해석하는 과정은 위와 같이 복잡한 메커니즘을 통해야 하므로 주변 환경의 요소들에 따라 상당히 민감하다.

지각되고 해석되는 과정을 위해 눈에는 명암과 색상을 구분할 수 있는 신경 세포들이 연결되어 있다.
- ROD(한상체) - 명암을 구분하는 세포
- CONE(추상체) - 색상을 구분하는 세포

이런 세포들의 구성이 사람마다 차이가 있을 수 있으므로 역시 국제조명기구에서 표준광원과 같이 표준 관측자를 정하였다.

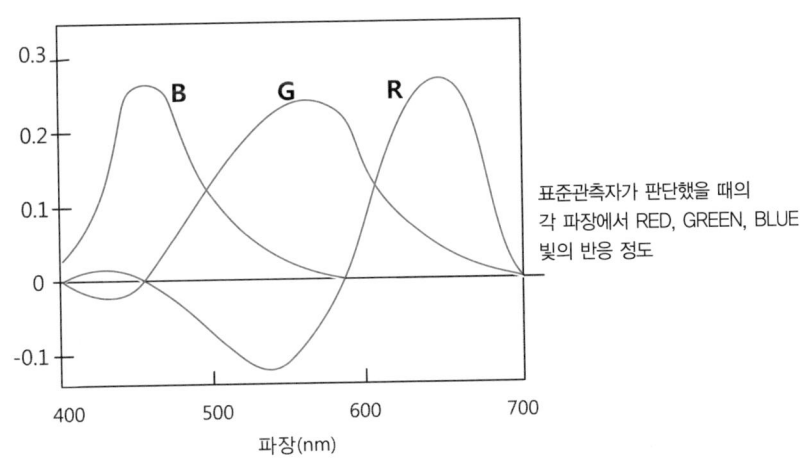

표준관측자가 판단했을 때의 각 파장에서 RED, GREEN, BLUE 빛의 반응 정도

[그림 1-7] 각 파장에서 RED, GREEN, BLUE 빛의 분광분포 곡선

3) 인간과 측정계기와의 연관성
COLOR를 해석하는 데 인간과 측정계기와의 차이점은 광원과 관찰자이다.

이러한 차이점을 줄이기 위하여 표준광원과 표준관찰자가 정해졌고 이 DATA를 이용하여 COLOR를 해석하는 계기가 COLORIMETER와 COLOR COMPUTER이다.

* METAMERISM PAIR: 물체와 관측자는 변하지 않고 광원의 종류에 따라서 서로 다른 COLOR를 나타내는 경우 → COLOR COMPUTER에서는 이러한 어려움을 해결키 위해 여러 표준광원 아래서의 DATA를 얻을 수 있다.

5. 색차

색차(色差, COLOR DIFFERENCE)란 2개의 색 즉, 표준색과 견본색과의 색 공간에 있어서의 기하학적 거리에 상당하는 수치로서 색채의 차이를 나타내는 것이다. 여기서 말한 기하학적 거리는 인간의 눈과 감각과는 다르므로 X, Y, Z의 값이나 기타의 값에서 그대로 색채를 산출해서는 안 된다. 따라서 많은 학자들에 의해서 색차를 산출하기 위한 여러 가지 색차식들이 있다.

L*, a*, b* 색 공간에서의 색차는 단일 수치 값 DE*ab로서 표현할 수 있는데, 이는 표준색과 견본색의 색차의 정도 즉, 색차의 크기를 나타내는 것으로서 DEab는 다음의 방정식으로부터 구해진다.

> A COLOR와 B COLOR의 색차를 아래 공간을 이용하여 나타내 보면

$$DE^*_{ab} = \sqrt{\begin{array}{l} (DL^*)^2 : 명도 \\ + (Da^*)^2 : RED와 \ GREEN \ 축에서 \ 차이 \\ + (Db^*)^2 : YELLOW와 \ BLUE \ 축에서 \ 차이 \end{array}}$$

여기서 DL*, Da*, Db* : 표준색과 견본색 간의 L*, a*, b*

* COLOR의 용어 설명
① a* : CIE LAB SPACE에서 RED/GREEN 축
② b* : CIE LAB SPACE에서 YELLOW/BLUE 축
③ DC* : 채도(CHROMA)의 차이
④ DH* : 색상(HUE)의 차이
⑤ DL* : 명도(VALUE)의 차이
⑥ DE* : 색차(COLOR DIFFERENCE)

⑦ K : 흡수계수(ABSORPTION COEFFICIENT)

⑧ S : 산란계수(SCATTERING COEFFICIENT)

⑨ 가시영역 : 400 ~ 700nm

VIOLET	380 ~ 400
BLUE	400 ~ 480
GREEN	480 ~ 570
YELLOW	570 ~ 590
ORANGE	590 ~ 630
RED	630 ~ 770

⑩ X. Y. Z : RED, GREEN, BLUE의 3자극치

⑪ 은폐력(%) = $\dfrac{\text{WHITE 부분의 Y치}}{\text{BLACK 부분의 Y치}} \times 100$(은폐지 이용)

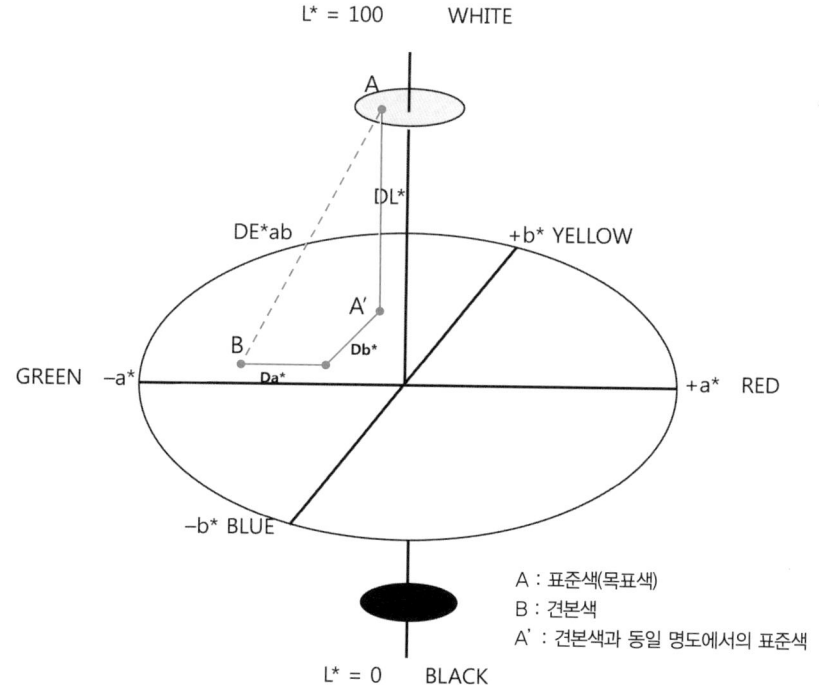

[그림 1-8] CIE L* a* b* COLOR SPACE

1) DATA를 이해하는 방법

① 표준색(L*=43.31, a*=+47.61, b*=+14.12)과 견본색(L*=47.34, a*=+44.58, b*=+15.16)의 차이를 L* C* h 색 공간을 이용하여 측색기로 측정해 보면 다음과 같은 결과를 얻을 수가 있다.

DE*=5.15	DL*=+4.03	DC*=-2.57	DH*=+1.91

여기서 색차의 값 DE*과 명도차 DL*의 값은 L* a* b* 색 공간에서의 측정값과 같다. 채도차 DC*=-2.57라는 것은 견본색이 표준색에 비해서 채도가 더 낮다는 것을 나타낸다.또한 두 색간의 색상차 DH*=+1.91 인데 견본색이 +b 축에 더욱 가깝다는 즉, 더 노랗다는 것을 의미한다.

② 다음은 COLOR COMPUTER를 이용하여 색차(COLOR DIFFERENCE)을 나타내는 DATE이다.

[표 1-2] STD와 BATCH의 색차 DATA

CIE Lab	ILL	X	Y	Z	L*	a*	b*	C*
STD	D	7.08	8.30	17.63	34.59	−7.56	−22.28	23.52
	A	6.42	6.88	5.84	31.53	−11.65	−27.97	30.30
	F	6.68	6.99	11.11	31.79	−4.50	−26.17	26.55
BATCH	D	8.12	9.85	19.26	37.57	−10.48	−20.43	22.96
	A	7.47	8.21	6.38	34.43	−14.09	−26.25	29.79
	F	7.74	8.32	12.23	34.64	−6.69	−24.77	25.66

CIE LAB	ILL	DL*	Da*	Db*	DE*	DC*	DH*
BATCH	D	2.98	−2.93	1.85	4.57	−0.57	−3.42
	A	2.89	−2.44	1.79	4.16	−0.51	−2.94
	F	2.85	−2.19	1.40	3.86	−0.89	−2.44
BATCH	IS	2.98	LIGHTER	THAN	STD		
BATCH	IS	0.57	DULLER	THAN	STD		

✳ 참조 : COLOR 용어 설명

　　Da* : RED/GREEN COLOR DIFFERENCE

+ = COLOR IS REDDER (OR LESS GREENER THAN)

– = COLOR IS GREENER THAN (OR LESS REDDER THAN)

Db* : YELLOW/BLUE COLOR DIFFERENCE

+ = COLOR IS YELLOWER THAN (OR LESS BLUER THAN)

– = COLOR IS BLUER THAN (OR LESS YELLOW THAN)

DC* : DIFFERENCE IN CHROMA OR SATURATION OF A COLOR

DH* : DIFFERENCE DUE TO HUE

6. 색의 표시방법

색의 측정방법은 광원색의 측정방법(KS-A-0068)과 물체색의 측정방법(KS-A-0066)으로 나누며 물체색은 반사물체와 투과물체로 나눈다.

1) MUNSELL COLOR

미국의 먼셀(A. H. MUNSELL, 1858-1919)씨에 의하여 개발된 이 색상표시 체계는 미국, 영국, 일본을 위시하여 전 세계적으로 가장 많이 사용되고 있으며, 세계 각국의 많은 정부와 산업체, 단체들이 이 MUNSELL COLOR 표준을 따르고 있어 명실상부한 COLOR의 기준이 되고 있다.

(1) MUNSELL COLOR은 색의 3속성을 기호화하여 색상, 명도, 채도로 구분한다.

① 색상(HUE)

색상은 원색 5가지 즉 적색(R), 황색(Y), 녹색(G), 청색(B), 자색(P)과 그 중간의 보색(COMPLEMENTARY COLOR)의 5가지 색상 청녹(BG), 청자(PB), 적자(RP), 주황(YR), 연두(GY)를 합쳐 10가지를 기본색으로 하고 10색의 각각 사이를 10등분하여 100가지 색상이 되게 하였으나 보통은 1색상을 4등분하여 2.5R, 5R, 7.5R, 10R 등으로 나누어 합 40색상으로 사용하고 있다.

② 명도(VALUE)

색의 밝기를 명도라고 한다. 일반적으로 명도는 10단계로 하고 백색, 백회색, 중간회색, 흑색으로 구분하며 명도 0과 명도 10은 실제 존재하지 않으므로 NO. 5 부터 0.5씩 늘려 N 9.5 까지 사용한다.

③ 채도(CHROMA)

색의 명료함의 정도를 나타내는 값으로 백색, 회색, 흑색을 포함하지 않는 색의 순수함을 말한다. 색에 대한 감각을 주는 광(光)의 강, 약에 의한 비율로서 순수도 또는 신선도라고 부른다.

/2, /4,······, /14 등과 같이 2 단위로 되어 있으나 저채도 부분이 많이 쓰이면서 색상의 채도 판단이 어려우므로 /1, /2, /3 등으로 쓰인다.

(2) 색상 CODE 체계

① 유채색

색상환의 분할에 의한 색상구분과 명도/채도로 표시하며, 이는 단순히 색의 감각에 의하여 색계(色系)를 조립한 것이다.

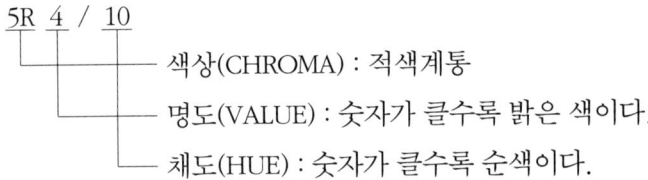

5R 4 / 10
— 색상(CHROMA) : 적색계통
— 명도(VALUE) : 숫자가 클수록 밝은 색이다.
— 채도(HUE) : 숫자가 클수록 순색이다.

② 무채색

흑을 1로 하고 순백색을 10으로 놓아 명암을 단계별로 나눈 수치로서 무채색의 명도(NEUTRAL VALUE)를 표시한다.

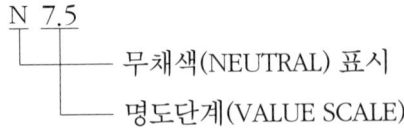

N 7.5
— 무채색(NEUTRAL) 표시
— 명도단계(VALUE SCALE)

2) FS COLOR

FS COLOR란 FEDERAL STANDARD(미연방 표준) NO.595에 따른 색상으로 1989년 2차 개정된 FEDERAL STANDARD NO. 595b 규격이 표준으로 사용되고 있

다. 미연방정부에 조달되는 COLOR를 표준화하기 위해 제정되었으나 현재는 미국 산업계에서 널리 사용되고 있으며, 특히 한국에서도 COLOR 표준으로 인정되고 있다.

색상 CODE는 5단위의 아라비아 숫자로 구성되어 있는데 첫째 자리 숫자는 광택 구분, 두 번째 숫자는 색상구분, 그 다음 숫자들은 일련번호이다.

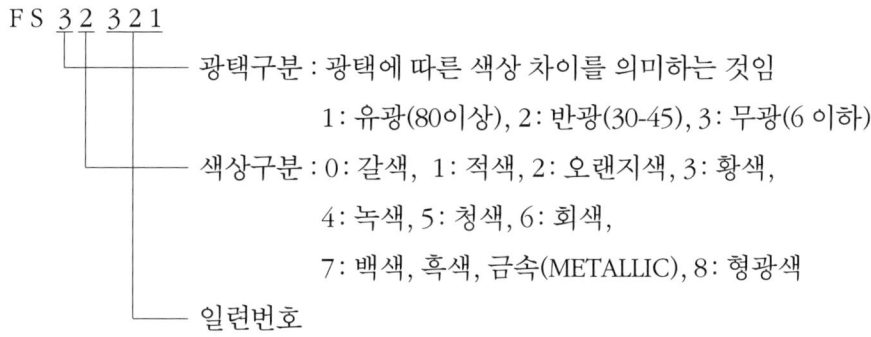

FS 3 2 3 2 1

광택구분 : 광택에 따른 색상 차이를 의미하는 것임
　　　　1 : 유광(80이상), 2 : 반광(30-45), 3 : 무광(6 이하)
색상구분 : 0 : 갈색, 1 : 적색, 2 : 오랜지색, 3 : 황색,
　　　　4 : 녹색, 5 : 청색, 6 : 회색,
　　　　7 : 백색, 흑색, 금속(METALLIC), 8 : 형광색
일련번호

3) RAL COLOR

독일 연방 표준 색상으로서 유럽에서 산업용으로 많이 활용되고 있다.

색상 CODE는 RAL 두(頭)문자와 4단위의 아라비아 숫자로 구성된다.

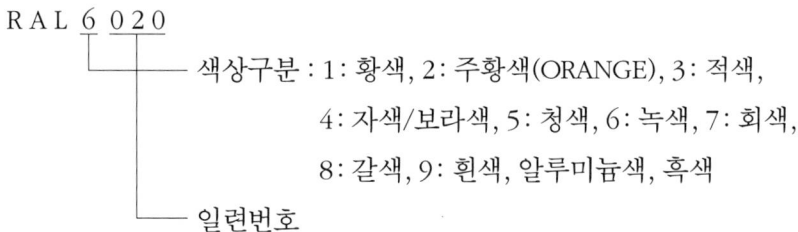

RAL 6 0 2 0

색상구분 : 1 : 황색, 2 : 주황색(ORANGE), 3 : 적색,
　　　　4 : 자색/보라색, 5 : 청색, 6 : 녹색, 7 : 회색,
　　　　8 : 갈색, 9 : 흰색, 알루미늄색, 흑색
일련번호

4) PA COLOR

한국 페인트 · 잉크 협동조합에서 발행한 종합 색견본표이다.

6자리의 아라비아 숫자를 부여하되, 처음 두 자리는 색상(HUE), 셋째와 넷째 자리는 명도(VALUE), 다섯째와 여섯 번째 자리는 채도(CHROMA)의 값을 나타낸다. 색 번호 앞의 알파벳 기호는 판수(발행년)을 구분(F = 2001년판)해 주는데, 보통 4년 주기로 판수를 바꾸어 발행하고 있다.

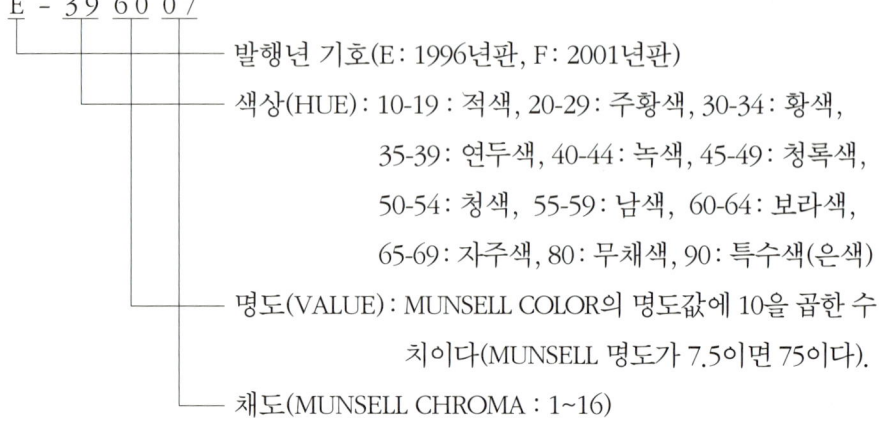

E - 3 9 60 07

━━━ 발행년 기호(E : 1996년판, F : 2001년판)

━━━ 색상(HUE) : 10-19 : 적색, 20-29 : 주황색, 30-34 : 황색,
　　　　　　　35-39 : 연두색, 40-44 : 녹색, 45-49 : 청록색,
　　　　　　　50-54 : 청색, 55-59 : 남색, 60-64 : 보라색,
　　　　　　　65-69 : 자주색, 80 : 무채색, 90 : 특수색(은색)

━━━ 명도(VALUE) : MUNSELL COLOR의 명도값에 10을 곱한 수
　　　　　　　치이다(MUNSELL 명도가 7.5이면 75이다).

━━━ 채도(MUNSELL CHROMA : 1~16)

점도^{粘度}와 유동^{流動}에 관한 식

점도粘度와 유동流動에 관한 식

유동학(RHEOLOGY)이란 흐름과 변형의 과학이라고 정의된다. 여기에서는 도료에 관한 유동학, 즉 도료의 흐름에 관한 현상의 것만 취급하기로 한다. 그러나 그 범위는 도료제조 전 공정으로 원료의 액체(용제, 오일, 수지액)가 도료제조 공정에 맨 처음 보내질 때부터 제조된 도료가 도포되어 딱딱한 도막으로 변할 때까지의 비교적 광범위한 것으로 그 각 단계에 있어서 유동성은 중요한 역할을 하고 있다.

보통 감각적으로 도료의 성상을 말할 경우 점조(粘稠)한 액체에서는 짙다, 풀 모양이다, 끈기 있다, 흐르기 어렵다, 방울로 떨어진다 등으로 표현된다. 반대로 유동하기 쉬운 액체는 묽다, 물과 같다, 흐르기 쉽다, 유연하다 등으로 표현한다. 이와 같은 표현법은 실제적이며 유체의 유동성을 개념적으로 말할 때에는 참으로 편리하지만 어떻게든 적절히 표현하여도 정성적으로 얻을 수는 없다. 그래서 엄밀을 요하는 도장에 대해서는 더욱 깊이 도료의 유동성을 조사하여 도료의 유동학적인 성질을 합리적으로 정량화할 필요가 있다. 그러나 불편한 것은 유동현상은 매우 복잡하게 되어있다는 것이다.

예를 들면, 용기 안에 있는 도료를 젓가락으로 휘젓는 간단한 현상에서도 엄밀한 수학적 해석을 요하는 유동의 형식이 포함되어 있다. 다행히 이들을 단순화하거나, 합리적으로 간략화하는 것으로 매우 유효한 수학적 표현이 가능하다. 이것은 나아가서 도료 기술자가 자신을 갖고 도료의 유동성을 예상하거나 조정할 수 있게 한다.

1. 점도의 정의

우선 유체의 흐름에 대한 저항, 즉 점도를 명확, 엄밀하게 정의해 두는 것이 중요하다.

이 때문에 모델로서 2개의 평행 평면간에 존재하는 유체를 생각해 보자.

이 두 평면의 한 개는 고정, 다른 한 개는 이동 가능하며, 그 사이의 거리는 ×로 한다(그림 2-1).

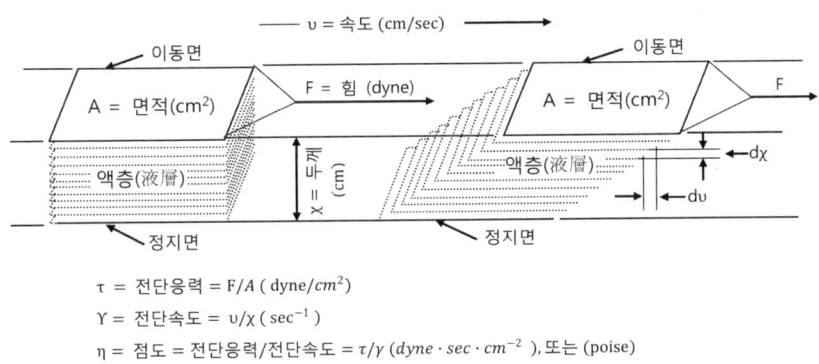

τ = 전단응력 = F/A ($dyne/cm^2$)
Y = 전단속도 = v/χ (sec^{-1})
η = 점도 = 전단응력/전단속도 = τ/γ ($dyne \cdot sec \cdot cm^{-2}$), 또는 (poise)

[그림 2-1] NEWTON 유체에 있어서 이론적 평행 액층면

이동면(상면)에 힘 F가 작용되어 상면이 하면에 대해 속도 v로 화살표의 방향으로 미끄러진다. 그러면 2평면간의 유체층도 그림 2-1의 오른쪽 그림과 같이 옆으로 미끄러진다. 최상부의 액체는 가장 빠르게 움직이고 최하부의 유체는 가장 느리게 움직(속도 0)인다. 중간부에 있는 층은 그 중간의 속도로 움직인다. 그러나 속도 균배 dv/dx(아주 작은 두께의 변화 dx에 대한 작은 속도의 변화, 또는 증가분 dv)는 유체의 어느 부분을 취해도 같다.

이 속도 균배 γ를 전단속도라 말한다. 지금 주어진 조건에서의 전단속도는 표면에서 아래 부분까지 일정하다. 따라서 dv/dx 는 v/x와 같다(식 (1)). 편의상 속도 v는 cm/sec이며, 두께 x는 cm로 나타낸다. 그리고 전단속도 γ(=v/x) 는 초(秒)의 역수(cm^{-1})의 단위를 갖고 있다. 즉 cm단위(분모와 분자에 있기 때문에)는 소거되고 분모의 sec만이 남아 전단속도를 나타내고 있다.

상면(면적 A)에 작용되는 전체의 힘은 F이며, 그 응력은 F/A이다. 이 힘은 전단응력 τ라고 부른다(식 (2)). 편의상 힘 F를 dyne(1g 중(重) = 980dyne), 면적 A를 cm²로 표현한다. 그러면 전단응력 τ (F/A)의 단위는 dyne/cm²이 된다. 그런데 여기에서 전단응력과 전단속도의 생각을 발전시키면 점도를 정의할 수가 있다.

점도 η은 전단응력과 전단속도와의 비율이다(식 (3)). 곤란한 것은 유동학 연구자들간에 아직 전단응력, 전단속도, 점도 등에 관한 통일된 기호가 정해지지 않은 것이다. 그러나 여기에서는 다른 문헌에서 자주 사용되고 있는 표기법을 사용하기로 하였다. 여기에서 중요한 것은 점도를 특별한 단위, 즉 POISE로 나타내고 있는 것이다.

전단응력은 dyne/cm², 전단속도를 sec⁻¹로 나타내면 점도는 자동적으로 POISE로 표시된다. 이것에서 POISE는 dyne-sec-cm⁻²의 단위를 갖고 있음을 알았다. 이 값은 점도의 절대적 계량 값이다. dyne은 C.G.S로 나타내면 g-cm-sec⁻²이므로 POISE 단위는 g-cm⁻¹-sec⁻¹(C.G.S 단위)가 된다. 여기에서 3가지의 식(1, 2, 3,)이 유도 된다. 이들의 식은 흐름에 관한 이론의 기초이며, 이들 식의 전개를 올바르게 이해하여 실용하기 위해서도 사용하는 사람들이 명확하게 이해해둘 필요가 있다.

$$\gamma(\text{전단속도}) = \frac{d\upsilon (\text{작은 속도})}{dx\,(\text{작은 두께})} \quad \text{------------------} \quad (1)$$

$$\tau\,(\text{전단응력}) = \frac{F\,(\text{힘})}{A\,(\text{면적})} \quad \text{------------------} \quad (2)$$

$$\eta\,(\text{점 도}) = \frac{\tau\,(\text{전단응력})}{\gamma\,(\text{전단속도})} = \frac{F/A}{d\upsilon/dx} \quad \text{------------} \quad (3)$$

그림 2-1에서 설명한 그 평행 평면간에 유체가 존재하는 상태는 확실히 이상 상태이다. 그러나 이 상태는 도료가 붓으로 물체표면에 칠해지는 상태에 매우 가깝다. 약간의 사고만으로도 이 두 개의 서로 닮은 성질을 이해할 수 있을 것이다.

문제 1 폭 6inch의 붓으로 2.0poise의 도료를 평활한 평면에 3.0mil의 두께로 도포하고 싶다. 도포시의 붓 놀림의 속도는 4.0ft/sec이며, 이 때의 평면에 대하여 접촉되고 있는 붓털의 길이는 1.0inch이다. 이 상태에서 전단속도와 붓에 걸리는 힘을 계산하라.

답 도막 두께를 3mil로 하면, 도포시의 평균 간격 폭(기체(基體)와 붓과의 간격)은 그 2배가 된다(6.0mil = 0.015cm).

여기에서 이것을 정리하면
η (점도) = 2.0 poise

x (두께) = 0.015cm

υ (속도) = 122cm/sec (=4.0×30.5)

A (면적) = 39cm² (=6.0×1.0×6.5)

(각 식을 1, 2, 3에 대입할 때는 항상 단위를 맞출 것)

τ (전단응력) = F / 39 = 0.0256F (dyne/cm²)

γ (전단속도) = 122 / 0.015 = 8,120 (sec⁻¹)

$$\eta \text{ (점도)} = 2.0 = \frac{0.0256}{8120} \text{ (poise)}$$

$$F \text{ (힘)} = \frac{2.0 \times 8120}{0.0256} = 635000 \text{ dyne (1.4 lb)}$$

전단속도는 8120sec⁻¹로 붓을 당기는 힘은 1.4 lb이다.

2. NEWTON 유동

문제 1에서 도료의 점도를 2.0poise로 하였다. 이 도료는 어떠한 조건 아래에서도 항상 이 값을 나타내는 것인가? 답은 아니다. 온도, 전단응력, 전단속도 등의 변화 또는 시간에 의해 변하는 것도 가능하다. 그러므로 주어진 온도에서 저-중점도의 전단속도 범위에 있어서 점도가 일정한 이상(理想)액체를 생각하면 편리하다.

그와 같은 유체를 유동이 NEWTON 적(的)이라고 말한다. 실제로 이와 같은 이상상태에 가까운 유체를 NEWTON 유체라 부른다(이 중에는 물, 용제, 광유 등 이러한 종류의 수지용액 등이 포함 된다). 이때 전단응력에 대하여 전단속도를 PLOT 한 선은 원점을 지나는 직선이 된다. 이 선의 기울기(勾配)가 점도에 해당한다(그림 2-2).

Ⅱ 점도(粘度)와 유동(流動)에 관한 식

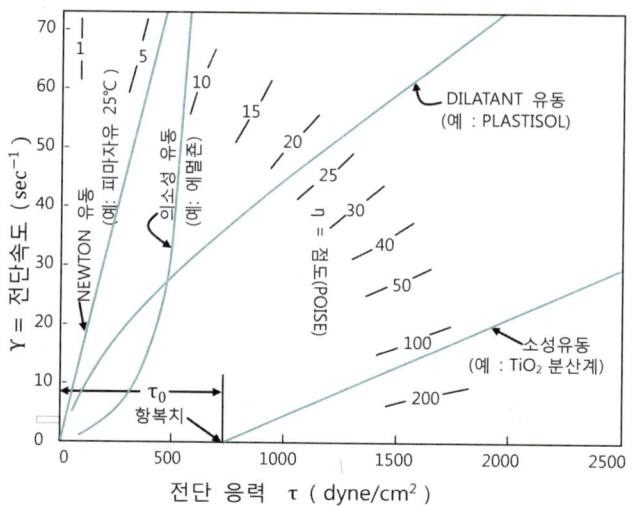

[그림 2-2] NEWTON, 소성, 의소성, DILATANT 유체의 대표적인 곡선

NEWTON 유체에서는 하나의 점도로 상당히 넓은 범위의 전단응력과 전단속도와의 관계를 설명할 수 있는 것이 특징이다.

3. 비 NEWTON 유동

1) 소성유동

소성유동을 논하는 데는 항복치의 개념 즉 유동을 일으키기 위한 최소 전단응력의 도입을 필요로 한다. 지금 이 전단응력의 최소값은 τ_0(끝부분의 0으로 전단응력과 구별한다)라 한다.

그러면 $(\tau - \tau_0)$는 흐름을 일으키며, 그것을 유지하기 위한 최소 전단응력이다. 소성유동에 관한 식 (4)는 식 (3)을 변형한 것이다. 이 식에서 주어진 점도에 대해 중요한 것은 이 값이 NEWTON 유동이 아닌 소성유동에 적용된다는 것이다.

$$\eta' = \frac{\tau - \tau_0}{\gamma} \quad ------------------------------ \quad (4)$$

소성유동에서의 전단응력과 전단속도와의 관계는 항복치(유동을 일으키기에 필요한 최소 전단응력)로 전단응력 축을 가르는 직선으로 된다. 이 직선의 기울기(勾配)가 소성점도(그림 2-2)에 상당한다.

문제 2 아마인유 중에 TiO_2가 31% 용량 비로 분산되어 있는 분산계에 있어서 2종의 전단응력에 대한 전단속도를 구하였다. 이 계(系)가 소성운동을 나타내는 것을 알았다. 이 TiO_2 분산계의 항복치와 소성점도를 계산하라.

전단응력 (dyne/cm²)	1320	6540
전단속도 (sec⁻¹)	10	100

답 소성유동의 식 (4)에 2조(組)의 값을 순서대로 대입한다. 2개의 독립된 식을 풀면 답이 얻어진다.

$$\eta' = \frac{1320 - \tau_0}{10} \qquad \eta' = \frac{6540 - \tau_0}{100}$$

η'를 소거하여 τ_0를 구한다.

$$\frac{1320 - \tau_0}{10} = \frac{6540 - \tau_0}{100}$$

$\tau_0 = 740 \, dyne/cm^2$ 주어진 τ_0 값을 η'의 식에 대입하면

$$\eta' = \frac{1320 - 740}{10} = 58 \, poise$$

2) 의소성 유동(擬塑性流動)

의소성 유동은 일종의 혼성유동이다. 즉 중점도에서 그것 이상의 높은 전단속도에서 소성유동이 낮은 데에서는 NEWTON 유동을 나타내는 것과 비슷하다. 한쪽에서 다른 한쪽으로의 변화는 명확하지 않고, 전단응력과 전단속도 곡선은 응력축에 대하여 평활한 요철형이라기보다 완만한 변화인 것이다(그림 2-2).

이와 같이 서서히 기울기가 변하는 곡선은 의소성 유동을 나타내며, 일정한 점도

(NEWTON 유동 또는 소성유동에서 볼 수 있는 바와 같이)의 값을 갖지 않는다. 오히려 이 유체에 걸린 전단응력에 의해 정해진 여러 가지 점도의 연속을 나타내고 있다.

어떠한 전단응력 아래에서도 의소성 유동의 점도는 겉보기라고 하는 말의 의미는 단순히 한 점에서 얻는 점도의 측정값이 다른 전단응력, 전단속도가 다른 점에서는 적용될 수 없는 것을 의미하고 있다. 의소성 유동에 있어서 τ, χ, η의 관계를 나타내는 식에 대해서는 복잡하며, 많은 식이 제창되어 있어나 자세한 것은 도료의 유동에서 논하기로 한다.

3) DILATANT 유동

DILATANT 유동은 의소성 유동의 반대라고 생각된다. 의소성 유동의 경우 전단응력의 증가에 따라 점도가 감소하는 것에 비해, DILATANT 유동의 경우는 전단응력의 증가에 대하여 점도도 증대한다. 이러한 경우도 전단응력에 대하여 전단속도를 PLOT 하면 평활한 곡선을 그리지만, 단 응력축에 대하여서는 요철 모양이 된다. DILATANT 유동을 나타내는 도료계는 매우 드물다.

문제 3 표 2-1에 에멀죤 및 비닐플라스티졸에 대한 전단응력과 전단속도의 일련의 데이터를 적어 놓았다. 이 유동성에 대하여 각각의 특징을 설명하여라.

[표 2-1] 전단응력과 전단속도

	전단응력(dyne/cm^2)	전단속도(sec^{-1})	점도(poise)
에 멀 죤	280	7	40
	500	29	17
	625	72	9
비닐플라스티졸	710	36	20
	1430	58	25
	2130	77	28

답 표의 값으로 전단응력, 전단속도 선을 그리면 모두 직선이 아니다. 따라서 NEWTON 유동도 소성유동도 아닌 것을 알았다(그림 2-2).

에멀죤의 점도는 전단응력이 증가함에 따라 점도가 낮아지고, 의소성 유동의 경향이 있음을 나타낸다. 반대로 비닐플라스티졸은 전단응력의 증가에 따라 점도가 증가하여

DILATANT의 경향을 갖는다고 말한다.

지금까지 설명한 4종의 유동에 대한 정리를 표 2-2에 나타내었다. 이들의 기본적인 4종의 유동의 형태는 일반적인 유동현상을 설명하는 데 유용하다. 또한 도료의 유동에 대해 더욱 이해를 돕기 위해서 이들의 변형인 중요한 2종류의 형태를 아래에 설명한다.

[표 2-2] 유동의 종류

종 류	전단응력 / 전단속도 관계의 특징		
	필요한 측정 점의 수	곡선의 모양	수 식
NEWTON 유체	1	직선	$\eta = \tau / \gamma$
비NEWTON 유체 소성유체 의소성유체 DILATANT유체	2 다수 다수	직선 곡선(전단응력에 대해 볼록 현상) 곡선(전단응력에 대해 오목 현상)	$\eta' = (\tau - \tau_0)/\gamma$ 도료의 유동식 참조 도료의 유동식 참조

4) 요변성 유동(THIXOTROPY 유동)

그림 2-2에 나타난 전단응력과 전단속도의 관계는 직선 또는 평활한 곡선이다. 따라서 모든 전단응력의 값에 대하여 근본적인 전단응력을 정한다(선상의 한 점).

왜냐하면 각각의 이 곡선은 어느 전단응력에 대하여 구해진 전단속도의 계측 값에서 얻어지기 때문이다. 또한 얼핏 보기에도 이 측정의 재현성을 얻기에는 그것만큼 어렵다고는 볼 수 없다. 즉 측정 전에 있어서 교반의 유무, 전단응력 가변의 방법, 또한 측정의 신속함에 따라 측정값에 영향을 미친다고는 생각하지 않는다. 그런데 실제의 유동 현상에서는 그와 같은 요인에 의해 때때로 변하기도 한다. 측정하기까지의 액체의 이력, 측정 방법 모두 매우 중요하다. 이것은 항상 그렇다고는 할 수 없지만 일반적으로 도료에서는 그러한 것이 많다.

THIXOTROPY라는 말의 어원은 희랍어에서 유래 되었는데, 만지면 변한다는 의미를 갖고 있다. 따라서 만지는(교반, 진동) 것에 있어 변하는 유동현상을 THIXOTROPY(요변성)라 부른다. 요변현상은 아마 액체 중에 형성되어 있는 약한 구조가 파괴되는 것에 의한 것 같다.

이 요변 구조는 고의로 그것을 얻기 위해 도료 중에 요변성을 주기 위해 조제를 넣어 만드는 것도 있다. 이와같이 얻어진 요변성은 아래에서 설명하듯 중요한 의미를 갖고 있다. 즉 도료를 도포할 때 등의 높은 전단속도 상태에서는 점도가 낮아져서 흐름이 좋게 되고 붓 놀림이 용이하게 된다. 또 도포 직후의 낮은 전단속도 일 때는 구조 점성에 의해 유해한 도막의 흐름을 방지할 수가 있다.

요변성의 이론은 매우 복잡하다. 일반적으로 요변현상에 의한 급격한 점도의 감소는 전단응력의 증가, 또는 시간의 경과, 또는 이들 양쪽의 영향에 의해 생긴다. 반대로 전단응력이 제거될 때에는 요변성 점성이 회복되어 다시 도료계 전체에 걸쳐 요변 구조가 이루어진다.

어떠한 시험 법에 있어서도 요변성의 양은 말하자면 요변성 루프(LOOP)로서 나타낸 면적에 의해 평가된다. 이 루프의 측정법을 아래에서 설명한다. 측정 하고자 하는 액체에 전단응력을 가하여 그것을 서서히 증가 시키면서 전단속도를 측정하여 각 점을 PLOT 한다. 다음에 곧바로 반대의 조작, 즉 전단응력을 서서히 감소 시키면서 전단속도를 측정하여 폐곡선을 그린다. 이 둘러싸인 면적이 요변성에 의한 구조 파괴의 계량 값이며, 동시에 그 액체에 요변성이 있음을 근거하게 한다.

5) 난류

NEWTON 유동이 일어나는 비교적 전단속도가 작은 상태에서는 유체 중의 각 층은 점차 정상적 흐름을 일으켜 흐른다. 이와 같은 상태의 NEWTON 유동을 점성유 또는 층류라고 부른다. 그러나 전단속도가 증가되어 어느 한계점에 달하면 급격하게 흐름이 혼란스럽게 된다.

앞서 말한 질서 있는 층류가 혼란해져 난류가 된다. 이와 같이 난류 상태에서는 층류 NEWTON 상태일 때보다 매우 큰 유동 저항을 나타낸다. 이 난류의 시작은 정확하게 미리 알 수가 있다. NEWTON 운동에서 전단속도는 전단응력에 정비례 하지만 난류에 있어서의 전단속도는 전단응력의 평방근에 정비례한다. 따라서 NEWTON 유체가 층류 영역에서 난류 영역으로 이동하면 이미 일정한 점도 또는 NEWTON 점성을 나타내지 않는다. 전단응력의 증가에 따라 점도는 오히려 증가하는 경향이 있다(그림 2-3).

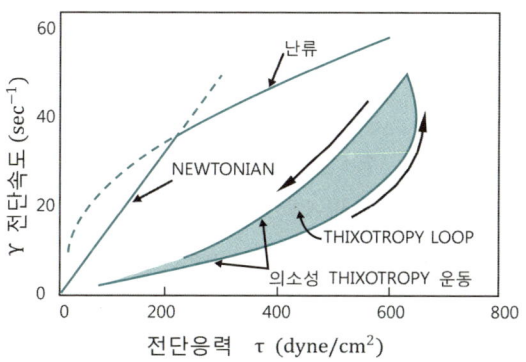

[그림 2-3] 난류와 요변성 유동

4. 유동의 이해

여기에서 설명을 한번 읽은 것만으로도 유동현상이 매우 복잡한 것인 것을 알았다.

유동학 연구자들이 이 유동을 이해하여, 이 어려운 현상을 수학적으로 표현, 정리하는 것이 쉬운 것이 아니다. 이 장에서는 6종류의 중요한 유동의 형태를 설명하고 그 특징을 논하였다. 또 각 형태의 기준 상태에서 변형이 가능하며, 각각의 SUB-PATTERN도 존재한다. 그러나 여기에서 그 분류를 전부 설명할 필요는 없다.

도료 기술자는 매우 큰 전단속도와 전단응력을 평소 취급한다는 것을 인식하지 않으면 안 된다. 문제 1에서 계산되듯이 보통의 도료를 붓으로 칠할 때의 전단속도는 약 8000 sec⁻¹이다. 한편 같은 도료를 수직 벽에 칠한 후 '흐름'을 일으킬 때의 전단속도는 0.2 sec⁻¹이다.

도료의 유동이 복잡하고 또한 그 중에 포함된 제인자(諸因子)가 광범위하게 걸쳐 있으므로 과거에 있어서 도료의 유동학의 실제가 이론적인 것보다 실제 면에 치우쳐져서 발전하여 왔다는 것을 쉽게 이해할 수가 있다. 그러나 이제부터의 발전을 위해서는 도료 유동현상의 밑에 흐르고 있는 물성을 보다 잘 이해할 필요가 있다. 이 책은 기술자들이 유동현상을 보다 잘 이해하는 데 도움을 줄 목적으로 쓰여진 것이다.

여기에서 취급하는 이론식 또는 실험식은 의소성 또는 DILATANT 유동과 같은 비뉴톤 유체에 있어서의 전단속도와 전단응력에 관한 것이다. 따라서 항복치, PVC 등이 유동성에 주는 영향 등에 대해서도 고려하였지만, 구조성에 의한 요변효과 (안료의 응집, 콜로이드의 회합)에 대해서는 취급하지 않는다. 즉 여기에서는 모든 경우 도료계에서 처음부터 구조성에 기인하는 점도성분은 없으며, 또 있다 해도 측정 조제시에 파괴되어 기본적인 RESIDUAL VISCOSITY만이 관여, 평가되는 것으로 한다.

그러나 요변성을 고려하지 않아도 본 장에서 말하는 식은 일반적으로 널리 적용될 수 있다. 그 이유는 안료가 들어있는 도료계에서는 많은 경우 원래 비요변성이며, 또 요변성인 것이어도 분산공정이나 붓 도장 공정에서 걸리는 높은 전단응력 때문에 그 성질을 잃어 버리기 때문이다. 따라서 이들 식은 높은 전단응력 F 에 있어서의 도료의 점성을 충분히 설명할 수가 있다. 또 최종적으로 필요하다면 그들 식도 계 전체의 점도에 복잡한 요변성 효과를 채택하여 전개하여도 틀림없이 유효하게 된다.

우선 최초에 3종의 도료 유동식을 순차적으로 설명해 보자. 항복치가 없는 경우와 명확한 항복치가 존재하는 경우, 더욱 PVC 값이 중요한 역할을 하는 계의 경우에 관한 것이다.

5. 명확한 항복치(降伏値)가 없는 도료의 유동 관계식

식 (5)는 의소성 유동이나 DILATANT 유동에 있어서 전단속도와 전단응력의 관계를 개략적으로 설명한 것으로 일반적으로 널리 쓰인다.

$$\gamma = k\tau^n \ \text{---} \ (5)$$

이론적인 엄밀성은 부족하지만 이 실험식을 간략히 설명하면 정수 k와 n에 의해 유동 현상을 잘 특정지위 준다. 즉 지수 n은 뉴톤 유동에 대해서는 1.00이며, 의소성 유동에서는 1이상, DILATANT 유동에서는 1이하의 값을 가지고 있다. 지수가 1보다 떨어지면, 멀어질수록 의소성 유동이 DILATANT 하게 된다. 따라서 n은 점도 곡선의 형을 나타내는 정수이고 전단응력 축에 대하여 의소성 유동에서는 볼록형이 되며, DILATANT 유동의 경우에서는 오목형이 된다.

식 (5)의 GRAPH 를 그림 2-4 ⓐ에 나타내었다.

여기에서는 k=1 로서 n의 변화된 것을 나타내었다. 정수 k는 크기를 나타내는 정수라고 생각된다. 즉 응력이 1.00일 때, 유동곡선은 이 k의 값으로 비교될 수 있다. 왜냐하면 단위 응력의 경우 전단속도는 지수 n에 대하여 무관하게 된다. 따라서 정수 k와 n를 알면, 그 유동체의 특징을 곧바로 알게 된다.

예를 들면 k의 값이 크다면, 전단속도가 큰, 즉 저점도 액체인 것을 나타내고 있다. 또 전술한 바와 같이 n의 값이 뉴톤 운동과의 거리를 나타내고 있다.

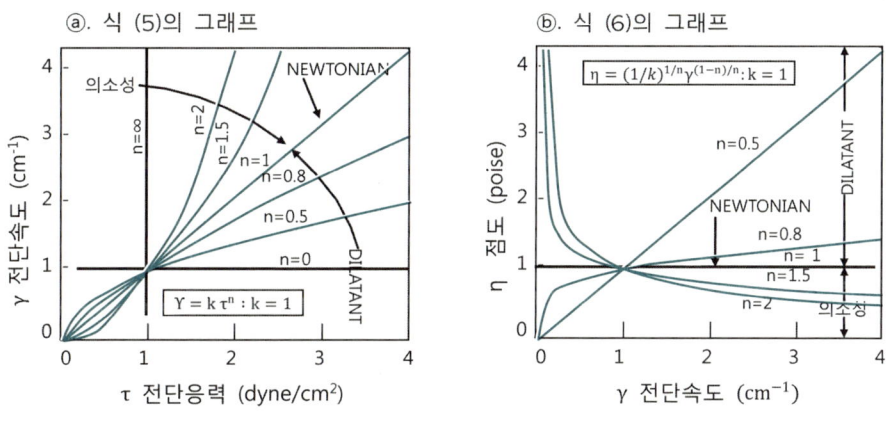

[그림 2-4] k=1.00 으로 고정하고 n을 변수로 할 때의 그래프

문제 4 A, B 2종의 다른 도료를 같은 전단응력 3600dyne/cm²로 측정한 결과 어느 것도 전단속도가 600sec⁻¹이었다. 그러나 2400dyne/cm²에서는 각각 A는 420, B는 350 sec⁻¹이었다. 이 도료의 점성식을 확립하여 그 유동학적 특징을 설명하여라.

답 식 (5)에 각각 2 조의 DATA를 대입하여, k와 n을 계산한다.

A 도료의 경우

$600 = k \cdot 3600^n : \log 600 = \log k + n \log 3600$

$420 = k \cdot 2400^n : \log 420 = \log k + n \log 2400$

윗식을 풀면 $k = 0.46$, $n = 0.875$를 얻는다.

$$\gamma = 0.46\,\tau^{0.875}$$

B 도로의 경우

$$600 = k \cdot 3600^n : \log 600 = \log k + n\log 3600$$

$$360 = k \cdot 2400^n : \log 360 = \log k + n\log 2400$$

윗식을 풀면 k = 0.0214, n = 1.25 를 얻는다

$$\gamma = 0.0214\,\tau^{1.25}$$

이들 식에서 A 도료는 DILATANT (n<1), B 도료는 의소성 유동 (n>1) 인 것을 말할 수 있다.

이것에 대치하여 또 더욱 유용한 식은 점도를 전단속도의 함수로서 표현하는 방법이다.

기본식 $\eta = \tau / \gamma$과 식 (5)을 결합하여 점도와 전단속도의 관계(또는 점도와 전단응력)를 표현할 수가 있다.

$$\eta = \left(\frac{1}{k}\right)^{1/n} \gamma^{(1-n)/n} \text{------------------------------} (6)$$

$$\eta = \frac{1}{k}\,\tau^{1-n} \text{------------------------------------} (7)$$

식 (6)을 GRAPH화한 것을 그림 2-4 ⓑ에 나타내었다. 여기에서 k는 정수 1.00으로 정수 n이 변화할 때의 효과를 나타내었다. 그림에서 DILATANT의 경우 낮은 전단속도에서 점도가 매우 작으며, 의소성 유동일 때는 무한대에 가까운 것을 알았다.

실제의 유동현상도 이것과 같으므로 (5), (6), (7)은 명확한 항복치를 나타내지 않는 비뉴톤 유체의 유동현상을 비교적 잘 나타내고 있다고 해도 좋다.

문제 5 문제 4에 있어서의 도료에 대하여 전단응력이 낮을 경우 (1.0 dyne/cm²)과 높을 경우 (20000dyne/cm²)에 있어서 점도를 계산하라.

답 문제 4의 정수 k와 n을 써서 주어진 조건을 식 (7)에 대입한다.

DILATANT한 도료일 때

$$\eta \text{ (저응력)} = \frac{1}{0.46} \ 1^{1-0.875} = 2.18 \,\text{poise}$$

$$\eta \text{ (고응력)} = \frac{1}{0.46} \ 20000^{1-0.875} = 7.52 \,\text{poise}$$

의소성 유동일 때

$$\eta \text{ (저응력)} = \frac{1}{0.0214} \ 1^{1-1.25} = 47 \,\text{poise}$$

$$\eta \text{ (고응력)} = \frac{1}{0.0214} \ 20000^{1-1.25} = 3.9 \,\text{poise}$$

DILATANT 유체에 저응력이 걸릴 경우에는 의소성 유동을 나타내는 도료가 같은 조건 아래에서 고점도로 되는 것과 반대로 점도가 낮게 되는 것에 주목하여야 한다. 한편, 높은 응력이 걸릴 때와 의소성일 때는 1.0~3.0POISE가 되어 붓 도장이 아주 잘 되지만 DILATANT 유동을 하는 것은 전혀 도장이 불가능하게 된다.

1) 시판의 회전계를 써서 2종의 정수법에 의해 DILATANT와 의소성 유체를 측정하는 방법

보통의 회전 원통(원판) 점도계는 회전속도를 일정하게 할 때의 점도를 직접 POISE 로 측정 하도록 설계되었다. 이 측정기에서 유동곡선을 측정하는 데는 식 (6)을 기본으로 하고 있다.

지금 y를 (1-n)/n과 같다고 하면 식 (6)은 식 (8)과 같이 된다.

$$\eta = (\frac{1}{k})^{1/n} \ \gamma^{y} \ \text{-----------------------------} \ (8)$$

회전 점도계의 눈금은 이미 수종의 정해진 각 속도로 측정할 때 POISE 로 읽을 수 있도록 눈금이 그어진 것이다(예를 들면 BROOKFIELD 점도계).

뉴톤 유체에 대해서는 물론 이 각속도(角速度)의 변화에 관계하지 않고 점도는 일정하다. 그러나 비뉴톤 유동의 경우에는 점도는 각속도에 의하여 다르다. 지금 여기에서 그와 같은 비뉴톤 유체를 생각하자. 이 유체의 점도 측정값을 ηx 및 η으로 하고, 각각 각속도 RPM_x와 RPM에 대응하여 X는 2종의 각속도의 비($RPM_x >$ RPM)으로 한다.

$$X = \frac{RPM_x}{RPM} \ \text{------------------------------------} \ (9)$$

회전원통 점도계에 있어서 전단속도는 항상 원통의 각속도에 비례한다.

$$\gamma = k' \, RPM \ \text{------------------------------} \ (10)$$

그러면 X는 2종의 각속도일 때의 전단속도의 비(比)에도 대응하지 않으면 안된다.

$$X = \frac{RPM_x}{RPM} = \frac{\gamma x/k'}{\gamma/k^1} = \frac{\gamma x}{\gamma} \ \text{----------------} \ (11)$$

식 (8), (9), (10), (11)에서 식 (12), (13)을 얻는다.

$$\eta x = \left(\frac{1}{k}\right)^{1/n} (\, X k' \, RPM \,)^y \ \text{--------------------} \ (12)$$

$$\eta = \left(\frac{1}{k}\right)^{1/n} (\, k' \, RPM \,)^y \ \text{----------------------} \ (13)$$

식 (12)를 (13)으로 나누면 식 (14)를 얻는다.

$$\frac{\eta X}{\eta} = X^y \ \text{--------------------------------} \ (14)$$

식 (14)에 의해 2조(組)의 점도 측정값과 각속도에서 y를 구할 수가 있다.

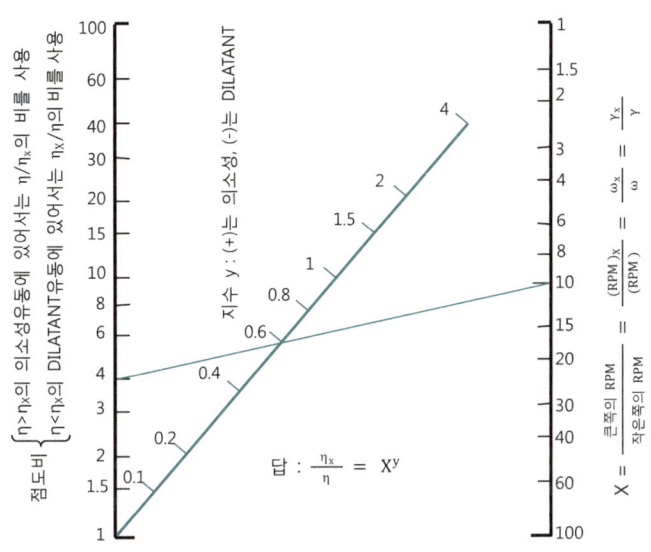

[그림 2-5] 식 (14)의 그림 해법을 얻기 위한 MONOGRAPH

그림 2-5 는 식 (6)의 y를 간편하게 결정하기 위한 MONOGRAPH이다.

사용에 있어서 우선 높은 쪽의 점도를 낮은 쪽으로 나누어 점도 비를 계산한다. 같게 하여 RPM의 비 X를 계산한다. 어느 값도 1.00보다 크게 된다.

만약 RPM이 빠른 쪽의 점도가 늦은 RPM에서 측정한 것 보다 높다면, 그 액체는 DILATANT한 것이며, 그렇지 않으면 의소성이다.

다음에 점도 비와 X와의 값을 그림의 2개의 축에 각각 취하고, 그들 2점간을 잇는다. 이 점과 y축과의 교점의 값이 식 (14)에 있어서의 y의 값이다.

[의소성 유체의 경우는 음(−), DILATANT 유체의 경우는 양(+)]

y가 구하여지면, 그것을 써서 식 (15)의 k를 푼다[여기에서 K는 $(1/k)^{1/nk'y}$와 같다].

식 (15)는 본질적으로 식 (13)의 반복이며, 단지 측정할 때의 정수를 모두 정리해 놓은 것에 지나지 않는다.

$$\eta = K\, RPM^y \ \text{------------------------------- (15)}$$

식 (15)의 설명을 식 (5)와 비교하여 표 2-3에 적었다. 문제 6은 정수 k와 y를 써서 비뉴톤 유동을 식 (15)에서 규정한 방법을 나타내고 있다.

[표 2-3] 유동에 관한 식의 정수와 유동의 성질

식과 번호	유동의 성질		
	의소성 유동	뉴톤 유동	DILATANT 유동
$\gamma = k\tau^n$ (식 5)	$n < 1$	$n = 1$	$n > 1$
$\eta = k\,RPM^y$ (식 15)	$y < 0$	$y = 0$	$y > 0$

$$y = \frac{1-n}{n}, \quad k = \left(\frac{1}{k}\right)^{1/n}\left(\frac{RPM}{\gamma}\right)^y$$

문제 6 MILL BASE의 점도를 BROOKFIELD 점도계로 측정할 때 2RPM일 때에는 77 poise, 20RPM일 때에는 18.7poise이었다. 이 MILL BASE의 유동 실험식을 계산하고, 그 유동 곡선의 성질을 설명하여라.

답 y를 구하기 위해 식 (14)에 점도 비와 RPM 비를 대입하고, 그리고 이 y를 식 (15)에 대입하여 유동 곡선을 구한다. y의 값은 그림 2-5의 MONOGRAPH에 의해 간단히 구하여진다. 또 점도 비는 4.11(=77/18.7) 이며, X는 10(=20/2) 이다.

$\eta = 77$은 $\eta x = 18.7$ 보다 크므로 이 MILL BASE의 성질은 의소성 유동이지 않으면 안 된다. 점도축의 4.11과 X축의 10을 이은 선은 y축과 0.615의 점에서 만난다. MILL BASE는 의소성이므로 지수는 음이다.

이 −0.615의 값을 식 (15)에 대입하여, k를 푼다.

$$k = \frac{\eta}{RPM^y} = \frac{77}{2^{-0.615}} = 77 \cdot 2^{-0.615} = 118$$

따라서 이 유동의 실험식은 아래와 같다.

$$\eta = 118\,RPM^{-0.615}$$

y 가 음인 것은 이 MILL BASE가 의소성 유동인 것을 나타내며, y의 값이 0에서 상당히 떨어져 있으므로 이 의소성은 상당히 강한 것이다. 각속도 1 RPM에 있어서의 값이 118 poise이므로 이 MILL BASE는 매우 점도가 높은 것도 알았다.

6. 항복치가 있는 도료의 유동 관계식

1) 직선적(直線的) 소성유동(塑性流動)

명확한 항복치를 갖는 도료 중에서 가장 단순한 점도 곡선은 $\tau - \tau_0$와 γ이 직선 관계를 나타내는 것이다. 이 형의 유동은 전단응력과 전단속도가 알려지고, 또 측정될 수 있는 것에 대해서 문제를 풀 수 있다. 그렇지만 보통 연구실에서 볼 수 있는 도료 점도계에서는 이 형의 도료의 기본적인 성질을 측정할 수가 없다. 그래서 그 대안으로 일정한 각속도(角速度)로 점도를 측정(poise 단위)할 수 있는 BROOKFIELD형 점도계로 편의상 의소성 유동의 특성을 측정하고 있다.

2) 시판의 회전 점도계로 소성유동을 측정하는 방법

그림 2-6은 소성점도 η'와 항복치 τ_0를 갖는 소성유체의 유동곡선이다.

τ, τ_0와 γ와의 관계식은 다음과 같다.

$$\eta' = (\tau - \tau_0) / \gamma \quad\text{------------------------}\quad (16)$$

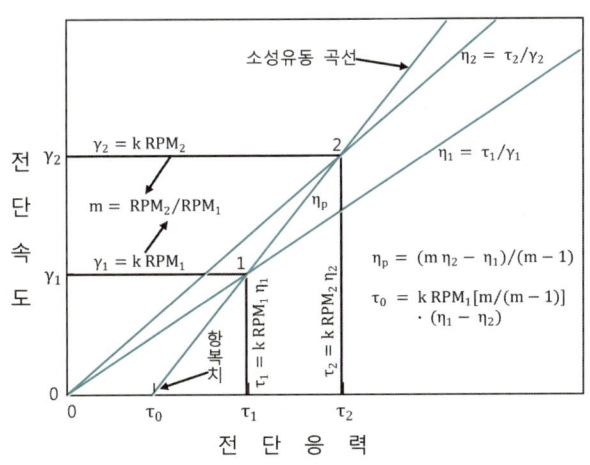

[그림 2-6] 소성점도 η' 및 τ_0 항복치를 갖은 유체의 유동곡선

이 곡선중의 점 1, 2에 있어서 겉보기 점도를 BROOKFIELD형 점도계로 추정한 값은 η_1, η_2이며 그 때의 각속도를 RPM_1, RPM_2이라고 가정하자.

이 결과에서 점 1, 2에 있어서 전단응력 또는 전단속도도 명확치 않다. 그러나 전단속도는 각속도에 정비례하므로 양 DATA는 식 (17)에 나타낸 관계가 된다.

$$\gamma = k \, RPM \quad -------------------------- \quad (17)$$

다음에 전단응력은 γ를 점도에 관한 기본적인 식 $\eta = \tau / \gamma$에 의해 소거되므로 k와 RPM의 값만을 나타낸다.

$$\tau = k \, RPM_\eta \quad -------------------------- \quad (18)$$

이것에서 소성점도 η'은 식 (19)와 같이 k와 RPM으로 표현할 수가 있으며 여기에서 $\Delta\tau = \tau_2 - \tau_1$, $\Delta\gamma = \gamma_2 - \gamma_1$ 이다.

$$\eta' = \frac{\Delta\tau}{\Delta\gamma} = \frac{k \, RPM_2 \eta_2 - k \, RPM_1 \eta_1}{k \, RPM_2 - k \, RPM_1} \quad ----------- \quad (19)$$

공통인자 k를 소거하고, m을 RPM 비$(m = RPM_2 / RPM_1)$로 하면, η'은 m, η_1, η_2로 표시할 수가 있다.

$$\eta' = \frac{m\eta_2 - \eta_1}{m - 1} \quad -------------------------- \quad (20)$$

위 식에 의해 2 조의 겉보기 점도와 RPM의 값에서 소성점도를 계산할 수 있다. 항복치의 값도 식 (21) 에서 구할 수가 있다.

$$\tau_0 = \tau_1 - \gamma_1 \eta' \quad -------------------------- \quad (21)$$

이 경우, 실제의 수치 계산은 정수 k 를 결정하여 최종적인 답이 된다. 그러나 보통 원통(또는 원판) 점도계에서 항복치는 당연하게 상대적인 값으로 취급된다.

$$\tau_0 = k \, RPM_1 \, \frac{m}{m - 1} \cdot (\eta_1 - \eta_2) \quad -------------- \quad (22)$$

문제 7 BROOKFIELD HBT 점도계에 의해 A, B 2종의 PLASTISOL의 점도를 각속도를 바꾸어 (3과 6 RPM) 측정하였다. A는 530과 320poise이며, B는 620과 5600이었다. 이들 측정 값에서 이 PLASTISOL에 대한 소성점도와 상대 항복치를 계산하여라.

답 주어진 DATA를 식 (20), (22)에 대입 하여라. 또 m=2(=6RPM/3RPM)이다.

$$\eta'(A) = \frac{2 \cdot 320 - 530}{2 - 1} = 110\,poise$$

$$\eta'(B) = \frac{2 \cdot 560 - 620}{2 - 1} = 500\,poise$$

$$\tau_0(A) = k \cdot 3 \cdot \frac{2}{1}(530 - 320) = 1260\,k\ dyne/cm^2$$

$$\tau_0(B) = k \cdot 3 \cdot \frac{2}{1}(620 - 560) = 360\,k\ dyne/cm^2$$

7. 비직선형(非直線形) 소성유동

단순(직선)형 소성유동(塑性流動)의 경우는 정의에 의해 전단속도가 $\tau - \tau_0$(전단 응력 – 항복치)에 정비례한다. 그러나 비직선형 소성유동에 대해서는 아직 그 관계 는 성립되지 않았다.

앞서 말한 항복치가 없는 액체의 경우에서 $\gamma = k\tau$ 의 뉴톤유동에서 이동되어 매 우 복잡하게 될 때는 τ 에 지수를 붙여 $\gamma = k\tau^n$ (식 (5))의 형으로 관계를 이룬다.

이와 같이 단순 소성유동 $\gamma = k(\tau - \tau_0)$ 에 지수 n를 붙이므로 더욱 복잡한 소성유 동을 나타낼 수가 있다.

$$\gamma = k(\tau - \tau_0)^n \ \text{---------------------------------} \quad (23)$$

식 (23)에서는 식 (5)에서 얻은 일련의 관계식과 매우 같은 식을 유도할 수가 있으 나(그림 2-4 ⓐ) 단지 τ_0 만큼 원점에서 오른쪽으로 이동한 형이 된다. 일련의 곡선 군은 원점에서 출발하지 않고, 오히려 τ_0 의 점에서 출발한다. 식 (23)는 3개의 정수 (k, τ_0, n)을 갖고 있으므로 이 식의 수치적인 해를 구하기 위해서는 3조의 전단응 력, 전단속도의 DATA가 필요하다. 그러나 곤란한 것은 이 식에서 비교적 정확히 유동곡선을 표현할 수 있다는 것이 일반화되지 않았으므로 이것을 수치로 푸는 것 은 곤란하다.

최근에는 확대 적용성이 있는 다른 방법이 제창되고 있다. 이것은 취급이 간단하여 점도 관계를 비교적 정확히 표현할 수 있다.

이 식에서 η_∞는 그 액체의 전단속도 무한대일 때의 점도를 의미하며, 그 상태에서 안료의 응집(FLOCCULATION), 기타의 원인에 의한 구조적인 점도는 완전히 파괴되어 제외된다.

$$\tau^n = \tau_0^n + \eta_\infty^n \gamma^n \quad ----------------------- \quad (24)$$

CASSON은 이론적인 고찰에 의해 n=0.5 일 때의 식을 유도하였다. 그 후의 실험 결과에서 이 n=0.5의 값은 인쇄잉크, 가소제/안료계의 분산, 도료 등의 많은 안료를 포함한 분산계에 매우 잘 적합한 것으로 알려졌다.

0.5 이외의 n의 값에 대해서는 아마인유에 안료가 분산된 경우의 n=0.67과 같이 때때로 필요한 것이다. 그러나 처음은 0.5로 시험한 것이다.

$$\tau^{0.5} = \tau_0^{0.5} + \eta_\infty^{0.5} \cdot \gamma^{0.5} \quad ---------------------- \quad (25)$$

얼핏 보면 식 (25)은 일상의 계산으로 복잡한 것같이 보일지도 모른다. 그러나 이 식은 간단한 대수로 취급할 수가 있고, GRAPH를 PLOT 하지 않고 적은 노력으로 매우 유용한 관계식을 얻을 수가 있다.

다른 비뉴톤계의 경우도 같이하여 우선, 실측에 의해 적어도 2점에서(서로 충분히 떨어진) 전단속도/전단응력의 DATA를 잡을 필요가 있다. 다음에 이 DATA를 직교좌표 축에 그대로의 값이 아닌 평방근의 값으로 POLT 한다. 이 종류의 계산의 대표적인 예를 표 2-4와 그림 2-7에 나타내었다.

[표 2-4] 대표적 도료에 있어서 전단응력/전단속도의 측정

전단응력(dyne/cm^2)		전단속도(sec^{-1})	
τ	$\sqrt{\tau}$	γ	$\sqrt{\gamma}$
525	22.9	36	6.0
2300	48.0	441	21.0
3900	62.4	900	30.0

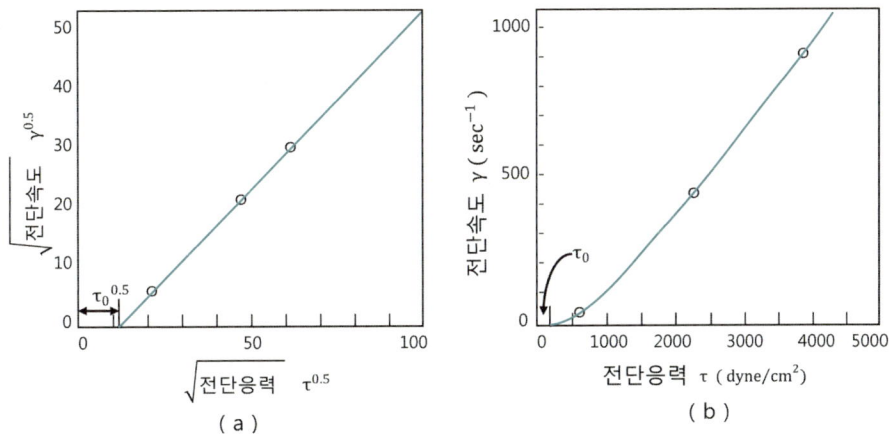

[그림 2-7] 항복치 τ_0를 갖는 비뉴톤 도료에 있어서 $\sqrt{\gamma}$와 $\sqrt{\tau}$의 관계를 나타내는
GRAPH(a)와 γ와 τ의 관계를 나타내는 GRAPH(b)

그림 2-7의 GRAPH (a)는 전단속도, 전단응력의 DATA의 평방근을 직교축에 취하여 직선으로 한 것으로서, 한쪽 것은 (b) 그대로의 DATA를 GRAPH로 한 것이다. 만약 식 (25)가 적용 된다면 그림 2-7 (a)와 같이 항상 직선이 된다. 이 직선과 횡축과의 교점이 항복치에 해당하며, 균배의 역수가 η_∞에 해당한다.

다음의 문제는 표 2-4의 제1과 제3의 DATA를 써서 η_∞과 τ_0이 대수 계산에 의해 어떻게 빨리 구할 수가 있는가를 나타낸 것이다.

문제 8 어느 도료에서 전단응력 525dyne/cm², 3900dyne/cm²에 있어서 전단속도 36 sec⁻¹, 900 sec⁻¹ 이었다. 이 DATA에서 항복치와 η_∞를 계산하라.

답 주어진 DATA를 식 (25)에 대입하여 τ_0, η_∞를 계산한다.

$$\sqrt{3900} = \sqrt{\tau_0} + \sqrt{\eta_\infty} \cdot \sqrt{900}$$

$$\sqrt{525} = \sqrt{\tau_0} + \sqrt{\eta_\infty} \cdot \sqrt{36}$$

평방근을 열어서 윗식에서 아래식을 뺀다.

$$62.4 - 22.9 = \sqrt{\eta_\infty} \cdot (30-6)$$

η_∞에 대하여 풀면

$$\sqrt{\eta_\infty} = 39.5 / 24 = 1.64$$

$$\eta_\infty = 2.7\,\text{poise}$$

이 값을 처음의 식에 넣어서 τ_0를 계산한다.

$$22.9 = \sqrt{\tau_0} + 1.64 \cdot 6$$

$$\tau_0 = 169\,\text{dyne/cm}^2$$

식 (24)를 검토하면 여러 가지 흥미 있는 것을 알게 된다. 즉 전단속도가 0일 때에는 $\eta_\infty{}^n \gamma^n$의 항은 없어지고 $\tau = \tau_0$이 된다. 또 역으로 전단속도가 무한대일 때는 η_∞에 비교하여 $\tau_0{}^n$은 무시해도 좋을 정도로 작게 된다. 유동곡선의 양극단의 상태에서 식 (24)는 흐름의 유동학적 상태를 바로 표현하고 있다. 그 중간의 영역에 있어서 이 식의 타당성은 연구자가 어떻게 n 을 실제에 적합하게 선택할 수 있는가에 달려 있다.

앞서 말한 바와 같이 n=0.5이라고 하는 값은 많은 안료 분산계에 널리 적합될 수 있다는 것을 알았다. 만약 n=1이라면 식 (24)는 단순 소성유동의 식 (16)과 같게 된다.

이것에서 어느 계의 단순 소성 유동에서의 편위(編位)는 n이 1.0에서의 편위라 하는 것에 관계되는 것을 알았다. 그래서 만약 식 (24)의 양변을 γ^n 으로 나누면, 일상 업무에 유용한 식이 얻어진다.

$$\frac{\tau^n}{\gamma^n} = \frac{\tau_0{}^n}{\gamma^n} + \frac{\eta_\infty{}^n \gamma^n}{\gamma^n}$$

$$\eta^n = \frac{\tau_0{}^n}{\gamma^n} + \eta_\infty{}^n \quad \text{-{-}-{-}-{-}-{-}-{-}-{-}-{-}-{-}-{-}-{-}-{-}-{-}-} \quad (26)$$

예를 들면 앞에서 말한 바와 같이 전단응력 무한대에 있어서 점도를 구하기 위하여 전단속도 대 점도의 도형을 그릴 때 필요한 식이다.

8. 전단속도가 무한대에 있어서의 점도와 관계식

전단속도가 무한대일 때는 안료 분산계 중에 처음에 존재하는 유동학적 구조는 아마 모두 파괴되는 것으로 생각된다. 이 때에 남는 것은 RESIDUAL VISCOSITY η_∞ 이며, 이론적으로는 전색제 점도 η_0, PVC, 안료의 형상, 입도 분포에 의한 것이다.

전단속도가 늦은 경우는 유동학적인 구조성을 제거할 수가 없으므로, 안료 분산계의 유동을 나타내는 신뢰성 있는 식(이론적으로도 실험적으로도)을 유도하기 위해서는, 구조성(응집과 같은)에 기인하는 복잡한 요소를 고려하지 않으면 안되었다. 그러나 전단속도를 무한히 할 수 있게 함으로서 구조성에 의한 영향은 제거되며, 분산은 단순한 유동학적인 기반 위에서 평가된다.

따라서 순 이론적인 개념이지만 전단속도 무한대에 있어서의 점도는 무한대에 가까운 전단속도에 있어서 점도의 값을 외삽(外揷)법으로 구하면 된다.

식 (27)은 이 목적에 부합하는 것으로 최초로 보고되는 것의 하나이다(GOOD EVE). 이것은 전단속도의 역수와 점도의 값을 관계짓고 있다. $1/\gamma$의 직선을 외삽 (外揷)하여 $1/\gamma$가 0이 될 때, 즉 η축과 만나는 점을 η_∞로 한다.

$$\eta = \eta_\infty + \frac{f}{\gamma} \ \text{-----------------------------} \ (27)$$

식 (27)의 GRAPH의 균배가 f와 같은데 이것은 소위 요변성 계수라 불리는 것이다.

이 값이 그 분산계에 본래 존재하고 있는 유동학적 구조성을 나타내는 값이라고 생각된다. 그러나 염려스러운 것은 이후 매우 빠른 전단속도를 갖는 측정기에 의해 실험한 결과, 식 (27)은 실제의 유동성을 표현하기 위해서는 부적당하다는 것을 알게 되었다.

약 16년 후 ASBECK은 이것에 대신하는 더욱 신뢰성이 있는 식 (28)을 제시하였다.

$$\log \frac{\eta}{\eta_\infty} = \frac{S}{\sqrt{\gamma}} \ \text{-----------------------------} \ (28)$$

이 식에서 $1/\sqrt{\gamma}$ 에 대하여 $\log\eta$을 PLOT 할 때의 직선을 연장하여 $\log\eta$과 만나는

점이 $\log \eta_\infty$이며, 이것에서 η_∞를 구할 수 있다는 것을 알았다. 이 직선의 균배 S는 이 안료 분산계에 존재하는 유동학적 구조성의 지표가 된다.

식 (28)은 많은 일반적인 도료에서 전단속도가 300sec⁻¹ 이상일 때는 잘 맞지만 안료를 포함한 LATEX나 무광 ALKYD와 같은 도료에 대해서는 적합하지 않다.

여기에서 다시 전단속도의 대소에 관계없이 실제의 안료 분산계에 매우 적합한 식 (26)에 이르게 된다. 보통 n의 값을 0.5로 할 수 있으므로 식 (26)을 점도의 값을 PLOT하는 목적으로 식 (29)와 같이 쓴다.

$$\sqrt{n} - \sqrt{\eta_\infty} = \frac{\sqrt{\tau_0}}{\sqrt{\gamma}} \quad \text{-----------------------} \quad (29)$$

η_∞의 값은 계산으로도 $\sqrt{\eta}$와 $1/\sqrt{\gamma}$와의 직교 좌표에 PLOT 한 GRAPH에서도 구해진다.

즉 직선이 $\sqrt{\eta}$ 축과 만나는 점이 $\sqrt{\eta_\infty}$이다. 또, 선의 균배는 $\sqrt{\tau_0}$이다.

56

문제 9 어느 옥외 건축물 백색도료는 전단속도 800sec⁻¹에서 10.0poise, 10000sec⁻¹에서 4poise이였다. η_∞와 τ_0를 계산하라.

답 2 조의 DATA 를 식 (29)에 대입하여 연립 방정식을 푼다.

$$\sqrt{10} - \sqrt{\eta_\infty} = \frac{\sqrt{\tau_0}}{\sqrt{800}}$$

$$\sqrt{4} - \sqrt{\eta_\infty} = \frac{\sqrt{\tau_0}}{\sqrt{10000}}$$

$\sqrt{\tau_0}$의 값을 계산하여 양식의 차를 구한다.

$$3.16 - 2.00 = \sqrt{\tau_0} \, (1/28.3 - 1/100)$$
$$1.16 - \sqrt{\tau_0} \, (0.0354 - 0.0100) = \sqrt{\tau_0} \, (0.0254)$$

$$\sqrt{\tau_0} = 1.16/0.0254 = 45.6$$

$$\tau_0 = 2080 \, dyne/cm^2$$

이 τ_0의 값을 처음의 식에 대입하여 η_∞를 구한다.

$$2 - \sqrt{\eta_\infty} = 45.6/100$$

$$\eta_\infty = 2.38$$

따라서 $\sqrt{\eta} - \sqrt{2.38} = \sqrt{2080}/\sqrt{\gamma}$, 또는 $\sqrt{\eta} - 1.54 = 45.6/\sqrt{\gamma}$

9. PVC와 점도와의 관계식

PVC와 점도를 관련 짓는 식으로서 이미 헤아릴 수 없는 많은 식이 제안되어 있으나, 여기에서는 3종 정도를 알아 보자. 그 제1은 식 (30)이다. 여기에서 η_0는 전색제의 점도, C 는 PVC, k는 그 계의 정수, η_∞는 전단속도 무한대에 있어서의 점도(극한 점도) 이다.

$$\log \frac{\eta_\infty}{\eta_0} = kc \quad \text{-----------------------------} \quad (30)$$

식 (30)은 간단하다는 이점이 있는 반면(이 식이 적용 가능한 범위 내에서는 C와 $\log \eta_\infty$와의 사이에 직선 관계가 성립한다) 매우 높은 PVC일 때, 즉 안료와 전색제의 혼합물이 사실상 거의 분체로 되어 있을 때를 고려하지 않았다. 식 (30)은 더욱 복잡한 형으로 발전시키지만 이것은 아무리 해도 안 된다.

식 (31) 및 식 (32)에 있어서는, 한계(또는 최대) 안료 체적농도, 즉 U가 넣어져 있다. 이 U의 값은 대략 흡유량을 측정할 때의 종점 OA_r, 또는 임계 안료농도 CPVC에 대응한다. U로 주어진 PVC의 값은 안료 전색제 혼합물의 극한 점도를 나타내는 것으로 생각된다(이점에서 안료를 덩어리로 만들기 위해 필요한 최소량으로 적셔진다).

U는 별도로 LIQUID IMMOBILIZATION CONSTANT라고도 한다.

$$\log \frac{\eta_{\infty}}{\eta_0} = k \ \log \frac{U}{U-C} \ \text{---------------------} \ (31)$$

식 (31)에 의하면 $\log\eta_{\infty}$은 $\log(U-C)$와 $\log\{U/(U-C)\}$와의 사이에 직선 관계가 성립한다.

제3의 식에서는 U, C의 취급 방법이 약간 차이가 있다.

$$\log \frac{\eta_{\infty}}{\eta_0} = k \frac{C}{U-C} \ \text{-------------------------} \ (32)$$

식 (32)에서 $\log\eta_{\infty}$와 $C/(U-C)$와의 사이에 직선 관계가 성립하는 것을 알았다. 특히 C가 0일 경우(안료가 없다), 이들 3종의 식은 전부 $\log\eta_{\infty} = \log\eta_0$ 또는 $\eta_{\infty} = \eta_0$ 가 된다. 이것은 당연한 것이며, 또 이들 식이 낮은 안료 농도에서는 잘 부응하는 것으로 추정된다.

반대로 PVC가 100%일 때(전색제가 없는 경우) 식 (30)은 그 계에서 유한의 값을 갖는다. 이 불가능한 상태가 발생하므로 이 식은 높은 안료농도와 중 농도에서도 성립되지 않을 우려가 있다.

한편 식 (31), (32)는 안료농도가 높아 C가 U보다 크게 되면(PVC=100% 일 경우를 포함한다) 음의 값을 나타내고, 이러한 상태는 실제로는 일어나지 않는다는 것을 수학적으로 나타낸다. 이것과 U인 PVC 값에 있어서 식 (31)과 식 (32)은 극한 점도를 준다고 말하므로 이들 식은 안료농도가 낮은 곳에서 높은 곳까지 PVC 와 도료의 점도를 정확히 관계 짓기에 가장 적합하다. 그러나 사정이 좋지 못한 것은 식 (31), (32)은 식 (30)보다 더욱 복잡하며(U 가 부가되어 있다), 그것을 푸는 것도 그리 간단하지 않다. 그러나 GRAPH에 의한 해법과 대수적인 처리로 PVC가 도료 점도에 주는 영향을 예측하는 데 유용한 정보를 줄 수가 있다.

$\log\eta_{\infty}$를 식 (30)에서는 C에 대하여 식 (31)에서는 $\log U/(U-C)$에 대하여 식 (32)에서는 $C/(U-C)$에 대하여 PLOT하여 직선 관계가 얻어지지만(이 GRAPH는 전색제의 점도 η_0가 알려지지 않을 때 필요하다), $\log(\eta_{\infty}/\eta_0)$를 C에 대하여(식 (30)), 또는 $U/(U-C)$(식 (31)), $C/(U-C)$(식 (32))에 대하여 PLOT 하는 쪽이 바람직하다. 그렇게 함으로써 모든 곡선은 각 좌표 축의 원점을 지난다.

(안료가 없는 경우 $\log(\eta_{\infty}/\eta_0) = \log1 = 0$, C = 0 일 때 $\log U/(U-C) = 0$, C = 0

일때 $C/(U-C) = 0$).

문제 10은 이들 3식을 쓸 때 예상되는 곡선의 형을 나타내고 있다.

문제 10　알키드 전색제(점도=1.5poise)를 써서 PVC가 10%, 20%, 30% 일 때, 점도가 1.95, 2.95, 6.34poise 이었다. 이들 DATA를 관련 짓는 점도 식을 세워라.

[표 2-5] 문제 10에 있어서 최초의 DATA와 GRAPH에 의한 값 및 그의 답($\eta_0 = 1.50\,\text{poise}$)

	U	C/(U−C)	U/(U−C)	log[U/(U−C)]
$\eta_\infty = 1.95$	60	0.200	1.20	0.079
$\eta_\infty/\eta_0 = 1.30$	54	0.227	1.23	0.089
$\log(\eta_\infty/\eta_0) = 0.114$	48	0.263	1.26	0.100
$C = 10$	42		1.31	0.117
	36		1.38	0.139
$\eta_\infty = 2.95$	60	0.500	1.50	0.175
$\eta_\infty/\eta_0 = 1.97$	54	0.588	1.59	0.200
$\log(\eta_\infty/\eta_0) = 0.295$	48	0.715	1.71	0.233
$C = 20$	42		1.91	0.280
	36		2.25	0.352
$\eta_\infty = 6.34$	60	1.0	2.00	0.301
$\eta_\infty/\eta_0 = 4.22$	54	1.25	2.25	0.352
$\log(\eta_\infty/\eta_0) = 0.625$	48	1.67	2.67	0.426
$C = 30$	42		3.50	0.544
	36		6.00	0.780

답　3 종의 PVC에 대하여 주어진 점도의 값을 $\log(\eta_\infty/\eta_0)$의 형으로 표시한다.

이 값은 식 (30)에 의해 바로 구해진다. 그러나 식 (31), (32)에 의한 경우는 U의 값이 알려지지 않아 곤란하다. 이것을 해결하는 한 가지 방법으로서 U의 값에 적당한 수(예를 들면 36, 42, 48, 54, 60 PVC)를 선택하여 3종의 PVC에 대하여 각각 log[U/(U−C)], C/(U−C)를 계산하고, 이 값과 $\log(\eta_\infty/\eta_0)$를 PLOT한다. 이 PLOT한 값을 한번에 가장 직선에 가까운 값을 취하고(2종의 식에 대하여) U의 값을 택한다. 그리고 이 값을 점도 식에 이용한다.

계산하여 구한 $\log(\eta_\infty/\eta_0)$, log[U/(U−C)], C/(U−C)의 값과 주어진 DATA를 표 2-5에 나타내었다.

그림 2-8 ⓐ는 처음 DATA의 그림(C에 대한 η_∞/η_0)이며, 그대로는 중간의 PVC의 값에

있어서조차 직선에서 상당히 떨어져 있는 것을 알 수 있다.

C에 대하여 $\log(\eta_\infty/\eta_0)$를 POLT 한 것은 그림 2-8 ⓑ에 나타낸 어느 직선에 가깝게 되든가, 높은 PVC에서는 아주 급격히 올라 간다.

그러나 그림 2-8 ⓒ, 그림 2-8 ⓓ에 있어서는 거의 직선 관계를 주는 U의 값이 한 가지로 정해진다. 이 값은 식 (31), (32)에 있어서 점도-PVC 관계식용으로 선정한다.

2가지 식에 있어서 U의 값은 아주 다른 것에 주의할 필요가 있다. 또 이식에 있어서 정수 k의 값은 각각 직선의 균배(均配)에 해당한다.

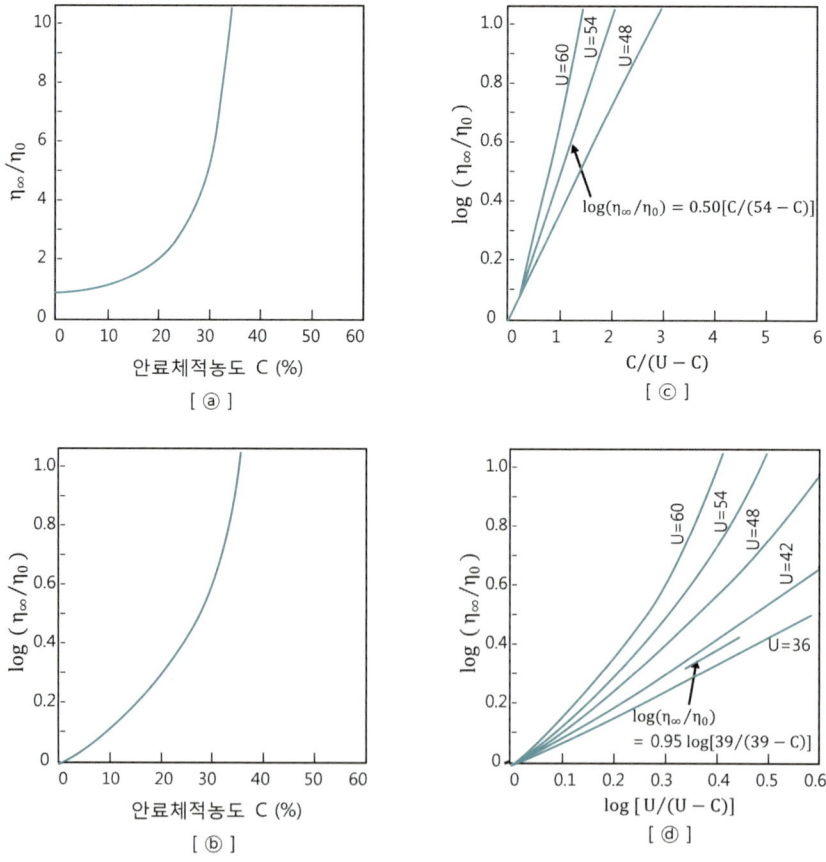

[그림 2-8] C와 η_∞/η_0의 관계를 나타내는 각 식의 GRAPH

문제를 풀기까지 몇 번이고 U의 값을 추정하지 않도록 식 (32)를 다른 형으로 고쳐 쓸 수가 있다. 즉 식 (32)의 k 를 k′ U로 두면 식 (33)과 같이 쓰여질 수 있다.

$$\log(\eta_\infty/\eta_0) = k′ UC/(U-C) \quad \text{------------------} \quad (33)$$

식 (33)의 역수를 취하여, 각 변을 같게 두면 식 (34)가 얻어진다.

$$\frac{1}{\log(\eta_\infty/\eta_0)} = \frac{1}{kC} - \frac{1}{kU} \quad \text{--------------} \quad (34)$$

식 (34)에 의하면 $1/\log(\eta_\infty/\eta_0)$를 1/C에 대하여 PLOT 하면, 직선이 되고 그 균배(均配)는 1/k와 같고, 1/C 축과 만나는 점이 1/U에 같은 것을 나타내고 있다.

이 식을 이용하여 PLOT 하는 방법을 문제 11에 나타내었다.

문제 11 문제 10의 DATA를 써서 PVC와 도료의 점도를 관계 짓는 식을 유도하여라.

답 이 문제는 대수계산(代數計算)에 의해서도 또 GRAPH에 의해서도 풀 수가 있다. 어느 경우에서도 계산에 필요한 DATA를 표 2–6에 나타내었다.

이 DATA를 GRAPH로 한 것이 그림 2–9이며 이 GRAPH에서 1/k이 107.5(이 값은 대수적으로 구하는 값과 일치한다)인 것을 알았다.

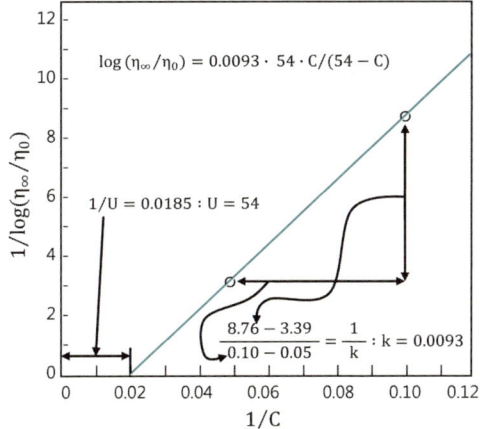

[그림 2–9] 1/C와 $1/\log(\eta_\infty/\eta_0)$와의 관계

[표 2-6] 문제 11의 답을 구하기까지의 각종의 값

η_∞	η_0	$\dfrac{\eta_\infty}{\eta_0}$	$\log\dfrac{\eta_\infty}{\eta_0}$	$\dfrac{1}{\log(\eta_\infty/\eta_0)}$	C	$\dfrac{1}{C}$
1.95	1.50	1.30	0.114	8.76	10	0.1000
2.95	1.50	1.97	0.295	3.39	20	0.0500
6.34	1.50	4.22	0.625	1.60	30	0.0333

1/C 축을 자르는 점이 1/U 에 상당하며 0.0185 이다(이 값은 1/k 를 식 (33) 에 대입하여 계산하여도 구해진다). 이 값과 k 와 U 가 계산되며, 따라서 식 (33) 에 의해 다음과 같이 쓸 수가 있다.

$$\log(\eta_\infty/\eta_0) = \frac{0.0093 \cdot 54 \cdot C}{54 - C} = \frac{0.50 \cdot C}{54 - C}$$

문제 12 아마인유(점도 0.5 poise) 중에 TiO2를 10%과 20% PVC로 분산시킬 때, 높은 전단속도에 있어서 점도는 각각 0.88, 2.21poise이었다. 이 계에서 PVC가 35%, 60% 일 때의 점도를 계산하여라.

답 2조의 DATA를 식 (34)에 대입하여, 양식의 차에서 k를 구한다.

$$\frac{1}{\log(0.88/0.50)} = \frac{1}{10k} - \frac{1}{Uk} \qquad 4.08 = \frac{0.01}{k} - \frac{1}{Uk}$$

$$\frac{1}{\log(2.21/0.50)} = \frac{1}{20k} - \frac{1}{Uk} \qquad 1.55 = \frac{0.05}{k} - \frac{1}{Uk}$$

$$4.08 - 1.55 = \frac{0.10 - 0.05}{k}$$

$$k = \frac{0.05}{2.53} = 0.0198$$

이 k값을 먼저의 식에 대입하여 U의 값을 구한다.

$$4.08 = \frac{0.10}{0.0198} - \frac{1}{0.0198 \, U} \qquad U = 52$$

여기에서 구하여진 k와 U의 값을 써서 식 (33)에 따라서 PVC/점도 관계식을 구하면

$$\log \frac{\eta_\infty}{0.50} = \frac{0.0198 \cdot 52 \cdot C}{52-C} = \frac{1.03\,C}{52-C}$$

이 식을 써서 PVC가 35%, 65% 일 때의 점도를 계산한다.

$$\log \frac{\eta_\infty}{0.50} = \frac{1.03 \cdot 35}{52-35} = 2.12$$

$$\eta_\infty = 66\,poise$$

60%의 경우는 U-C의 값이 음(52-60=-8)이 된다. 이것은 TiO_2를 충분히 적셔주는 아마인유가 부족하다는 것을 나타내며, 따라서 이 경우에는 윗식이 적용될 수 없다.

[표 2-7] 비뉴톤성의 도료계에 있어서의 유동 관계식

직선적 소성유동	**명확한 항복치가 없는 도료** $\gamma = k\tau^n$ (5) $\eta = \left(\dfrac{1}{k}\right)^{1/n}\gamma^{(1-n)/n}$ (6) $\eta = \dfrac{1}{k}\tau^{(1-n)}$ (7) $\eta = k\,RPM^\gamma$ (15)*
비직선적 소성유동	**측정 가능한 항복치를 갖는 도료** $\eta' = \dfrac{\tau - \tau_0}{\gamma}$ (16) $\eta' = \dfrac{m\eta_2 - \eta_1}{m-1}$ (20)* $\gamma = k(\tau - \tau_0)^n$ (23) $\tau^n = \tau_0^n + \eta_\infty^n\,\gamma^n$ (24) $\eta^n = \dfrac{\tau_0^n}{\gamma^n} + \eta_\infty^n$ (26) $\eta = \eta_\infty + \dfrac{f}{\gamma}$ (GOODEVE) (27) $\log\dfrac{\eta}{\eta_\infty} = \dfrac{S}{\sqrt{\gamma}}$ (ASBECK) (28) $\sqrt{\eta} - \sqrt{\eta_\infty} = \dfrac{\sqrt{\tau_0}}{\sqrt{\gamma}}$ (CASSON) (29)
	안료 체적농도가 점도에 미치는 영향 $\log\dfrac{\eta_\infty}{\eta_0} = kC$ (30) $\log\dfrac{\eta_\infty}{\eta_0} = k\log\dfrac{U}{U-C}$ (31) $\log\dfrac{\eta_\infty}{\eta_0} = \dfrac{KC}{U-C}$ (32)

∗ : 이 식은 BROOKFIELD 점도계와 같은 회전 점도계에 적용될 수 있다.

Chapter 3

용제의 용해력 溶解力

용제의 용해력 溶解力

1. 용해의 원칙

'비슷한 것은 비슷한 것을 녹인다'라고 하는 원칙은 매우 유효한 용해의 원칙으로서 도료공업의 초기부터 쓰여져 왔다. 이 유사성은 전통적으로 화학구조의 문제로서 생각되어 왔다.

일반적으로 탄화수소계 용제(광물류, 톨루엔)는 탄화수소계 수지의 좋은 용제이며, C-O 결합을 갖는 용제(에스텔, 케톤)는 C-O 결합을 갖는 수지(셀루로우즈, 폴리초산비닐)의 좋은 용제라고 생각된다.

이것은 용해력을 평가하는 데 간편한 사고방식으로 이 유사성을 계산에 넣어서 더욱 고도의 기술로 개발하고자 하는 화학자의 발상 또한 자연스럽다. 물질의 본질적 성질을 깊게 연구할수록 이 용제의 '유사성'에 대한 평가는 새롭고도 독특한 기초로 발전하였다. 즉 용해변수/수소결합계이며, 약간의 불일치나 예외를 조정하기 위하여 정밀한 검토가 필요하지만 비교적 매우 정확하다.

이 계에서의 용해력은 어느 수지와 용제의 용해변수와 수소 결합력에 의해 귀결된다. 이들 2개의 관점에서 보면, 용제와 수지가 서로 가까운 성질을 갖고 있는 만큼, 수지에 대한 용제의 용해력이 뛰어난 것을 알 수 있다(또는 수지 상호간의 상용성이 좋다).

2. 용해변수(SOLUBILITY PARAMETER)

실용적인 견지에서 보면 용해변수 δ는 제품(용제, 수지, 고분자 등)의 용해성에 특징을 주는 단순한 수이다. δ는 수소 결합력을 평가하는 것이며, 주어진 제품의 용해 특성(또는 상용성)에 근접한 영역 내에서 이용되도록 되어 있다.

이론적 견지에서 보면 제품의 용해 변수는 그 제품의 응집 에너지 밀도의 평방근이다. 응집에너지 밀도는 제품의 1cm³ 당의 증발에너지($\Delta E/V$) 이므로 δ는 응집에너지에 관한 식 (1)과 같이 정의 된다.

$$\delta = \sqrt{\Delta E/V} \quad \text{----------------------------} \quad (1)$$

δ값을 얻기 위해서는 3가지 다른 방법이 있다. 즉

(a) 제품의 물리적 특성에 용해변수를 관계시켜 수량적 표현(예를 들면 식 (1)과 같이)을 써서 정의 한다.

(b) 제품의 화학구조에서 δ의 값을 계산하는 방법,

(c) 알고 있는 δ값을 갖고 있는 제품의 용해력에 모르는 δ값을 갖고 있는 제품의 용해력을 조직적으로 대비하는 것으로 정의하는 등의 방법이 있다.

이들 3가지 방법을 순서대로 살펴본다.

1) 물리 특성에서 용해변수의 계산

1 MOLE 당 증발에너지 ΔE는 식 (2)에서 주어진 바와 같이 $\Delta H-RT$와 같다. 여기에서 ΔH는 온도 $T(=C+273)$에 있어서 1몰당 증발잠열과 같다. R은 가스상수로 1.986이다.

$$\Delta E = \Delta H-RT \quad \text{--------------------------------} \quad (2)$$

25℃에서의 식 (2)는 식 (3)이 된다.

$$\Delta E_{25} = \Delta H_{25} - 592 \quad \text{--------------------------} \quad (3)$$

증발열이 알려지지 않은 물질에 대해서는 식 (4) (HILDERBRAND)로 근사치를 구한다. 여기에서는 ΔH는 물질의 비점 $T_b(C_b+273)$에 관한 것이다.

$$\Delta H_{25} = 23.7\ T_b + 0.020\ T_b{}^2 - 2950 \quad \text{------------} \quad (4)$$

식 (1), (3), (4)을 써서 계산한 δ의 값은 수소 결합성이 약한 물질에 대해서는 상당히 정확하지만 중간 정도 또는 강한 수소 결합성의 물질에서는 그렇게 정확하지 않다.

그러나 BURREL에 의해 만들어진 표 3-1의 보정계수는 실용상 충분한 정확도가 인정되었다. 위에서 말한 관계식은 직접 용해변수를 결정하는 데 한층 정확한 방법이다. 그러나 계산된 δ의 값이라 하더라도 반듯이 늘 관측된 용해 특성과 일치하지 않는 것에 주의할 필요가 있다.

이럴 때는 경험적인 보정(대개 0.1 자릿수)을 하면 계산 값과 실제의 용해 특성은 거의 일치한다.

[표 3-1] 식 (1)에서 계산된 용해변수에 가하는 보정치

수소결합력	물질환 종류	보정계수
약	탄화수소	없음
중	케톤 (B.P.>100℃) (B.P.<100℃) 에스텔	없음 0.5를 더한다. 0.6를 더한다.
강	알코올	1.4를 더한다.

문제 1 벤젠(M=78, 밀도=0.88g/cm³)은 상압하에서는 80℃에서 비등한다. 이것의 용해변수를 구하라.

답 식 (5)의 25℃에 있어서 벤젠 1몰당 증발에너지를 계산한다. 이것은 식 (4)에서 얻은 ΔH를 식 (3)에 대입한 것이다.

$$\Delta E_{25} = 23.7\ T_b + 0.020\ T_b{}^2 - 3540 \quad \text{--------------} \quad (5)$$

$$\Delta E(벤젠)_{25} = 23.7(353) + 0.020(353)^2 - 3540$$
$$= 8370 + 2490 - 3540$$
$$= 7320\ \text{cal/mole}$$

벤젠의 분자용 V는 분자량 M 을 그의 비중 ρ 로 나눈 것이다.

$$V = \frac{M}{\rho} = \frac{78}{0.88} = 88.6\,cm^3$$

주어진 ΔE 와 V 의 값을 식 (1) 에 대입하여 벤젠의 용해변수를 계산한다.

$$\delta = \sqrt{7320/88.6} = 9.1$$

δ 를 계산하는 다른 식이 식 (6)과 같이 유도되었다. 이것은 δ 를 표면장력 σ 와 분자용 V로서 표현한 것이다.

$$\delta = 4.1(\frac{\sigma}{V^{1/3}})^{0.43} \quad \text{------------------------------} \quad (6)$$

그러나 이 식 안에 있는 물리정수를 정확히 구하는 것은 곤란하므로, 이 식은 학술적인 홍미만으로 그치는 것으로 한다.

문제 2 벤젠은 표면장력 28.5dyne/cm로 분자용은 88.6cm³이다. 이들 DATA로서 용해변수를 구하라.

답 표면장력 σ, 분자용 V의 값은 식 (6)에 대입하여 δ 를 구한다.

$$\delta = 4.1(\frac{28.5}{88.6^{1/3}})^{0.43} = 4.1(\frac{28.5}{4.46})^{0.43} = 9.1$$

2) 화학 구조에서 용해변수를 구하는 계산

SMALL에 의해 1953년에 발표된 표 3-2에 주어진 분자결합 정수의 값에서 식 (7)로 용해변수의 값을 계산할 수가 있다.

$$\delta = \rho\frac{\Sigma G}{M} \quad \text{--------------------------------} \quad (7)$$

각각의 분자결합 정수 G를 화학구조 전부에 더한다. 그래서 ΣG 는 단위가 되는 분자 중의 모든 원자나 원자단의 합계를 나타낸다.

이 계산법은 수소 결합성이 강한 물질(알코올, 아민, 카복실, 산 등)에 대해서는 그다지 신뢰성이 없다. 그러나 이 경우에도 수소 결합군이 단순히 분자 중의 작은 부분밖에 해당하지 않을 경우에는 예외가 있다.

이 방법으로 δ를 구하면 용제에 대해서는 매우 정확한 값이 얻어진다. 그러므로 이것의 진가는 이제까지 말한 방정식에서는 δ가 쉽게 정해지지 않던(고분자의 비점은 보통으로 측정되지 않는다) 고분자에 대하여도 적용될 수 있기 때문이다.

이 방법에서 고분자의 용해변수를 구할 때 고분자쇄의 반복되는 단위가 이 계산법의 기초가 된다.

[표 3-2] 분자결합 정수(25℃)

군(群)	G	군(群)	G
일중(一重)결합 탄소		H	80~100
$-CH_3$	214	C (에텔)	70
$-CH_2$	133	Cl (평균(平均))	260
$-CH-$	28	Cl (단(單))	270
$-\overset{|}{C}-$	−93	Cl (복(複), $-CCl_2-$)	260
이중(二重)결합 탄소		Cl (3중(重), $-CCl_3-$)	250
$=CH_2$	190	Br (단(單))	340
$=CH-$	111	I (단(單))	425
$=\overset{|}{C}-$	19	S (유화물(硫化物))	225
삼중(三重)결합 탄소		CO (케톤)	275
$CH\equiv C-$	285	COO (에스텔)	310
$-C\equiv C-$	222	CN	410
공역(共役)	20~30	CF_2 (n-FLUORO 탄소)	150
환상구조(環狀構造)		CF_3 (n-FLUORO 탄소)	274
PHENYL	735	SH (THIOL)	315
PHENYLENE(o, m, p)	658	ONO_2 (초산염(硝酸鹽))	約440
NAPHTYL	1148	NO_2 (지방탄화수소의 NITRO 화합물)	約440
환상(5환(環))	110	PO_2 (有機燐酸鹽(유기인산염))	約500
환상(6환(環))	100	OH (수산기(水酸基))	約320*

＊ : SMALL의 분자결합 정수에는 나타나있지 않다. 경험적으로 산출한 값이다.

문제 3 아래 그림과 같은 구조를 반복 단위로 하는 에폭시수지(밀도 1.15g/cm³)의 용해변수를 구하라.

답 에폭시수지 안에 있는 반복 단위군의 분자결합 값의 합계를 표 3–3에 나타낸 것과 같이 구한다. 분자량은 반복 단위 $C_{18}H_{20}O_3$의 화학식에서 계산한다.

$$M = (18 \cdot 12) + (20 \cdot 1) + (3 \cdot 16) = 284$$

식 (7)에 ΣG, M, ρ의 값을 넣어 용해변수를 구한다.

$$\delta = \frac{1.15 \cdot 2405}{284} = 9.75$$

[표 3–3] 분자결합 정수의 요약

군(群)	G	군의 수(數)	ΣG	
			(+)	(−)
-CH₃	214	2	428	
-CH₂-	133	2	266	
-CH-	28	1	28	
-C-	−93	1	−	−93
PHENYLENE	658	2	1316	
-OH	320	1	320	
-O-	70	2	140	
			$\Sigma G = 2498 - 93 = 2405$	

3) 용해성의 비교에 의한 용해변수의 계산

주어진 물질의 용해변수는 실험적으로 알고 있는 δ를 갖는 물질과의 용해 특성을 관찰하거나 비교하는 것에 의해 구할 수가 있다. 이 방법은 모르는 δ를 갖는 물질의 용해변수가 그 물질과 혼합하지 않거나 상용하기 쉬운 물질의 δ범위의 중간에 끼어 있는 것이 필요하다. 만약 모르는 δ를 갖는 것이 고분자라고 하면 알고 있는 δ를 갖는 용제와 혼합하여 용해, 팽윤의 정도를 비교함으로서 용해변수를 추정할 수가 있다. 만약 이 물질이 용제던가 가소제라면 알고 있는 δ값을 갖은 고분자를 써서 평가하면 좋다(용해 또는 팽윤의 정도를 관찰). 이와 같이 용해와 팽윤의 관찰에 의해 용해변수를 실험적으로 정할 수가 있다.

4) 용해성의 관찰로서 얻는 용해변수

이 방법은 용해변수의 전역에 걸쳐 거의 같은 정도의 δ의 증가율을 갖고 변화하는 용제의 군(SPECTRUM)을 선택한다. 알고 있는 δ를 갖는 피시험 고분자를 용제군(SPECTRUM)에 일정 농도로 가하여 용해의 정도를 관찰하는 것이다(용해의 과정에서 만약 필요 하다면 가열하여도 좋다).

용해, 부분용해, 팽윤, 불용해 등의 내용이 기록되며, 이것에서 전용해도 영역 안에 있는 점에 대하여 위치를 정할 수가 있다. 이것이 피시험 고분자에 대하여 구하여지는 δ에 해당한다. POLYMER의 용해도는 중간점을 기준으로 플러스 또는 마이너스의 평가를 붙여 기록한다.

POLYMER 용해도 변수를 결정하기 위해 BURREL이 쓴 용제 SPECTRUM을 표 3-4에 나타내었다.

[표 3-4] POLYMER의 용해변수를 결정하기 위해 사용되는 용제의 SPECTRUM

δ	수소결합력		
	약	중	강
7.0	n-Heptane	–	–
7.4	n-Hexane	Di ethyle ether	–
7.8	Apcothinner	Di isobutyl ketone	–
8.5	Solvesso 150	n-Butyl acetate	–
8.9	Toluene	Butyl carbitol	–
9.3	–	Di butyl phthalate	–
9.5	Tetrarine	–	2-Ethyl hexanol
9.9	–	Di oxane	–
10.0	O-Di chloro benzene	–	Methyl iso butyl carbinol
10.6	α-Brom naphtharene	–	–
10.8	–	Methyl cellosolve	–

10.9	–	–	n–Pentanol
11.0	Nitroethane	–	–
11.4	–	–	n–Butanol
11.9	Acetonitrile	–	n–Propanol
12.1	–	2,3–Butylene carbonate	–
12.7	Nitromethane	–	Ethanol
13.3	–	1,2–Propylene carbonate	–
14.5	–	–	Methanol
14.7	–	Ethylene carbonate	

5) 팽윤(膨潤)의 관찰로 용해변수의 결정

POLYMER 의 용해변수를 정하는 제2의 방법은 제품이 약하게 가교된 상태를 만들고, 이 상태의 것을 용제 시약군(SPECTRUM)에 담그는 방법이다. 가교에 의하여 이 제품은 용해한다고 말하기보다는 팽윤하는 경향이 강하며, 팽윤의 량은 POLYMER의 δ와 한층 가까운 δ값을 갖는 용제 중에 넣을 때 최대가 된다.

추론하면 가교되지 않은 원래의 POLYMER는 같은 δ을 갖고 있다고 볼 수 있다. 이 방법은 먼저의 방법에 비하여 보다 학술적이며, 실험적으로 응용 가능하다.

6) 용해변수의 온도 의존성

용해변수는 온도가 상승되어 가면 1℃당 0.014정도 감소한다. 따라서 7℃ 온도 상승이 있으면 용해변수는 약 1.0만큼 감소한다.

3. 수소 결합력의 분류

이 앞에서 논의하여온 용해변수는 용해도를 특징 지우는 2개의 변수 중의 하나이다. 다른 PARAMETER는 '수소결합력' 이다. 불행하게도 대부분 제품의 수소 결합력은 알려지지 않았으며, 빨리 측정할 수가 없다. 이처럼 곤란한 것을 피하기 위해, BURREL은 등급에 따라 수소 결합력을 구분하는 것(표 3-5 참조)을 제안하였다.

[표 3-5] 수소 결합력에 의한 용제의 분류

수소 결합력	대표적인 용제의 종류
약(弱)	탄화수소 염소화 탄화수소 니트로 탄화수소
중(中)	에스텔 알데히드 케톤 에텔
강(强)	알코올 글리코올 아미드 아민 산

수소 결합력을 정량적으로 평가하는 간접적인 방법이 보고되고 있다. 그래서 아마 앞으로는 이 제2의 변수는 '등급' 보다는 하나의 '수치'로 정해질 것 같다. 그렇게 될 때까지는 3종류로 나누고 있는 현재의 분류가 편리하다고 생각된다. 만약 필요하다면

수소 결합 강도가 다음의 순서대로 약해진다는 것에 착안하여, 한층 정밀하게 분류하려는 노력이 시도되었다. 즉 알코올 > 에텔 > 케톤 > 알데히드 > 에스텔의 순서이다.

이 분산계에서는 0.3, 1.0, 1.7이 수소 결합의 약, 중, 강 의 중간 점으로 정해지고 있다. 실제로는 실험적인 용해나 팽윤 데이터에 의해 이 중간 점을 써서 각 용제의 수소결합력의 조정이 이루어진다.

그림 3-1은 많은 공통 용제의 용해변수 및 수소 결합력의 분류와 분포를 그림으로 나타낸 것이다.

표 3-6은 POLYMER 의 용해성을 더욱 이해하기 쉽게 나타내고 있다.

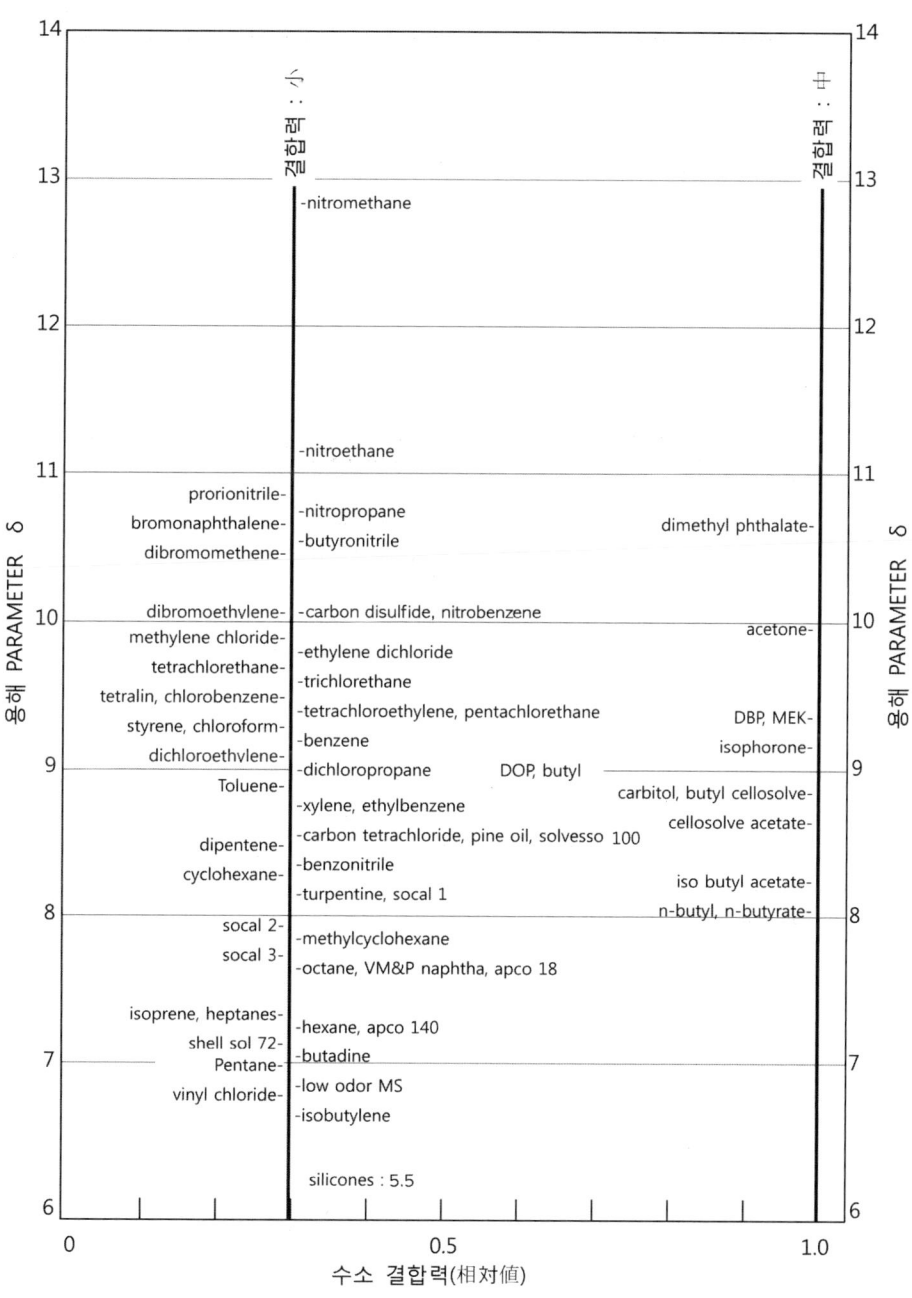

[그림 3-1] 용해 PAREMETER와 수소결합력에 의한 일반적 용제의 위치(Ⅰ)

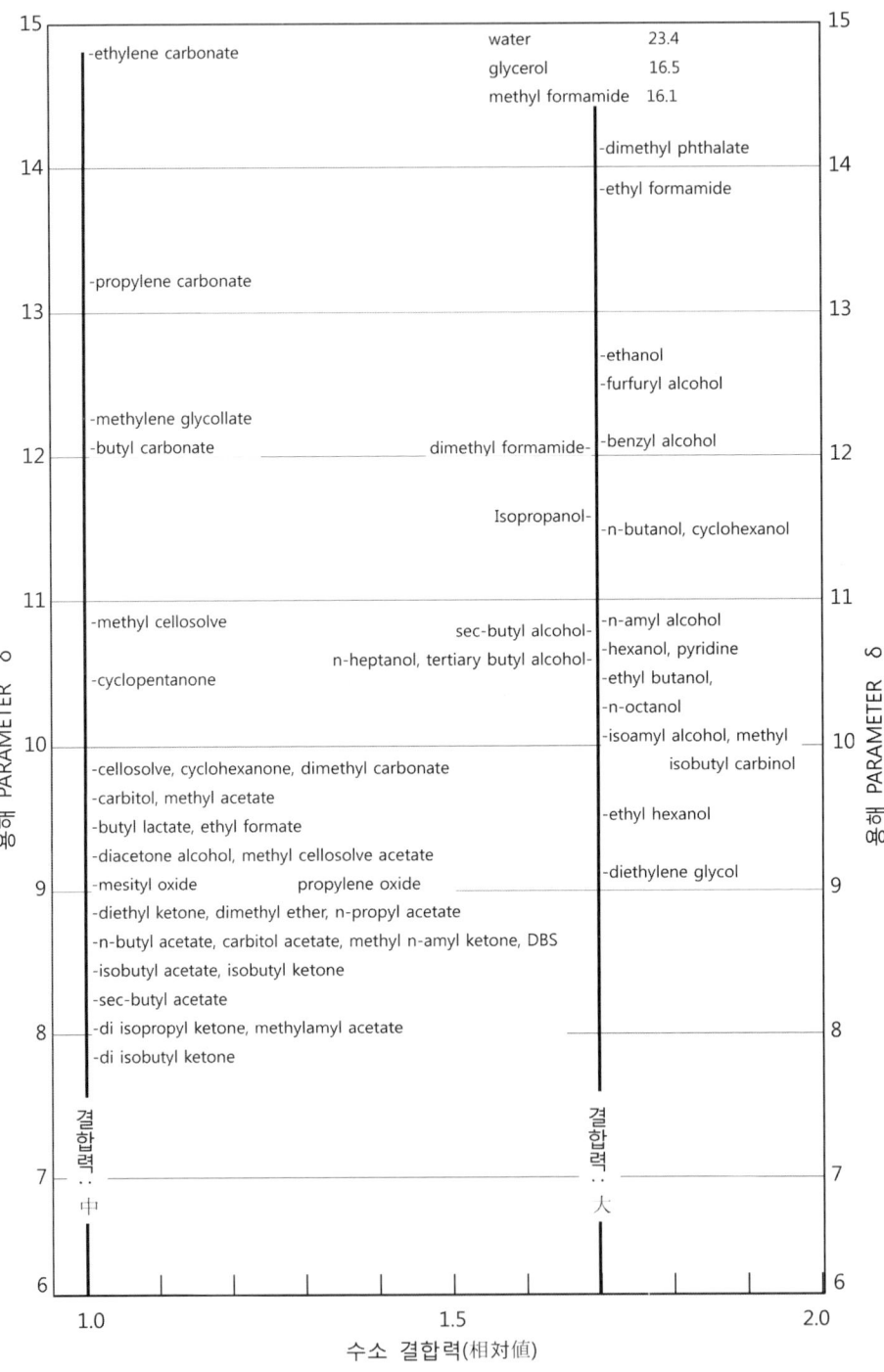

[그림 3-1] 용해 PAREMETER와 수소결합력에 의한 일반적 용제의 위치(Ⅱ)

[표 3-6] 대표적인 POLYMER의 용해 PARAMETER 범위

POLYMER	수소결합력級	용해 PARAMETER δ
Cellulose 系		
Nitro cellulose RS (25 cp, dry)	약	11.1-----------12.7
	중	7.8--14.7
	강	
Nitro cellulose SS (0.5 sec, dry)	약	11.1-----------12.7
	중	7.8--14.7
	강	12.7--------------14.5
Ethyl cellulose N-22	약	8.1------------------------11.1
	중	7.4----------------------------11.0
	강	9.5----------------------------------14.5
Ethyl cellulose K-200	약	
	중	8.5----------------10.8
	강	9.5--------------11.4
Ethyl cellulose T-10	약	8.5------9.5
	중	7.8---------------9.8
	강	9.5--------------11.4
Acetyl cellulose LL-1	약	11.1-----------12.7
	중	9.9-------------------------------- ------14.7
	강	
Butyl 化 cellulose (0.5 sec)	약	11.1-----------12.7
	중	8.5--14.7
	강	12.7--------------14.5
Acetyl cellulose (butyrate)	약	11.1-----------12.7
	중	8.5-----------------------------------14.7
	강	12.7--------------14.5
Acryl		
Poly methyl methacrylate	약	8.9----------------------------12.7
	중	8.5---13.3
	강	
Acryloid	약	10.6--------------12.7
	중	8.9-----------------------------------13.3
	강	
Vinyl 系		
Zeon 121	약	10.6----11.1
	중	9.3-----9.9
	강	
Vinylite VYHH	약	9.3---------------11.1
	중	7.8-------------------------------------13.3
	강	
Vinylite AYAA	약	8.9----------------------------12.7
	중	8.5---14.7
	강	

III

용제의 용해력(溶解力)

POLYMER	수소 결합력 級	용해 PARAMETER δ
Vinylite VMCH	약 중 강	10.6-----11.1 7.8------------------------------------12.2
Vinylite VAGH	약 중 강	10.6-----11.1 7.8------------------9.9
Vinylite XYHL	약 중 강	 8.9----------------10.8 9.5--14.5
Vinylite XYSG	약 중 강	 8.9----------------10.8 9.5 --14.5
Poly vinyl butyl ester	약 중 강	7.8----------------------10.6 7.4--------------------9.9 9.5-------------11.4
Poly vinyl ethyl ester	약 중 강	7.0- -------------------------------11.1 7.4----------------------------10.8 9.5------------------------------------14.5
Poly vinyl formal	약 중 강	 9.9----------------------------13.3
Poly styrene KTPL-A	약 중 강	8.0---------------------10.6 8.1---------------9.9
Phenol 系 BR 254	약 중 강	8.5-----------10.0 7.8--13.3 9.5---------10.8
BR 3360	약 중 강	8.5---------------------11.1 7.8--13.3 9.5--------------11.4
BR 9400	약 중 강	8.9-----------------------11.8 7.8--13.3 9.5--14.5
BR 1762	약 중 강	 8.4--14.7 9.5--14.5
Duerz 220	약 중 강	8.5---------------10.6 7.8----------------9.8 9.5--------------11.4
Durex 9400	약 중 강	7.0--11.8 7.4-------------------9.8 9.5--14.5

POLYMER	수소 결합력 級	용해 PARAMETER δ
Methyron 75202	약 중 강	8.9------------------------12.1
Epoxy 類 Epon 1001	약 중 강	10.6-----11.1 8.9---------------------------------13.3
Epon 1004	약 중 강	8.4------------------------------------- ----13.3
Epon 1009	약 중 강	8.4----------9.9
Epoxy ester Epon 1004/DCO ester	약 중 강	8.5--------------------11.1 7.8---------------9.9
Alkyd Glycerin 大豆(40% OL)	약 중 강	7.0--------------------------------11.1 7.4----------------------------------11.9 9.5--------------------------11.9
Glycerin 大豆(30% OL)	약 중 강	8.5------------------------------12.5 8.5--14.7
Amine 樹脂 Beetle 227-8(dry)	약 중 강	8.9---------------------11.4
Uformite MX-61(day)	약 중 강	8.5--------------------11.1 7.4------------------------------11.1 9.5-------------11.1
기타 大豆油	약 중 강	7.0--------------------------------11.1 7.4----------------------------------11.9 9.5--------------------11.9
Gum rosin(WW)	약 중 강	8.5--------------------11.1 7.4---------------------------10.8 9.5-----------------11.4
Ester gum	약 중 강	7.0--------------------------10.6 7.4---------------------------10.8 9.5----------10.9
Vinsol	약 중 강	10.6----------11.8 7.8--13.3 9.5-------------------------12.7

POLYMER	수소 결합력 級	용해 PARAMETER δ
염화고무	약	8.5----------------10.6
	중	7.8------------------------10.8
	강	
Nilon 8	약	
	중	
	강	10.8----------------------------14.5
Vaseline	약	8.5---8.9
	중	
	강	
Gllsonite	약	7.8-----------------10.0
	중	7.8-----8.5
	강	

4. 혼합 용제에 대한 용해변수와 수소 결합력

이 문제에 관한 특징은 다음과 같다. 어느 혼합 용제의 δ와 수소 결합력은 혼합 용제 각 성분의 δ와 수소 결합력을 그것의 MOLE 분율에 비례한 산술 평균값으로 추정될 수 있다. 방법으로서 약간 부정확한 근사치 이지만 각 성분의 체적 분율에 근거를 두고 δ과 수소 결합력을 평균하는 방법도 있으며 대부분의 목적에는 충분하다.

문제 4 60 XYLENE/40 MEK(체적분율)의 혼합용제의 용해변수와 수소 결합력의 값을 계산하라.

답 체적분율을 써서 주어진 혼합용제의 평균값을 계산한다. 약한 수소 결합력과 중간 정도의 수소 결합력은 각각 0.3과 1.0으로 한다.

용해변수 (δ) = 0.60(8.8) + 0.40(9.3) = 9.0
상대적 수소결합 = 0.60(0.3) + 0.40(1.0) = 0.58

본 장에서 처음에 말한 바와 같이 '비슷하다' 라고 하는 생각은 용해력과 상용성을 예상하기 위한 용해변수/수소결합력 중에 포함되어 있는 기본적인 사고방식이다. 즉 2개의 물질이 서로 용해변수와 수소결합치가 가까울수록 상용성과 용해력이 커진다는 것을 나타낸다.

앞 절에서는 각 물질에 대하여 δ나 수소 결합력을 계산하거나 추정하는 방법에 대하여 논의 하였다. 본 절에서는 일상 취급하는 용해의 문제에 관하여 실용적인 응용 문제를 취급하였다.

3가지 경우를 생각해 보면

(1) 2개 물질(예를 들면 용제와 POLYMER)의 δ와 수소 결합력이 잘 맞아있는 경우로서, 상용성이나 용해성이 같을 때,
(2) 2개 물질의 δ와 수소 결합력이 현저하게 틀려서 비용해성이나 비상용성이 확실한 경우,
(3) 상기 2개의 극단 조건 사이에서는 용해, 팽윤하는 한계나 그것과 동일한 여러 조건을 포함하는 많은 경계적(境界的) 조건이 존재한다.

어떤 경우에 있어서도 용해변수/수소결합력계는 그것이 발전 중에 있으므로 한층 정량적인 것으로 인식하지 않으면 안 된다. 또 그것은 용해에 대하여 영향력을 갖는 것이라 생각되는 2개의 힘을 기초로 하고 있다. 그러나 현재로서는 그 중에 한 개만 실제로 측정할 수밖에 없다. 따라서 용해에 그다지 커다란 영향을 주지 않는 인자, 예를 들면 쌍극자 상호 작용력 등은 현재로서는 무시되고 있다. 이러한 제약에도 관련 없이 용해변수/수소결합력계는 도료 기술자의 유력한 무기가 될 수 있다.

5. 용해를 정할 때의 기초이론

용해변수/수소결합력계를 설명하는 문헌 중에서 BURREL은 용해의 거동을 올바르게 설명하기 위해 얼마간의 기초적인 이론을 제시하고 있다.

1) 용해력

과거에 있어서 용제 능력이던가, 용제력 또는 단순히 '용제와 같은 것' 등으로 불린 것은 (1) 점도를 저하시키는 능력, (2) 각종 다양한 수지나 POLYMER를 용해하는 능력, (3) 비용제(희석제)로 희석시킬 수 있는 능력 등의 관점에서 판정되어 왔다.

(1)에 관한 것 중 만약 용제가 POLYMER나 수지를 용해할 경우는 용제의 점도가 용액의 점도를 대부분 결정해 버린다. 이것은 기본적인 원리이다. 따라서 저점도 용제는 일반적으로 '좋은 용제'라고 불린다. 물론 이와 같은 사고방식은 용제가 수지 또는 POLYMER의 δ나 수소 결합력의 범위 내에 있는 것을 전제로 하고 있다.

(2)에 관해서는 표 3-6에서와 같이 가장 일반적인 피막형성 수지는 (a) 중간점도의 수소결합을 나타내는 용제와 (b) δ의 값이 8.0에서 10.0 정도의 사이에 있는 용제에 잘 녹는다. 따라서 이들 요구에 합당한 용제는 여러 POLYMER를 녹이는 융통성을 갖고 있으므로 '좋은 용제'라고 생각된다.

(3)에 관하여 희석제에 대한 허용성이 '좋다'라고 하는 평가는 피막형성 수지와 상대의 희석제에 의존한다.

이상의 것에서 δ/수소결합력은 용제의 거동에 대하여 매우 막연한 것으로 평가되는 여러 항목을 정의할 때에 참고 값을 준다는 의미를 갖는 것이 명확해진다.

2) 용제와 비용제의 혼합

용해변수/수소결합력계의 채용에 관한 가장 큰 논의는 그것에 의해 왜 피막형성 수지가 대량의 비용제에 대하여 허용성이 있는가를 설명할 수 있는 것이다. 따라서 그것에 의해 피막형성 수지가 2개의 비용제의 혼합체에 용해성을 나타내는 것이라는 극단적인 경우를 이해할 수 있다.

즉 이들 2가지의 경우 피막형성 수지의 δ과 수소 결합력에 대하여 혼합 용제의 δ와 수소 결합력의 평균치를 적응시키는 것에 의해 설명 가능하다.

이와 같이하여 만약 주어진 혼합용제의 평균적 용해변수와 수소 결합력이 피막형성체의 용해 범위 안에 들도록 될 때에는 용해는 빨라진다. 이러한 용해력은 보편적으로 용제/비용제혼합계의 경우에서 응용될 수가 있다고 기대된다. 비용제 만의 혼합계에 대해서는 응용될 수 있다고도 할 수 없고, 될 수 없다고도 할 수 없다. 실용적인 견지에서 보면 일반적으로 적어도 10~20%의 활성용제 성분이 있으면 용제를 조성할 수가 있다. 이 경우 활성용제는 비활성 성분에서도 교호(交互) 작용으로 바라는 대로 용해력을 발휘한다.

3) 가소제

가소제는 영구용제라고 생각할 수 있다. 용제가 휘발성인 것에 반하여 가소제는 비휘발성이다. 어느 경우에서는 용제의 증발에 의해 소요(所要)기능이 발휘되고, 또 다른 경우에서는 가소제의 잔류에 의해 목적이 달성된다. 용해성이던가 상용성은 관계하는 재료의 용해변수/수소결합력 값의 상호 균형에서 결정된다고 할 수 있다.

4) POLYMER의 상용성

2종류의 수지간의 상용성은 용해변수/수소결합력 그림의 영역이 서로 중첩 되는가를 보면 알 수 있다. 각 수지의 용해력 영역의 중심 차이가 1 PARAMETER 단위 이하이고, 또 수소결합력의 분류가 같다거나, 또는 근접해 있으면 일반적으로 상용성이 좋다.

5) POLYMER나 피막형성 수지의 분자량의 영향

용해력과 상용성은 피막형성 수지의 분자량이 커지면 커질수록 감소한다. 따라서 주어진 피막형성 수지에 다른 POLYMER 를 용해 또는 상용시킬 때는 고분자량 보다는, 저분자량의 POLYMER 를 쓰면 좋다.

6) 희석비와 잠재적 용제

그림 3-2는 표 3-7에 적혀있는 '희석비'의 DATA를 그림으로 표시해서 종래의 사고방식을 정리해 놓은 것이다. 이 경우에 있어서 희석비는 다음과 같다.

즉 용제/희석제의 혼합체 100ml 당 RS 0.5초 질화면(NC)를 8g 가하여 영속성이 있는 백탁 상태를 생기게 하는 데 필요로 하는 용제의 최대량이다.

[표 3-7] 선택된 용제의 희석율(1/2 초 RS=질화면)

용제 또는 혼합용제	희석제	
	광물유(MS)	TOLUENE
M E K	1.1	4.3
75% MEK/25% IPA	–	4.5

그림 3-2에 있어서 둘러싸인 LOOP 안의 영역은 RS 0.5(NC) 초에 대한 용해 영역이다.

그림 아래의 점은 여러 가지 순용제에 대한 δ와 수소결합력을 나타낸다.

NC LOOP의 바깥 및 아래에 있는 것은 편의적으로 희석제라고 생각되는 용제이다(LOOP의 바깥 및 아래쪽에 강한 수소결합력을 갖은 용제가 있지만 이것은 잠재적 용제이다).

이 GRAPH에서 2개의 용제를 연결시킨 선은 2개 용제와 희석이 가능한 혼합체의 궤적이다.즉 이 선의 중앙은 50/50 체적비 혼합물이며, 용제 A에서 25%에 있는 점은 75A/25B 용제 혼합물이다. 이와 같이 75% MEK/25% IPA의 혼합용제는 그림 위의 점 (c)이며, IPA에서 MEK로 향한 선의 75%에 있는 곳에 위치한다.

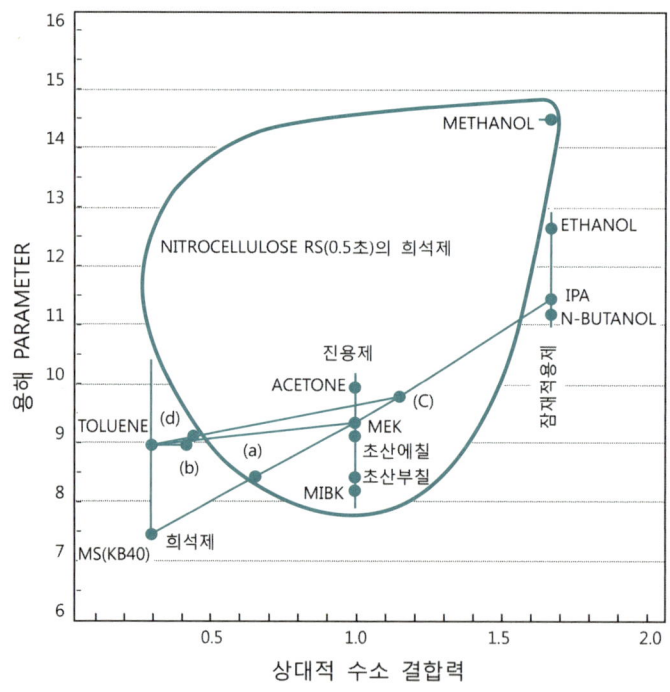

[그림 3-2] NITROCELLULOSE의 용해도에 대한 잠재적 용제와 희석제의 작용

표 3-7에서 말한 임계 '희석비' 혼합을 나타내는 점은 희석비%를 나타내는 선위에 있다. 이와 같이 MS/MEK 희석비 점 1.1은 MEK에서 MS로 향하는 선의 52%의 점 (a)에 있다(0.52=1.1/(1.0+1.1)). 또 TOLUENE/MEK 희석비 점 4.3은 MEK에서

TOLUENE으로 향한 선위의 81%의 점 (b)에 있다(0.81=4.31/(1.0+4.3)). 이들 2가지의 희석점은 NC LOOP에 의해 그려진 NC 용해 한계에 매우 가깝게 있다. 75% MEK/25% IPA 혼합용제와 톨루엔과의 희석점은 (d)로 주어진다. 이것은 혼합용제에서 톨루엔으로 향한 선위의 82%인 곳에 위치하고 있다(0.82=4.5/(1.0+4.5)). 이 점 또한 NC 용해 한계에 매우 가깝게 있다.

　이와 같이 용해 현상의 그림을 통해 지금까지 잘 알려진 용해가 일어나는 다면성을 잘 이해할 수 있게 되었다. PLOT한 DATA는 정밀하지는 않지만 이와 같은 GRAPH는 최적의 도료를 조성해야 하는 기술자에게 매우 중요한 점을 시사해 주는 것이다.

6. 용제의 선택에 있어서 용해도 이 외의 특성

　기본적으로 용제는 단 하나의 작용밖에 하지 않는다. 즉 도장 조건에 따라 그 도료의 점도를 적합하도록 점도를 낮춰주는 것이다. 일단 도료가 도장되면 용제는 도막에 해를 주지않고 그것에서부터 소실되지 않으면 안 된다. 이것은 용제의 기본적인 성질이지만 용제는 또 다른 면에서도 적응성을 갖지 않으면 안 된다. 용제의 적응성을 정하는 2차적 요인은 가격, 입수(入手)성, 냄새, 위험성, 점도, 휘발성 등이다.

(1) 가격
　용제의 성질이 같을 때에는 가격이 용제를 선택하는 원인이 된다. 용제로서 또는 희석제로서 가격이 가장 싼 탄화수소를 쓰는 경우가 많다. 고가인 산화된 용제와 염가인 탄화수소계 용제를 최저 가격으로 그것도 충분히 유효한 용제계로 만들도록 잘 배합하는 것이 능력있는 도료 기술자가 되는 지름길이다.

(2) 구입성
　현재 용제의 구입은 문제가 되지 않는다. 도료 기술자는 곧 어떠한 종류의 용제라도 충분히 입수할 수가 있다.

(3) 위험성

가연성과 유독성은 많은 용제가 갖는 고유한 성질이지만 많은 경우에 이것들은 그 사용범위를 한정하게 하고 있다. 벤젠과 사염화탄소 등 고도의 유해성이 있는 용제는 도료에 사용되지 않는다.

(4) 냄새

냄새가 없다고 하는 것은 시판도료의 조성을 결정하는 데 있어서 제일의 목표가 되는 것이다. 이런 의미에서 이소파라핀(무취용제)은 에멀죤 및 수용성 도료의 조성에 경쟁적으로 사용되고 있다.

(5) 점도

만약 충분한 용해력이 있으면 저점도 용제가 많은 경우에 저점도 용액을 만든다. 따라서 다른 특성이 동일하다면 저점도 용제가 선택된다.

(6) 휘발성

용제의 휘발성은 용제를 선택하는 데 항상 열쇠가 된다. 빠른 증발속도와 늦은 증발속도와의 균형을 갖지 않으면 안 된다. 이 점에서 초기의 증발뿐만 아니라 중기나 말기에 있어서의 증발속도도 생각하지 않으면 안 된다. 이들 모든 것은 건조시간, WET EDGE 시간, 평탄화, 흐름, RUNNING 등의 특성에 영향을 준다.

(7) 다른 효과

용제는 도료와 도장 기판의 '침윤'의 좋고 나쁨에도 또한 관계가 있다. 용제는 또 증발할 때에 잔류 고체의 구조나 배향에 커다란 영향력을 갖는다. 공업적으로 널리 쓰이는 대표적 용제를 그 성질과 함께 표 3-9에 나타내었다.

7. 용제의 증발성(蒸發性)

도막으로부터의 용제 증발은 많은 복잡한 요인에 관계된다. 예를 들면 분자량, 증기압, 극성, 수소결합, 증발잠열, 응집에너지, 밀도 등인데 그 많은 것을 다 평가하기는 어렵다. 따라서 용제의 물리적 성질에서 직접적으로 용제 증발속도를 예상하도록 하는 시도는 모두 정확하지 않은 평가에 지나지 않는다.

용제가 피막 형성 요소 안에 남은 '끈끈함(TACKY)'과 같은 내부 요인이나 증기가 없어지는 속도와 같은 외부요인, 그것에 다른 용제의 존재 등은 모두 용제 증발속도를 정하는 역할을 하고 있다. 이와 같이 많은 제어요인이 있지만 용제의 증발성에 대하여 어느 합리적인 값을 정하는 것이 당연히 필요하다. 왜냐하면 주어진 도포조건에 대하여 유용한 용제를 선택할 때 이 문제가 자연히 출발점이 되기 때문이다.

1) 단독 용제의 증발성

용제 자체의 증발성에 대하여 2개의 확실한 실마리는 그것의 비점과 증기압이다. 그러나 이 두 가지 중 어느 것도 용제 증발의 완벽한 지침은 아니다. 예를 들면 부타놀은 비점이 118℃로 초산부칠보다 10℃ 낮지만 초산부틸의 절반 정도의 증발속도를 갖고 있다. 이와 같이 상이한 것은 용제의 증발속도를 기술할 때에 비점이 낮다거나 중간 정도이거나 높다거나로 구별하는 것으로 만족할 수밖에 없다. 증기압의 경우도 충분한 지침이 되지 않는다. 왜냐 하면 그것도 용제의 증발속도를 제어하는 2개의 주요인 중 하나에 지나지 않기 때문이다(다른 것은 분자량이다). 그러므로 증기압과 분자량을 고려함으로서 실험적으로 정한 증발속도와 잘 합치되는 증발속도와의 값을 얻는 것이 가능하다.

용제는 보통 시판되는 초산부틸(증발속도 100으로 한다)에 대한 증발속도의 비로서 그것의 증발성을 평가한다. 지금 E를 이와 같은 척도로 본 용제의 증발속도로 지수화 하면 식 (8)은 이 E와 용제의 증기압 p(mmHg), 분자량 M과의 관계를 나타내고 있는 것이다.

$$E = kpM \quad \text{------------------------------} \quad (8)$$

식 (8)의 k는 측정온도에 따라 다르며 20℃와 30℃의 증기압에 대한 k의 값은 식 (9), (10)에서 각각 주어진다.

$$E = 0.11 \, pM \, (p는 \, 20℃에서 \, 측정) \quad \text{------------} \quad (9)$$
$$E = 0.054 \, pM \, (p는 \, 30℃에서 \, 측정) \quad \text{------------} \quad (10)$$

용제는 편의적으로 표 3-8에 표시된 증발속도의 위치에 따라서 증발속도가 '빠르다', '중간 정도다', '느리다', '매우 느리다'로 분류된다. 대표적인 용제의 속도를 표 3-8에 나타내었다.

[표 3-8] 상대적 증발속도를 근거로 한 용제의 분류

급(級)	증발속도(E)
빠르다	> 300
중간	$130 - 300$
느리다	$40 - 130$
매우 느리다	< 40

(증발속도 E은 Butyl acetate 100 기준)

문제 5 2-Nitropropane(M=69.1)의 20℃에서의 증기압은 13 mmHg이다. 이 증발속도 지수 E와 그의 급(級)을 계산하여라.

답 주어진 값을 식 (9)에 대입하여 E에 대하여 푼다.

$E = 0.11 \cdot 13 \cdot 69.1 = 99$

따라서 이것은 '느리다' 급의 증발속도에 들어간다.

실험적으로 정한 2-Nitropropane의 지수는 125이다. 이것은 문제 5의 계산에 약간의 오차가 있는 것이 된다. 만약 용제가 톨루엔이면 잘 일치됨을 볼 수 있다(계산치 223, 실제 240).

식 (9)과 (10)와는 실험 데이터가 쓰이지 않을 때에 쓰이는 근사값에 지나지 않는다.

2) BINDER 막(膜)에서의 용제의 증발

용제증발 지수 E 는 순수한 용제가 다른 속박(束縛)이 없이 자유로 증발할 때에 쓰인다.

이 고유의 증발성은 한편으로는 결합제 막에서 용제가 녹아 들어가는 속도를 결정하는 커다란 요인이다. 또한 다른 여러 가지의 요인도 효과가 있다. 그 하나는 용제의 결합제와의 용해변수가 가까울수록 용제는 결합제 막 중에 잔류하는 경향이 있음이 시험결과로 판명되고 있다.

결합제의 용제에 대한 친화성의 정도에 따라 용제 증발속도는 감소한다. 예를 들면, 톨루엔은 에틸세루로스 수지에서 톨루엔이 순수한 용제 상태(결합제 없슴)에서

도료 생산기술의 정석

증발하는 것과 거의 같은 속도로 증발한다. 그러나 톨루엔과 탄화수소계 수지 혼합액에서 증발할 때는 매우 느리다. 어느 경우에는 실적적으로 용제/수지의 적합성이 없지만(에틸세루로스), 다른 경우에는 서로 강한 상호작용이 있는(탄화수소계) 것도 있다.

최근의 보고에 의하면 용제의 증발은 결합제를 녹이는 데 쓰인 2종의 용제의 용해변수가 결합제의 용해변수를 중심으로 하여 양쪽에 위치하고 있으면 빠르게 된다고 한다. 이 방법에 의하면 저점도 용액이 얻어진다(2개의 용제의 평균 용해력이 결합제의 그것과 적합하다). 그러므로 실질적인 증발은 각 용제의 급속한 증발이 각기 독립되어 일어난다(각 용제의 개개의 용해변수와 결합제의 변수가 일치하지 않는다).

용제의 조합에 의해, 그 성분의 어느 것보다도 빠르게 증발하도록 하는 혼합물을 조합할 수가 있다. 이와 같은 용제의 혼합은 같은 계의 용제뿐만이 아니라, 오히려 다른 GROUP에 속하는 용제 혼합에 의해 달성할 수가 있다. 예를 들면 다음 용제의 조합(체적%)은 실온에 있어서 정율증발(定率蒸發) 혼합체이다. 78톨루엔/22부타놀, 83키시렌/17에톡시에탄올, 70사염화탄소/30MEK 이와 같이 정율증발 혼합물은 모두 일반적이다. 게다가 증발속도에 강하게 영향을 주어도 그 존재나 효과는 반듯이 평가되어 지지는 않는 것이다.

3) 실용적 고찰

매우 빠른 증발속도를 갖는 용제를 사용한 도료는 도료의 흐름이 나쁘다.

아마도 백탁(BLUSHING)을 일어킬 것이다. 증발속도가 느리면 건조속도가 느려져서 고화가 늦어지거나 인쇄 적성에 문제를 일으킨다. 원래 용제의 선택은 각각 유사한 것을 선택하고, 극단적으로 증발속도가 다른 것을 혼합하는 것은 가급적 피하는 것이 좋다. 최근에는 중간 정도의 증발속도에서도 될 수 있는 한, 적은 종류의 용제를 쓰는 것이 효율적이라는 사실이 밝혀졌다.

대다수 용제의 증기압은 온도가 0.5℃ 상승하면 약 3% 상승한다. 따라서 20℃에서 29℃로 변하는(겨울→여름) 계절적 요인만으로도 증기압은 약 1.6배(1.6=1.03[16])가 된다. 증기압이 60% 상승하면 증발속도의 상승은, 보통 그 일부분(예를 들면 10~20%)을 보다 '증발속도가 느린' 형의 용제로 치환하는 것으로 보상하지 않으면 안 된다. 대다수 용제의 증기는 공기보다 무거우므로 바람을 기관에 불지 않으면, 기판 근처에 머무르는 경향이 있다. 만약 용제의 증기가 차례로 기판 근처에 축적되어 포화하면 증발이 늦어지게 된다. 따라서 도막 위에 불어주는 바람은 도막의 증발 과정에서 큰 효과를 나타낸다. 용제의 증발속도를 빠르게 하기 위한 장치를 설계할 때, 공업적 제조건(諸條件)을 만족시키기 위해 바람(공기의 흐름)을 넣는 것이 가장 좋은 수단이다.

도막에서 용제가 증발할 때, 항상 수반되는 커다란 냉각 효과는 도막에서 필요한 잠열(증발)을 뺏기 위해 일어난다. 이 온도 저하가 결합제를 노점(露點) 이하로 내리면, 수증기의 응축으로 백탁이 종종 일어난다. 이 문제와 이것에 수반되는 결합제 안에서의 수증기 포함은 일반적으로 '속건성' 용제의 사용에 의해 일어난다. 일반의 질화면에서 백탁이 일어나는 상대습도(RH)는 식 (11)의 증발지수 E의 함수로 나타내진다.

$$RH(백탁이 발생하는 상대습도) = 100 - 0.1\,E \quad \text{-----------} \quad (11)$$

이 식은 E의 값이 대개 900 또는 그것 이하의 용제에 대하여 적용된다. 또 E 가 큰 용제를 쓰면 낮은 상대 습도에서 수증기가 응결하는 것을 알 수 있다.

백탁을 방지하기 위해서는 '늦은' 증발속도의 용제를 쓰지만, 도막 위에서 석출할 때의 수분을 안정화하는 용제(예를 들면 IPA)를 쓰는 등의 방법도 있다.

4) 미건조 도막에서의 용제의 증발

미건조 도막에서 용제가 증발하는 속도에 대해 연구해서, 우선 비교적 빠른 증발속도로 초기 건조가 일어나고, 그 뒤에 용제의 증발에 따라 건조속도가 느리게 됨을 알았다.

도막의 두께는 전체적인 증발을 억제하는 데 중요한 역할을 한다. 식 (12)는 이들 량(量) 사이의 관계를 비교적 잘 표시하고 있다. 즉 시간 t(sec)는 두께 x mil의 미건조 도막으로부터 f %가 증발하는 데 요하는 시간을 나타낸다. a, b는 정수

$$t = 100 \; x f\,(a+bf) \quad \text{-------------------------------------} \quad (12)$$

문제 6 15%의 1/2 sec NC-MIBK로 되는 투명 락카를 미건조 도막 두께 4mil로 도포한다. MIBK의 10, 50, 100%가 증발하는 데 요하는 시간을 구하라. 식 (12)에 있어서 a는 0.85, b는 0.54를 정수로 사용하여라.

답 주어진 데이터를 식 (12) 에 넣어 푼다.

$$t = 100 \cdot 4 \cdot 0.1(0.85 + 0.54 \cdot 0.1) = 40 \cdot 0.94 = 36\,sec$$

동일한 방법으로 50%, 100%에 대해서는 224sec, 566sec가 구해진다.

문제 6의 계산에 따르면 모든 MIBK가 도막에서 완전히 증발하는 데는 566sec를 요한다.

실제로는 이것은 조금 의심스럽다. 왜냐하면 용제의 최후 부분은, 보통 강고(强固)하게 도막 중에 남는 것이다. 이것은 특히 용해변수가 일치하고 있는 수지와 용제의 조합일 때에 더욱 현저하다. 가까운 것으로는 식 (12)가 유력한 관계식이다. 이 표현에 의하면 주어진 용제의 어느 비율만큼 건조하는 데 요하는 시간은, 도막 두께에 따라 다르며 용제의 증발은 증발하면 할수록 느려진다는 것을 나타낸다. 이들 경향은 어느 것이나 관측 결과와 일치한다. 다음에 용제 증발에 관한 상대온도의 효과는 문제6에 있어서 a를 a=1.1-0.02 RH(0~30% RH에 적용)로 고쳐 쓰므로 구하여진다. 앞의 문제에서는 RH가 12.5%이었다. 높은 상대 습도에서는 증발이 가속되는 것에 주의하여야 한다.

[표 3-9] 용제(溶劑)의 성질(性質) (20℃)

용제(溶劑)	분자량 M	밀도 ρ g/cm³ (lb/gal)	비점 (沸點) ℃ (°F)	빙점 (氷點) ℃ (°F)	증기압 P mmHg	증발열 H cal/g (Btu/lb)	증발지수 BuAc =100	점도 η poise	표면장력 dyne/cm	용해변수와 수소결합력
Alcohols										
Methanol	32.04	0.791 (6.60)	65 (149)	−98 (−144)	97	262 (473)	610	0.0059	22	14.5s
Ethanol	46.09	0.789 (6.58)	78 (172)	−114 (−173)	44	200 (361)	340	0.012	22	12.7s
n−Propanol	60.09	0.85 (6.72)	97 (207)	−126 (−195)	14	164 (296)	110	0.023	24	11.9s
Isopropanol	60.09	0.784 (6.55)	82 (180)	−88 (−126)	33	159 (287)	300	0.024	22	11.5s
n−Butanol	74.12	0.809 (6.75)	118 (244)	−89 (−128)	5.5	141 (254)	45	0.030	25	11.4s
sec−Butanol	74.12	0.806 (6.73)	99 (210)	−115 (−175)	12.2	134 (241)	120	0.042	24	10.8s
Isobutanol	74.12	0.801 (6.68)	108 (226)	−108 (−162)	9.0	138 (249)	80	0.040	23	
3−Pentanol	85.15	0.815 (6.08)	116 (241)		2.0		54	0.051	25	
Isopentanol	88.15	0.811 (6.76)	131 (268)	−117 (−178)	2.8	106 (190)		0.039	24	

용제(溶劑)	분자량 M	밀도 ρ g/cm³ (lb/gal)	비점(沸點) ℃ (℉)	빙점(氷點) ℃ (℉)	증기압 P mmHg	증발열 H cal/g (Btu/lb)	증발지수 BuAc=100	점도 η poise	표면장력 dyne/cm	용해변수와 수소결합력
n-Hexanol	102.17	0.819 (6.83)	157 (315)	-45 (-49)	0.4	116 (209)	5	0.054	25	10.7s
Methyl amyl alcohol	102.17	0.806 (6.72)	132 (270)	-90 (-130)	3.5	102 (184)	33	0.052	23	
2-Ethyl butanol	102.17	0.831 (6.93)	149 (300)		0.6	109 (196)	8	0.056	28	10.5s
Furfuryl alcohol	98.10	1.129 (9.41)	170 (338)	-15 (+5)			3	0.046	38	
Cylohexanol	100.16	0.949 (7.92)	161 (322)	25 (77)		108 (194)		0.20 (39℃)	34	11.4s
Polyols										
Ethylene glycol	62.07	1.114 (9.28)	198 (388)	-13 (9)	0.05	191 (344)	<1	0.21	48	14.2s
Propylene glycol	76.09	1.036 (8.64)	187 (369)		0.08	169 (304)	<1	0.46	36	
1,3-Butanediol	90.12	1.004 (8.38)	207 (405)		0.05	155 (279)	<1	1.04		
2-Methyl-2, 4-pentanediol (hexylene glycol)	118.17	0.921 (7.68)	197 (387)		0.02	116 (208)	<1	0.34		
Glycerol	92.09	1.262 (10.52)	290 (554)	18 (64)	0.01	250 (450)	<1	15.0	63	16.5s
Ether alcohols										
2-Methoxy ethanol (methyl cellosolve)	76.09	0.964 (8.04)	125 (257)	-85 (-122)	60	128 (231)	47	0.017	35	10.8m
1-Methoxy-2-propanol	90.12	0.921 (7.69)	121 (250)	-97pp* (-142pp)	7.6	104 (188)	71	0.016	27	
2-Ethoxy ethanol (cellosolve)	90.12	0.929 (7.75)	135 (275)	-70 (-94)	3.8	120 (215)	32	0.012	32	9.9m
1-ethoxy-2-propanol	104.15	0.893 (7.45)	132 (270)		7.2		49	0.019	26	
2-butoxy ethanol (butyl cellosolve)	118.17	0.900 (7.51)	171 (340)	-74 (103)	0.8	92 (165)	6	0.064	32	8.9m
2-(2-Methoxyethoxy)ethanol	120.15	1.019 (8.51)	194 (381)	85pp (-121pp)	0.2	92 (165)	<1	0.039		
2-(2-Ethoxyethosy)ethanol	134.17	0.988 (8.23)	203 (397)	90pp (-130pp)	0.05	91 (163)	<1	0.043	36	9.6m
2-(2-Butoxyethoxy)ethanol	162.22	0.952 (7.94)	231 (447)	-68 (-90)	0.01	68 (122)	<1	0.065	34	8.9m
Ethers										
Ethyl ether	74.12	0.713 (5.96)	35 (95)	-116 (-177)	440	86 (155)	3300	0.0023	17	7.4m
1,4-Dioxane	88.1	1.034 (8.62)	101 (214)	12 (-11)	29.0	98 (177)	311	0.013	34	9.9m
Ketones										
Acetone	58.08	0.790 (6.60)	56 (133)	-95 (-139)	185	124 (222)	1160	0.0035	23.7	10.0m
Methy ethyl ketone (MEK)	72.10	0.804 (6.71)	80 (176)	-87 (-124)	72	116 (191)	572	0.0042	24.6	9.3m

용제(溶劑)	분자량 M	밀도 ρ g/cm³ (lb/gal)	비점 (沸點) ℃ (°F)	빙점 (氷點) ℃ (°F)	증기압 P mmHg	증발열 H cal/g (Btu/lb)	증발지수 BuAc =100	점도 η poise	표면장력 dyne/cm	용해변수와 수소결합력
Methy n-propyl ketone	86.13	0.808 (6.75)	102 (216)	−86 (−123)	28	100 (180)	320	0.0050	23.6	8.9m
Diethyl ketone	86.13	0.814 (6.79)	103 (217)	−40 (−40)		91 (163)	275	0.0046	23.5	8.8m
Methy isobutyl ketone (MIBK)	100.16	0.800 (6.67)	115 (239)	−80 (−112)	16	86 (155)	165	0.0059	22.7	8.4m
Methy n-butyl ketone	100.16	0.810 (6.67)	128 (262)	−57 (−70)		82 (148)	87	0.0062		
Ethyl n-butyl ketone	114.18	0.818 (6.82)	148 (298)	−39 (−38)	3.8	86 (155)	45	0.0076		
Methy n-amyl ketone	114.18	0.816 (6.81)	151 (304)	−27 (−16)	2.6	83 (149)	40	0.0080		8.5
Diisobutyl ketone	142.23	0.806 (6.72)	168 (334)	−46 (−51)	1.3	71 (127)	18	0.0100		7.8m
Methy n-hexyl ketone	128.21	0.819 (6.82)	173 (343)	−16 (3)	0.8	74 (133)	12	0.0100	27.6	8.4m
Mesityl oxide	98.14	0.855 (7.11)	128 (262)	−46 (−51)	9.1	86 (154)	94	0.006		9.0m
Cyclohexanone	98.14	0.946 (7.88)	155 (311)	−16 (3)	3.4	109/29c (109/29c)	23	0.022	34.3	9.9m
Diacetone alcohol	116.16	0.939 (7.82)	169 (336)	−43 (−45)	0.9	90 (162)	14	0.032		9.2m
Methy phenol ketone	120.14	1.028 (8.56)	202 (396)	20 (68)	0.3	77 (139)	3	0.018	40.0	
Isophorone	138.20	0.921 (7.68)	215 (419)	−8 (18)	0.2	83 (150)	3	0.026		9.1m
Acetate esters										
Methyl acetate	74.08	0.933 (7.79)	57 (135)	−99 (−146)	170	105 (189)	1182 (82%)	0.0039	25	9.6m
Ethyl acetate	88.10	0.900 (7.51)	77 (171)	−84 (−119)	75	88 (158)	615 (88%)	0.0044	24	9.1m
n-Propyl acetate	102.13	0.883 (7.20)	102 (216)	−93 (−135)	25	81 (145)	276	0.0058	25	8.8m
Isopropyl acetate	102.13	0.872 (7.26)	89 (192)	−73 (−99)	43	78 (141)	500 (96%)	0.0060	28	8.4m
n-Butyl acetate	116.16	0.881 (7.35)	127 (261)	−74 (−101)	7.8	74 (133)	100 (91%)	0.0074		8.5m
ses Butyl acetate	116.16	0.870 (7.25)	112 (234)			78 (140)	186			8.2m
Isobutyl acetate	116.16	0.868 (7.24)	116 (241)	−98 (−144)	16	70 (126)	174 (95%)			8.3m
2-Methoxy ethyl acetate	118.13	1.005 (8.39)	145 (293)	−65 (−85)	2.0	88 (158)	31	0.011	32	
Amy acetate(86%)	130.18	0.863 (7.20)	140 (284)		7.0	69 (124)	65	0.007		8.5m
2-Ethoxy ethyl acetate	132.16	0.973 (8.10)	156 (311)	−62 (−80)	1.2	81 (145)	21	0.013	32	8.7m
2-(2-ethoxy ethoxy) ethyl acetate	176.21	1.009 (8.41)	217 (423)	−25 (−13)	0.05	69 (124)	< 1	0.028	31	

용제(溶劑)	분자량 M	밀도 ρ g/cm³ (lb/gal)	비점(沸點) ℃ (°F)	빙점(氷點) ℃ (°F)	증기압 P mmHg	증발열 H cal/g (Btu/lb)	증발지수 BuAc =100	점도 η poise	표면장력 dyne/cm	용해변수와 수소결합력
Chlorinated solvents										
Methylene chloride	84.94	1.326 (1.107)	40 (104)	−97 (−143)	360	79 (142)	2750	0.0043	28	9.7p
Ethylene dichloride	98.97	1.254 (10.45)	84 (183)	−36 (−33)	63	77 (139)	656	0.0084	32	9.8p
Chloroform	119.39	1.492 (12.34)	62 (144)	−64 (−83)	159	59 (106)	1160	0.0057	27	9.3p
Trichloroethylene	131.40	1.463 (12.21)	87 (187)	−86 (−123)	59	57 (103)	620	0.0058	29	9.3p
1,1,2-Trichlorethane	133.42	1.441 (12.01)	114 (237)	−36 (−33)	16	67 (121)	312	0.0012	34	
Carbon tetracloride	153.84	1.595 (13.30)	76 (170)	−23 (−9)	92	49 (88)	1280	0.0099	27	8.6p
Perchloroethylene	165.85	1.625 (13.55)	121 (250)	−22 (−8)	14	50 (90)	280	0.0088	32	
Monochlorobenzene	112.56	1.106 (9.23)	132 (270)	−45 (−49)	9	78 (140)	75	0.0080	33	
Nitroparaffins										
Nitromethane	61.04	1.131 (9.45)	101 (214)	−29 (−21)	28		180	0.0063	37	12.7p
Nitroethane	75.07	1.050 (8.76)	114 (237)	−90 (−130)	16		145	0.007	32	11.1p
1-Nitropropane	89.09	1.001 (8.35)	132 (270)	−108 (−162)	7.5		100	0.0093	30	10.7p
2-Nitropropane	89.09	0.900 (8.25)	120 (248)	−93 (−136)	13		125	0.008	30	10.7p
Hydrocarbons										
n-Pentane	72.15	0.625 (5.22)	36 (97)	−130 (−202)	424	86 (154)	2860	0.0024	16.1	7.0p
n-Hexane	86.17	0.650 (5.50)	69 (156)	−95 (−139)	121	80 (144)	1000	0.0029	18.4	7.3p
n-Heptane	100.20	0.683 (5.70)	98 (208)	−91 (−132)	35	76 (136)	386	0.0042		7.4p
n-Oxtane	114.22	0.701 (5.85)	126 (259)	−57 (−70)	11	73 (132)		0.0055	21.8	7.6p
Benzene	78.11	0.879 (7.33)	80 (176)	5.5 (42)	75	94 (169)	630	0.0065	28.9	9.2p
Toluene	92.13	0.866 (7.23)	111 (232)	−95 (−139)	22	87 (156)	240	0.0059	28.5	8.9p
Xylene(para)	106.16	0.861 (7.18)	138 (280)	13 (55)	6.5	95 (171)	63	0.0064	28.4	8.8p
Ethyl benzene	106.16	0.866 (7.23)	136 (277)	−95 (−139)	7.1	80 (144)	91	0.0068	29.2	8.8p
Cyclohexane	84.16	0.778 (6.50)	81 (178)	7 (45)	78	86 (154)	720	0.0106	25.5	8.2p
Methyl cyclohexane	98.18	0.768 (6.40)	101 (214)	−127 (−196)		87 (154)	320	0.0073	23.7	7.8p
Tetrahydronaphthalene	132.10	0.978 (8.15)	211 (412)	−31 (−24)		79 (143)	3	0.020	34.2	9.5p

*pp = pour point

액상수지 중의 안료분산

액상수지 중의 안료분산

도료배합 설계 시 통상 다음과 같은 기본을 조성하지 않으면 안 된다.

첫째 최적의 안료 분산성을 얻기 위한 조성, 둘째 사용상 문제점이 없는 조성, 셋째 최적의 건조 도막의 물성을 가지는 도료의 조성 등이다. 일반적으로 도료배합 설계 시에는 이 순서와 반대로 생각하여 그 조성을 결정하는 것이다.

우선 도막의 조성내용을 정하여 그 최적 물성에 요구되는 배합을 정하고, 다음에 도료 중에 안료가 균일하게 분산될 수 있도록 MILL BASE를 조성한 다음, 최종적으로 실제 사용상(도장)의 문제점이 없는 도료를 조성해야 되는 것이다.

이 개념에 대한 이해를 돕기 위해 안료의 분산과정 및 물리적, 화학적인 분산개념에 대해 설명한다.

1. 안료의 분산과정

도료를 연마하는 제일의 목적은, 액상 전색제 중에 안료를 미분말로 하여 분산시키는 것이다.

즉 도료 기술자의 감각에서 연마(GRINDING)라고 하는 것의 의미는, 분쇄하여 분말상으로 하든가, 또는 고체를 매우 작게 부순다는 것만을 의미하는 것은 아니다

(물론 다소의 분쇄효과는 결과로서 들어간다). 오히려 도료의 연마라는 것은 안료 (이미 분쇄되어 있는 것)를 일차 입자의 상태에서 전색제 중에 분산시키는 공정이다. 물론 도료공장에 안료가 입고될 때는 응집되어 있는 상태로서, 비교적 부드럽고 또는 딱딱한 덩어리 모양을 나타내고 있다.

이와 같이 응집입자는 종종 여러 원인으로 생긴다. 즉 안료의 세척이나 건조의 과정에서 안료입자가 서로 집결하여 되는 것, 안료의 고온 가열 처리 중에 약간 소결된 것에 의한 것, 분말 포대를 높게 쌓아둘 때의 압축력에 의한 것 등이다. 그렇지만 최종적으로 공급되는 안료의 대부분은 도료용으로서 충분한 미립자상으로 되어 있다.

1) 분산과정

안료와 수지와의 혼합과정은 3가지의 단계로 생각된다. 물론 실제의 경우에서 각 단계가 서로 겹친다고 생각하지 않으면 안 된다.

① 침윤(WETTING)
- 침윤이란 안료입자의 표면에 흡착되어 있는 공기(GAS), 또는 이 물질이 수지로 치환되는 과정을 말한다.

② 분쇄(DISRUPTION)
- 입자의 덩어리 즉 집합체(FLOCCULATION) 및 응집체(AGGLOMERATION)를 기계적인 분쇄든가 분리에 의해, 일차 입자의 상태로까지 풀어 놓는 것을 말한다.

③ 분산(DISPERSION)
- 분산된 입자가 액상 전색제로 이동하여, 각 입자가 안정하게 분리되는 것을 말한다.

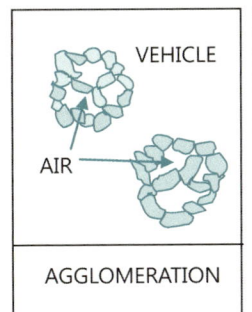 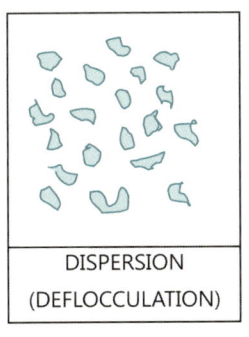 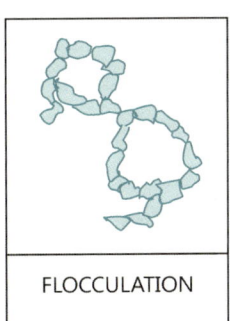

[그림 4-1] AGGLOMERATION, DISPERSION, FLOCCULATION 등의 모형도

(1) 침윤

침윤은 안료 개개 입자의 표면뿐만 아니라, 내부의 집합체와 응집체의 표면을 수지용액으로 감싸는 것을 말한다. 완전한 침윤은 집합체와 응집체의 분해가 이루어지기 전에는 일어날 수 없으며, 최적 분산기술은 전단응력을 주기 전에 침윤을 완전하게 함으로써, 안료화에 있어 효율적인 MIXING 및 그 후의 과정에서도 높은 전단응력을 주기 위함이다.

PATTON은 안료가 전색제 중에 분산되는 상태를 3 가지 단계, 즉 접착, 침투, 확산으로 나누어 설명하고 접촉각이 0이 될 때 즉시 분산된다고 보고하였다.

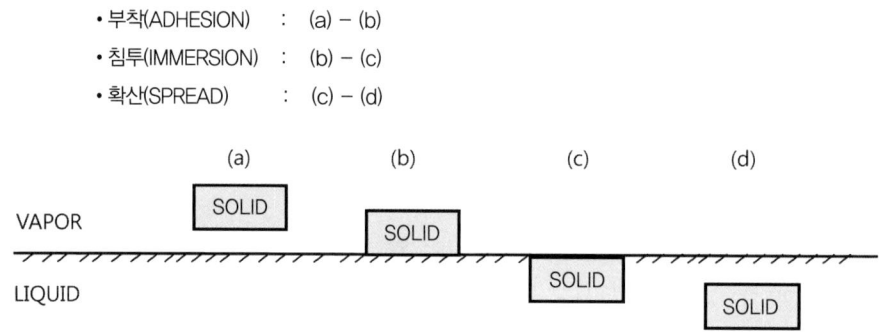

[그림 4-2] 액체에 의한 침윤의 과정을 3가지 단계로 나눈다.

KALUZA는 안료의 불균질 표면에 작은 구멍이 존재한다고 하는 설을 근거로 하여, 안료의 분산에는 분산매가 이 불균질한 표면을 적시고, 작은 구멍에 침입하는 것이 필요하다고 말하고 있다.

안료가 수지용액 속으로 들어갈 때는, 공기(응집체의 복잡한 구멍 및 모세관에 존재)와의 치환으로 이루어지며, 치환된 공기는 그 반대편으로 배출된다.

안료 중에 존재하는 반지름 R의 모세관 안을 시간 t 중에 지나는 거리 L은 전색제 점도 η 와 관계가 있으며, 그 관계는 다음의 WASHBURN 공식 (1)로 나타내어진다.

$$L = k\sqrt{\frac{Rt}{\eta}}$$ -------------------------------- (1)

(k : 비례상수 – 전색제의 물성에 따라 달라짐)

식 (1)에서 안료가 견고하게 응집되어 있을 경우(모세관이 작다)와 고점도 전색제의 경우는 이 침투작용이 늦어지거나, 또는 방해받는다는 것을 알았다.

그리고 안료의 응집이 작고 또 저점도 전색제를 쓰는 좋은 조건에서도 기계적인 분리 작용이 없다면 침윤속도가 늦어지고 그 분산 정도도 일정한 한계를 넘지 못하는 것이다. 단순히 침윤의 견지에서만 본다면 어떠한 용제라도 매우 이상적인 전색제인 것이다.

왜냐하면, 용제는 매우 점도가 낮고 또한 표면장력이 낮으므로 급속히 안료 중에 침투하여 입자표면에 순간적으로 확산하는 것이 가능하기 때문이다. 그러나 용제는 극히 저점도이고 증발성이 강하기 때문에 이 분리작용은 일시적인 것에 그치는 것이므로 차후에 안정한 분산 상태를 유지하기 위해서는 안료입자의 주위에 충분한 결합제를 존재시켜야 되는 것이다.

안료가 수지에 의해 침윤될 수 있는 최소치를 '수지요구량'이라 하며 각 안료마다 흡유량이라는 실험치로서 고유적인 특성을 나타내고 있다.

이 수지요구량에 의해 안료의 분류가 이루어질 수 있는 것이지만 수지에 따른 MILL BASE의 최적 조성은 침윤능력에 의해 좌우되는 것은 아니며 여러 가지 복합적인 요소에 따라 결정되는 것이다.

(2) 분쇄

안료가 부분적으로 침윤되면 그 다음 단계로서 기계적인 힘에 의해 응집체의 분쇄가 일어난다(침윤 과정도 동시에 일어나기도 한다).

응집체의 분쇄는 전단응력에 의하여 일어나며 부분적으로는 자체 분열로서 이루어지는데, 전단응력은 고점도에서 높은 값을 가지므로 상대적으로 에너지의 전달이 잘 되는 것이며, 자체 분열은 저점도에서 용이하게 일어나는 것이다. 따라서 이 두 작용은 서로 상반된 조건에서 이루어져야 한다. 자체 분열과정에서 발생되는 힘 F는 안료에 대한 수직적으로 작용하며, 전단응력의 힘 F는 안료에 대해 평행하게 작용하는 것이다.

동일 MILL BASE에서도 가장 양호한 분쇄 효과를 얻어려면, 이 두 조건을 다 만족시켜야 하는데 그러기 위해서는 다른 두 형의 분산기를 필요로 하는 모순이 발생하기 때문에, 어떤 MILL BASE의 배합 결정에서도 주로 전단응력에 역점을 두어 각 분산기의 특성에 따라 가장 적합한 조성을 결정해야 하는 것이다.

(3) 분산

상기 두 과정을 거쳐 일차 입자까지 분쇄된 안료 입자는 여러 가지 작용에 의해 그 안정성을 잃거나 또는 유지되는데, 가장 기본적인 응집 안료의 크기에 따른 침강성에 관련된 것부터 알아보자.

침강속도를 정하는 STOKES의 식 (2)는 침강현상을 생각하는 근원이 된다.

$$Vs = \frac{2r^2 \, g_c (\rho_s - \rho)}{9\eta} \quad \text{------------------------} \quad (2)$$

Vs : 침강속도, r : 입자반경, g_c : 중력, ρ_s : 입자의 비중, ρ : 용액의 비중, η : 용액의 점도

이 식 (2)는 구형입자가 입자끼리 상호작용이 무시되어 얻어질수록 작아지고, 입자와 분산매와의 상호작용이 없을 경우에 성립한다. 안료 입자간의 상호작용을 무시하고 얻기 위한 분산매에 대한 입자의 중량 농도는 엄밀히 0.05% 이하 이지만, 공업재료를 대상으로 하는 경우 1% 전후가 표준이 되고 있다. 또 용기 반경이 5cm 정도 이상이 필요하다.

도료에 사용되는 안료의 비중은 대개 1.2~11.2의 범위이고 점도를 일정하게 한 분산매의 비중을 1로 계산하면 안료간의 비중 차에 의한 침강속도의 차이는 50배가 된다.

한편 안료의 침강속도는 입자반경의 2승에 비례한다. 안료의 입자경은 약 10μ에서 수 $m\mu(10\text{Å})$의 범위이고, 이 경우 약 10^8배의 차이가 난다. 따라서 침강속도에 주는 영향은 입자 반경이 안료 비중의 효과보다도 크다. 높은 안료농도의 현탁액에서는 STOKES의 식은 적용되지 않는다.

물론 이 식에 적용될 수 있는 범위는 제한적인 요소가 많지만, 안료 입자 반경에 대한 점도 및 밀도에 의한 침강성을 이해하는 데는 별 문제가 되지 않을 것이다.

침윤 및 분쇄의 과정을 완전하게 행하여 침강 현상이 무시될 수 있을 정도로 미세한 안료의 분산계를 이루는 것이 안정적이겠지만, 현실적으로 그렇지 못한 경우가 많다. 분산기를 이용한 MILL BASE의 분산은 안료와 용액의 밀도 차를 최대한 줄이고 용액의 점도는 최대한 높게 하여 분산된 MILL BASE에서의 안료의 침강속도를 저하시켜야 될 것이다,

액상 전색제상에서의 분산된 안료의 일차 입자는 고체-액체 또는 고체-고체의 상

호 작용에 의해 분리 상태를 유지시키는 것이 필요한데, 이것의 입자간에 작용하는 힘은 인력과 척력(반발력)으로 설명될 수가 있다.

인력에는 LONDON-VAN DER WAALS 힘이 있고, 척력에는 전기 이중층에 의한 전기적인 반발력이 있다. 반발력이 없는 상태에서 분산된 안료입자의 응집은 LONDON-VAN DER WAALS 인력에 의한 것인데, 이 힘은 안료입자 자체가 가지고 있는 결합력(이온 및 공유 결합력 등)보다 약하게 작용하나 입자간의 거리가 가깝게 되면(1 μ이내) 상당히 크게 작용하는 것이다.

분산된 안료가 안정하게 해응집의 상태로 유지되려면, 입자간의 반발력이 LONDON-VAN DER WAALS 인력보다 충분히 클 때만 가능하다. 이 반발력을 이용한 분산 안정상태로 유지하기 위한 두 가지 방법을 그림 4-3에 나타내었다.

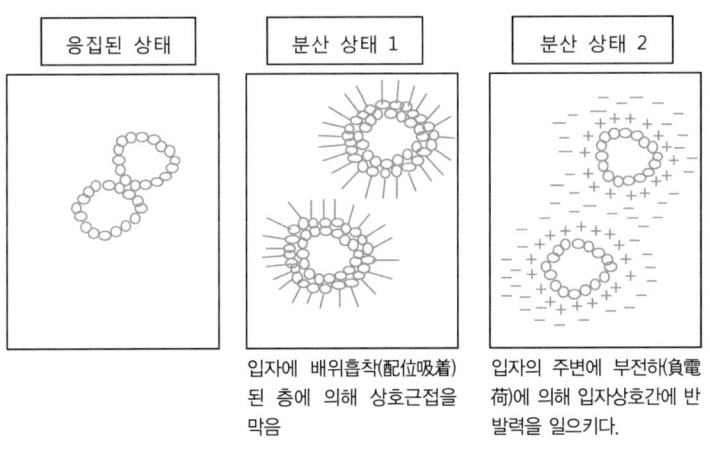

응집된 상태	분산 상태 1	분산 상태 2
	입자에 배위흡착(配位吸着)된 층에 의해 상호근접을 막음	입자의 주변에 부전하(負電荷)에 의해 입자상호간에 반발력을 일으키다.

[그림 4-3] 입자를 현탁(懸濁)시키기 위한 중요한 2 가지 방법

분산상태 1은 각 안료 입자에 흡착된 수지층의 반발력에 의한 분산상태를 나타낸 것이다. 분산상태 2는 전기적인 반발력으로서 이온성의 물질(계면 활성제)이 안료 표면에 흡착되는 한편, 매개체로 확산되어 전기적인 반발력(같은 전하로 대치됨)을 주게 됨으로써 분산상태를 유지시키는 것이다.

어떠한 분산 공정에서도 그 제 일 단계는 우선 안료입자를 일 차 입자가 될 때까지 깨뜨리는 것이고, 제 이 단계는 지금 여기에서 문제되고 있는 깨뜨린 안료입자를 그대로 유지하는 것이다.

분산을 차질없이 유지하는 것은 본질적으로 입자와 입자를 멀게 두는 것이다. 왜냐하면, 만약 서로 접근하게 되면 표면인력 때문에 FLOCCULATION을 일으키기 때문이다. 이 접근을 예방하는 하나의 방법은 그 계(係)에 계면활성제를 혼입시켜, 그것이 입자의 주변에 배향(配向)된 완충층을 만들게 하는 것이다.

이 방법은 보통 일반의 비수도료계에 응용되고 있다. 활성제는 전색제와 혼합되기 전에 안료에 흡착(표면 처리한 안료)시키거나, 또 분산공정 중에 가해도(분산조제로서) 좋다. ROSIN 또는 ROSIN 유도체가 이 목적으로 종종 쓰이고 있다(흔히 말하는 RESINATED PIGMENT).

완충분산제로서 옛부터 사용되어오던 대표적인 것은 LECITHIN, 즉 (CH$_3$)-N(OH)CH$_2$CH$_2$OH이며 에스텔화 한 인산으로 일부 치환시킨 지방산의 TRI-GLYCERIDE, Zn-NAPHTHENATE, Ca-NAPHTHENATE, Cu-OLEATE, 오레인산, Na-라우릴설페이드, Na-OCTYL SULFOSUCCINATE, Na-ALKYL ALLYL SULFATE 등이다.

2. 분산의 이론

보통 도료 설계를 할 때에는 4종류의 원료가 관계된다(결합제, 용제, 안료, 첨가제). 그래서 다종다양(多種多樣)한 도료의 최종 목적에 적합하도록 조정한 조성에 따라 기계적으로 혼합시킨다. 그러나 이 혼합 공정의 목적은 전색제 중에 안료와 첨가제로 완전히 분산시키는 것이다. 이것은 크게 문제되지 않는 것처럼 보이지만 도료의 분산이란 그렇게 단순한 것은 아니다. 오히려 설명할 수 없는 매우 복잡한 물리적인 현상이 관여하고 있다.

도료 분산계를 지배하는 요소로서는 표면장력, 접촉각, 침강, 응집 등의 COLLOID 화학적 현상과 계면전기 흡착층, 산 염기이론 등의 계면 화학적 현상이 있다. 물론 도료에서 안료의 분산이라는 것은 그렇게 이론적으로 정연하게 설명할 수 없는 복잡한 것이지만 대체로 우리가 현재 접하고 있는 분산계를 이해하는 데는 크게 지장이 되지 않는다고 본다.

안료의 분산에 관한 매우 중요한 계면화학적 현상과 COLLOID 학적으로 중요한 표면장력 및 접촉각에 대하여 검토한다.

3. 표면장력과 접촉각

분산과정을 특징 지우는 가장 중요한 것 중의 하나는 안료와 전색제의 계면이다.

이 경계면은 단독으로 2상(相, 안료와 전색제)이 개개로 존재할 경우와는 다르게 된다. 왜냐하면 거기에서는 항상 불안정한 상태에서 힘을 합해 있기 때문이다. 뒤에서 논하듯이 계면에 있는 불균형한 힘의 분포가 말하는 표면장력 효과를 발생 시키고, 그 다음에 그 계면에 방향성을 갖고 존재하는 POLYMER 분자에 의해 계면활성을 일으킨다.

대기 중에 놓인 용기 안의 액체를 생각해 보자.

이 액체의 깊은 곳에 있는 분자는 주변의 같은 분자에 의해 등방적(等方的)인 같은 힘을 받아 주변과 평형 상태를 유지한다. 그러나 이 액체의 표면에서는 이 평형상태를 유지할 수 없으며, 표면의 분자에는 비대칭인 힘이 분포되어 있다. 이 불균형한 힘의 총합 결과로서 표면에 있는 분자는 액 중으로 끌려 들어간다.

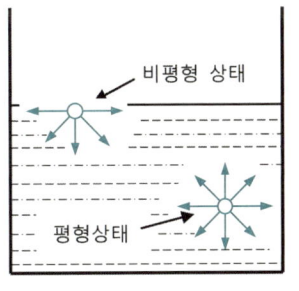

[그림 4-4] 액의 표면 및 내부에 있는 분자에 작용하는 힘

이 힘이 액체의 표면장력의 원인이다. 이 경우 경계표면이 액(液)-액(液), 고(固)-액(液)의 경우에는 표면 장력이라 부른다. 이 표면장력에 의해 액체의 표면적을 적게 하는 것이다. 그것에 의해 표면의 분자는 불균형의 상태에서 액체중의 안정상태로 옮겨진다. 따라서 액체의 양에 관계없이 액체는 그 자체에서 최소의 표면적이 되도록 한다. 그러면 액체(전색제의 용액)의 고유 표면장력이 안료와의 계면에서 어떻게 작용되는가?

고체-액체간의 이루어지는 접촉각의 개념을 도입하여 설명해 보기로 한다.

고체 표면 위에 액체를 놓으면 ⓐ고체표면에 확산하기 시작한다(이 경우 적신다고 말한다). ⓑ접촉면에서 액체 자체가 수축하려고 한다(이 경우 적시지 못한다고 말한다). 이 때의 적심의 정도는 고-액 접촉면에 있어서 액체의 접촉각을 나타낼 수가 있다.

그림 4-5에서 나타낸 θ는 보통 액체 접촉각이라고 부르고, 이 각도는 항상 액체를 가운데에 낀 방향으로 측정하며 그 범위는 0~180°이다.

평활한 고체표면 위에 액체를 흘렸을 때의 접촉각은, 고체-액체가 접촉하고 있는 주변에 작용하는 3 종류의 표면장력에 의해 결정된다(그림 4-5).

이 중에 제 일의 힘은 액체의 표면장력 'σ_l'으로 이것은 고체로부터 액체를 분리시키려는 표면의 접선 방향으로 작용한다(이 방향과 고체표면으로 이루는 각이 접촉각으로 정의 된다).

제 이의 힘은 고체표면과 액체 자체와의 사이에 작용하는 표면장력 'σ_{sl}'이다. 이 힘도 접촉점에서 액체를 분리시키도록 작용하지만, 그 방향은 고체표면의 방향이다.

제 삼의 힘은 고체표면의 표면장력 'σ_s'이며, 이것도 고-액 접촉점에 작용하지만, 그 방향은 표면장력 'σ_{sl}'과 반대의 방향이다.

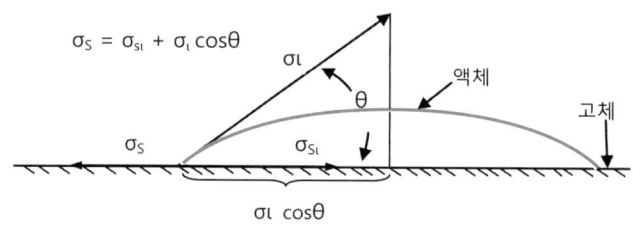

[그림 4-5] 액–고체 면의 끝에 작용하는 표면장력과 접촉각

여기에서 고체에 표면장력이 있는가의 타당성에 의문이 일어날런지 모른다. 이 사실에 대해서는 상당히 논의가 개발되어 있다. 그러나 고체표면의 원자는 확실히 불안정한 상태에 있으며, 또 그 힘의 존재는 표면의 수축력이 작용하기 때문에 표면장력을 갖는 것으로 한다.

평형 상태에서는 고체표면에서 3종의 힘이 균형을 유지하지 않으면 안 된다.

그림 4-5에서 나타내듯이 σ_s는 왼쪽 방향으로 σ_{sl}은 오른쪽 방향으로 끌어 당긴다. σ_l의 수평 분력도 오른쪽 방향으로 작용하고 있어 그 힘은 $\sigma_l \cos\theta$이다.

이 힘의 합성에 의한 평형상태에서는 다음과 같은 식 (3)이 성립된다.

$$\sigma_l \cos\theta = \sigma_s - \sigma_{sl} \quad ------------------------- \quad (3)$$

실제로 안료 입자가 전색제 용액에 분산되는 과정에서의 에너지 소비량은, 다음과 같이 나타내진다.

$$wt = -6 \, \sigma \iota \cos\theta \quad ------------------------- \quad (\,4\,)$$

분산에 필요한 ENERGY는 위의 식 (4)에 나타난 바와 같이 액체의 표면장력과 고체-액체 접촉각의 함수 관계로서 나타내지는데, 이 값이 마이너스가 되면 분산이 자발적으로 일어난다는 것을 의미한다. 따라서 $\cos\theta$의 값은 θ가 $0°$에 가까울 수록 1에 가까워져 증가 되므로 전체 소비에너지 wt의 절대값은 커지는 것이다.

그러면 σ에 대해서 알아 보자. 이미 침윤 과정에서 언급하였지만 응집안료 중에 모세관으로 침투되는 전색제의 침투율은 다음과 같은 WASHBURN 식 (5)로 나타낸다.

$$L = \sqrt{\frac{Rt\sigma\cos\theta}{2\eta}} \quad ------------------------- \quad (\,5\,)$$

이 식 (5)의 의미는 안료 간격에 전색제가 침투해 들어가는 속도는 간격의 크기 (R), 표면장력(σ), 그리고 접촉각의 여현(余弦, $\cos\theta$) 등에 정비례하고, 전색제 점도(η)에 반비례한다. 따라서 급속하게 침투시키기 위해서는 안료를 유연하게 지정된 전색제의 표면장력을 높여 접촉각을 0에 가깝게 하고, 게다가 전색제의 점도를 낮게 하면 된다. 그런데 이 공식을 만족시키기 위한 표면장력의 증가는 통상 표면장력이 낮아야 침투가 잘 된다는 상식적인 이론과 모순되는 것이다. 이것은 다음과 같이 설명될 수가 있다. 즉 표면장력이 증가되면 필히 접촉각 θ도 증가 되므로 접촉각 θ와 표면장력 σ의 관계는 필연적인 동등성의 한계를 탈피하지 못하는 것이다. 접촉각 θ는 낮고 표면장력은 높은 COLLOID 학적인 이론은 성립될 수가 없는 것이기 때문에, 표면장력이 낮아야 침투가 잘 된다는 결론은 모순적인 것이다. 실제로는 고-액 접촉각을 낮게 유지시키는 것이 침투를 급속히 하는 데 중요한 필요조건이라는 것이 확실하다.

열역학적 견지에서 보면, 고체-액체 계면에서의 표면장력은 자유에너지가 같은데 입자가 미세할수록 비표면적이 증가되기 때문에, 전체 계면에너지는 증가하게 된다. 분산에 필요한 소비에너지는 마이너스(–)값을 작게 가질수록 자발적으로 일어나는 것이기 때문에, 입자가 미세할수록 소비 에너지가 크다. 에너지가 크다는 것은 불안정한 상태를 나타내기 때문에, 입자가 서로 응집하여 비표면적을 감소시키려는 경향을 갖는 것이다. 따라서 안료의 입자가 미세할수록 분산하기 어렵고 응집하기 쉬운 것이다.

4. 표면흡입력의 성질

표면 분자 상호간에 작용하는 흡입력에 대해서는 그다지 설명되지 않았다. 입자간의 응집은 LONDON-VAN DER WAALS 인력에 의한 것으로, 이것은 보통 분자간에 보편적으로 작용하게 되는데 입자간의 거리가 가까워질수록 증가되어, 1μ이하가 되면 매우 커져서 입자를 서로 끌어 당겨 합하게 된다. 예를 들면 이 힘은 서로의 거리가 1μ에서 0.1μ이 되면 1000 배가 되고, 게다가 0.1에서 0.01μ이 되면 그 1000배가 된다.

매우 짧은 거리라는 실감을 주기 위해, 예를 든다면 지방산의 한 분자를 잡아늘렸을 때, 그 분자의 끝에서 다른 끝까지가 약 $0.01\mu(100A°)$가 된다고 말하면 알 것이다.

이 흡인력은 문제로 하고 있는 분자 사이에서 한 번 접근한 점에 작용하는 힘에 지배되는 것이 된다. 전자 현미경 관찰로 일반안료 표면의 요철의 정도는 약 0.01μ인 것을 알았으므로 안료의 분산상태는 표면 조도(粗度)에 크게 영향을 받는다고 생각된다.

위와 같이 안정하게 분산시키기에는 안료입자를 서로 근접하지 않도록 하는 것이 제일 중요한 것이라 말 할 수가 있다. 물이나 어느 정도 수산기를 갖는 유기용매 중에서의 분산에서는 입자 위에 전하가 발생하여 그것이 입자의 접근을 막기 위해 반발력을 유지하고 있다. 또 안료표면에 흡착된 이 물질은 입자 사이의 거리를 유지시키는 역할을 한다. 이와 같이 표면에 작용하는 힘이 매우 복잡하고, 또한 정량적인 취급이 곤란하므로 분산상태를 측정하거나 설명하기 위해서는 다소 경험적으로 되어 있어 정성적(定性的)으로 얻을 수밖에 없다.

1) 극성(極性)

만약 분자 내에 있는 하전(荷電) 원자의 정부(正負)가 서로 상쇄되도록 배치되어 있다면 이 분자는 밖에서 보면 전기적으로 중성이고, 비극성이라고 부른다. 비극성

분자에는 포화탄화수소(MINERAL SPIRIT), 환상탄화수소(BENZENE), 대칭적인 분자구조의 염화물(사염화탄소) 등을 예로 들 수 있다.

그러나 만약 원자의 전하가 정부($正負$)로 서로 상쇄되지 않는 상태로 배치되어 있으면 이미 그 분자는 밖에서 본 경우 중성이 아니며 극성분자라고 부른다. 극성분자에는 물, 초산에틸, 메칠 에칠 케톤, 알코올 등을 예로 들 수 있다. 관능기에 대해서도 그 성질에 따라 확실히 하여 두면 편리하다.

비극성기에는 $-CH_3$, $-C_2H_5$ 등의 ALKYL기이다. 또 극성기는 $-OH$, $-COOH$, $-SO_3H$, $-OSO_3H$ 등이 있다. 이것에서 양성, 즉 분자의 한 쪽은 극성이며 다른 한 쪽은 비극성인 것을 생각해 보자. 쉽게 상상할 수 있듯이 그와 같이 분자는 표면활성제로서 작용하므로 계면활성제라고 부른다.

비누의 종류로서 매우 복잡한 구조의 CETYL DIMETHYL BENZYL AMMONIUM CHLORIDE 등에 이르는 여러 종류의 계면활성제가 시판되고 있지만 모두 비극성/극성 분자이다.

2) 친수성/친유성의 균형

보통 극성기는 다른 극성기를 잡아 당긴다. 물은 극성물질이므로 물을 끌어 당기는 기(基)는 모두 극성이다. 그와 같은 성질을 갖고 있는 GROUP을 다르게 부르는 방법으로 친수성(HYDROPHILIC)이라 말한다. 반대로 물을 끌어 당기지 않는(또는 반발하는)것을 소수성(HYDROPHOBIC) 또는 친유성(LIPOPHILIC)이라 부른다. 어떠한 계면활성제에서도 표면에 있으면 쌍방의 기의 상대적인 경쟁력이 작용한다. 그곳에서 극성 부분은 물 쪽으로 들어가지만, 비극성 부분은 물에 반발하여 탄화수소상으로 들어간다. 그래서 계면활성제는 친수기를 물의 상(相)으로 친유기를 유지로 배향(配向)하여 층을 형성한다.

안료의 극성(침윤의 성질)을 판정하는 간단한 방법은 FLUSHING 법에 근거를 두고 있다. 소량의 안료를 물에 분산시켜두고 그 중에 기름을 교반시키면서 안료가 물의 상(相)으로 이동하는가 안하는가를 관찰한다. 어느 곳으로 이동하는가에 따라서 그 안료가 친유성인가 친수성인가를 판정할 수가 있다. 또 에멀죤 중에서 안료가 안정한지 안한지에 대한 정도를 판정할 수가 있다. 친수성 안료는 수중유적형(水中油滴形) 에멀죤을 안정화하고 친유성 안료는 유중수적형(油中水滴形)의 에멀죤을 안정화시키는 작용을 한다.

5. 표면장력의 저하

순수한 액체(물)의 표면에 매우 소량의 계면활성제를 떨어뜨리면, 급격하게 표면장력이 저하된다. 일례로서 아래의 실험으로 구체적으로 설명해 보자. 깨끗한 접시에 물을 넣고 물의 표면에 매우 미세한 백분(활석 미분말)을 뿌린다.

만약 물이 깨끗하면 백분은 연속된 흰색 박층으로 보인다. 이쑤시개를 한 개 가지고 그 한 쪽 끝을 비누액에 조금 닿게 하고, 다음에 또 접시의 중앙부에 닿게 한다. 그러면 계면활성제가 없는 부분의 물에 중앙부의 계면활성제가 들어가 표면장력이 낮아져 수면을 끌어 당기므로 급격하게 수면의 이동이 일어난다.

백분을 쓰는 목적은 가루가 수면의 흐름에 편승하여 수면의 중앙부에서 외주부(外周部), 즉 단분자 또는 다분자층의 비누막 부분으로 넓혀가는 상태를 보기 위함이다.

이 분자층은 알칼리기는 물로 향하고, 탄화수소 부분은 위로 향하듯이 배향하고 있다. 이것에서 계면활성제의 량은 매우 소량으로도 표면의 성질을 변하게 하는 데 충분하다는 것을 알았다.

이것은 그림 4-6에서 볼 수 있듯이, 오레인산 수용액농도대 표면장력의 관계에서도 확실히 나타난다. 즉 중요한 것은 0.01%의 농도로도 물의 표면장력은 1/3이나 떨어뜨릴 수 있다는 것이다.

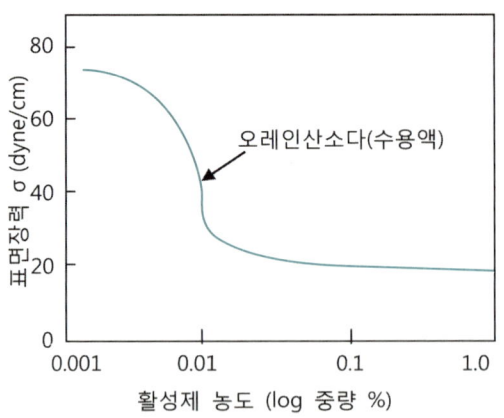

[그림 4-6] 오레인산소다의 농도에 의한 표면장력의 변화

6. 계면활성제의 분류

계면활성제는 편의상 주로 음이온, 양이온, 양성, 비이온성의 4 종류로 분류되고 있다. 앞의 3 종류는 용액 중에서 이온이 된다.

1) 음이온활성제

음이온활성제의 특징은 보통 탄화수소 사슬, 또는 방향족 환으로 부(負)에 하전(荷電)된 친유성기를 갖고 있는 것이다. 이들에 친수성 부분이 많은 경우($NaSO_3^-$)라도 $NaSO_4^-$의 GROUP이다. 이 이유는 H_2SO_4나 NaOH가 유기 화합물과 잘 반응하며 값싼 원료이기 때문이다.

2) 양이온활성제

음이온과 반대로 양이온활성제는, 대개의 경우 4가지의 질소를 갖은 비교적 큰 하전된 친유성기를 갖고 있는 것이 특징이다. 도료공업에 쓰이는 여러 종류의 계면활성제 중 양이온활성제는 유기용제계에 적합한 안료의 분산을 돕는 데 가장 유용한 것 같다.

이 부착력은 비교적 강력하며, 계면활성제는 쉽게 안료 표면 위의 흡착가스 또는 수분을 치환한다. 이것은 대부분의 양이온활성제가 고체 표면에 매우 잘 부착하는 것과 관계가 있다고 생각된다. 안료 분산용으로 가장 흥미 있는 것은, $RNH_3^+Cl^-$와 같은 화합물이다. 그러나 음이온성이 아닌 암모니아 유도체에 있어서는, H_2O 분자의 장벽과 흡착 가스층을 뚫어 음이온으로 하전된 고체표면(거의 모든 고체표면은 음으로 대전되어 있다)에 잘 붙는 큰 힘을 갖고 있는 것도 있다.

모든 계면활성제는 안료에 선택적으로 작용하여 분산을 돕지만, 양이온활성제는 특히 그 힘이 강하여 안료의 고체 표면과, 화학적으로 결합하는 힘을 갖고 있는 것으로 보인다.

흔히 말하는 양이온 계면활성제로 처리한 안료는, 안료의 주변이 활성제로 둘러싸여지고, 그 안쪽의 아미노기는 확고하게 안료에 붙어 있고, 그 반대쪽은 전색제에 뻗힌 형으로 배향하고 있다고 생각된다.

3) 양성활성제

양성활성제의 특징은 용액의 PH에 의해 양이온계, 또는 음이온계로 되는 것이다. 음이온성은 카복실기, 설폰기, 황산기가 있고, 양이온성은 아민염 등으로 주어진다.

4) 비이온활성제

비이온활성제는 용액 중에서 이온화 되지 않는다. 보통 이 분자의 친수기는 수산기와 에텔기로 이루어진다. 이들 기의 친수성은 비교적 약하므로, 충분한 친수성을 발휘하기 위해서는 한 분자 안에 상당한 수의 기를 갖고 있지 않으면 안 된다. 따라서 비이온활성제의 친수기는 친유기보다 큰 것이 보통이다.

7. 산, 염기 이론

안정된 분산계를 유지하려면, 안료-수지간의 상호작용 및 안료 표면의 중요한 물리적, 화학적 성질을 이해하는 것이 중요하다.

통상 지방성 탄화수소계 용제를 제외하고 모든 도료의 구성요소(안료, 수지, 용제)에는 극성이 작용한다고 알려져 있다. 이 극성 작용기는 안료 표면 및 전색제 용액의 고분자 사슬에 존재하는 화학 작용기에 기인하는 것으로서, LEWIS의 산, 염기 개념으로서 설명될 수가 있다.

즉, 산이라는 것은 친전자성 다시 말하면, 양자(PROTON H⁺)을 주는 것이고, 염기란 양자를 받고 한 개의 전자를 주는 것을 말한다. 이 개념은 안료, 수지, 용제에 다 적용되는 것으로서 실례를 들어보면 CHLOROFORM 은 산성용제이고, KETON, ETHER, ESTER 및 방향성 탄화수소는 염기성용제이다. 위에서 말한 지방성 탄화수소는 무극성으로서 중성용제이다.

높은 자체 결합성을 가지는 WATER, ALCOHOL, 카복실산 등은 용도에 따라 전자를 주고 받는 두 가지 성질을 갖고 있기 때문에 양성용제라 한다. 수지류에는 VINYL 수지는 산성, POLYAMIDE, ALKYD 및 AMINO 수지는 염기성이고, NITRO CELLULOSE 는 양성수지이다.

안료는 도료분산계에서 특성에 따라 산성 및 염기성 또는 양성이나 중성으로 구분되어지는 것이다.

산성에서는 과잉의 전자를 소유하여 마이너스(-) 전하를 띠게 되고, 반대로 염기성에는 전자의 부족 현상(양자의 증가)을 일으켜 플러스(+) 전하를 띠게 된다. 용제와 수지가 우수한 상용성을 갖기 위해서는 서로 반대의 산-염기 특성을 가져야 한다.

예를 들면 과잉의 산성 GROUP을 소유하는 수지는 염기성용제에서 가장 용해가 잘 되며 염기성 GROUP을 가지는 수지는 산성용제에서 용해가 잘 되는 것이다. 안료와 수지계는 서로 친화성을 가져야 하며 안료와 용제계는 친화성을 가지지 않아야 한다.

LEWIS 개념으로는 안료와 용제는 같은 산, 염기성을 가져야 하며, 수지와는 반대의 산, 염기성을 가져야 되는 것이다. 즉 안정한 분산계는 산성 안료 및 용제와 염기성수지의 배합 또는 그 반대의 조성이 바람직한 것이다.

표 4-1, 2는 산-염기성에 의한 용제 및 수지의 분류표이다.

[표 4-1] 용제의 분류

산성(酸性) 용제	$CHcl_3$
염기성(鹽基性) 용제	KETONE류, ETHER, ESTER류, 방향족 탄화수소
양성(兩性) 용제	H_2O, ALCOHOL류, AMINE류, CARBOXYLE ACID류
중성(中性) 용제	지방족 탄화수소, Ccl_4,, Cs_2

[표 4-2] 수지의 분류

수지의 종류	상품명	염기성	산성	양성	중성
Nitro cellulose RS				*	
Nitro cellulose SS				*	
Ethyl cellosolve	N7		*		
Cellulose ester	CAB		*		
	ASP		**		
Melamine	Soamin M60	**			
Urea Forimal dehyde	Soamin 846	**			
Chlorinated Rubber	Parlon S20		**		
Methyl methacrylate	Elvacite 2013		*		
Ethyl methacryllate	Elvacite 2043		*		
Polyacrylate	Parloid 1372		*		
	Synedol 2263 XB		*		

수지의 종류	상품명	염기성	산성	양성	중성
PVC/PVA Copolymer	VYHH		＊＊＊		
	VMCH		＊＊＊		
Polyvinylidene chloride	PVDC				＊
Polyvinyl acetate	XYHL		＊		
Polyvinyl butylate	Mowithal B30H		＊＊＊		
Phenol Resin	Albertol 670L				＊
Maleic Resin	Pentalyn 255		＊＊		
	Suprapal AP		＊＊＊		
	Pentalyn K		＊		
	Alresat KM140		＊＊		
Ketone Resin	Kunsthaz SK		＊＊		
Polyamide Resin	Versamid 930	＊＊＊			
	Versamid 758	＊＊＊			
	Versamid 115	＊＊＊			
Epoxy Resin	Epikote 1001	＊			
	Epikote 1009	＊＊			
Alkyd Resin 73% soya	Setalin V402	＊＊			
Alkyd Resin 35% coconut	Soalkyd 4492	＊＊			
Polyurethane	Estane 5507 IF	＊			
Polyisocyanate	Desmodur N			＊	
	Desmodur L		＊＊		
Complex Polyester	Desmophen 800	＊＊			
Ca/Zn Resinate	Alzynol RZ 33				＊
Pale wood Resin	Poly pale				＊
Ca Resinate	HM Limited poly fale				＊

'＊' 표가 많을수록 DONOR-ACCEPTOR의 능력이 커짐.

MILL BASE의 선정 기준

MILL BASE의 선정 기준

1. MILL BASE의 조성

일반적으로 효율적인 분산 능률을 얻기 위해서는 다음의 4가지 요소를 고려해야 한다.

(1) 분산 매개체 (2) MILL BASE 점도 (3) 분산시간 (4) MILL BASE 조성

여기서 논하고자 하는 것은 MILL BASE 점도 및 그 조성에 대한 것이다.

MILL BASE 조성에는 다음의 4가지 요소가 포함되어 있다

① 수지종류 ② 수지농도 ③ 안료종류 ④ $PVC(f) = \dfrac{\text{안료의 부피}}{\text{안료의 부피}+\text{수지용액의 부피}}$ 이다.

전색제의 물리적 성질은 안료의 성질보다 분산성에 더 큰 영향을 받는다. 실제로 수지 고형분의 농도와 용제의 선택은 MILL BASE 개념에서 가장 중요한 것이다.

일반적으로 MILL BASE의 분산과정은 분산된 안료 입자를 안정한 분산상태로 유지 시키는 것보다 응집체나 집합체의 분쇄과정이 더욱 중요하다. 응집된 안료를 빠른 시간 내에 분쇄할 수 있는가에 달려있는 것이며 최종 분산의 안정성은 이차적인 중요성이 될 수밖에 없는 것이다.

이미 언급하였듯이 안료의 입자와 수지 용액간의 접촉각이 작으면 침윤이 잘 일어난다는 것을 알았다. 따라서 수지 고형분의 함량이 낮고 점도가 낮으면 침윤이 쉽게 일어나는 것은 당연하므로 어떤 MILL BASE 조성에서도 점도 및 수지농도를 가능한 한 낮게 정해야 한다.

MILL BASE의 조성을 결정하는 3가지 기본 원칙은
① 분산 가능한 범위 내에서 안료농도 PVC(f) 를 최대한 높일 것.
② 안정된 분산 상태를 유지하고 작업성이 좋은 범위 내에서 가능한 낮은 수지농도를 유지할 것.
③ MILL BASE 점도는 분산기의 특성에 따라 허용 가능한 범위 내에서 최대한 높일 것

그러나 이 원칙은 전색제의 특성 및 분산기의 종류에 따라 달라질 수가 있다. 그 실례로 3-ROLL MILL에서의 분산은 기계적인 특성과 MILL BASE의 요구 특성으로 인하여 충분히 높은 수지농도가 되어야 양호한 에너지를 전달할 수가 있다.
수지농도가 너무 낮을 경우 각각의 수지 및 용제에 의해 재 응집의 속도가 증대되어 분산계가 불안정하게 되므로 실제로는 15% 이하의 농도는 거의 이용되지 않는 것이다.
수지농도의 결정은 수지 및 배합 안료의 특성에 따라 그 농도가 변하기 때문에, 기초 실험인 유동점 측정으로부터 얻어질 수가 있다

2. 유동점 측정

유동점 측정이란 일정한 안료 량에 농도별 수지용액을 첨가시켜 RUB-OUT 방법으로 수지농도에 따른 소비 ml수를 GRAPH화 하여 최적 농도를 결정하는 것이다.
VEHICLE의 최적 용제/BINDER-비(比)의 량은 DANIEL 유동점(DANIEL · FLOW POINT)으로 구할 수가 있다. 유동점을 구하는 것은 우선 각 종의 수지용액(용제/BINDER)의 비(比, 예를 들면 15/85, 20/80, 25/75, 30/70, 40/60, 50/50)를 가진 혼합액을 사용한다. 이 용액을 일정량의 안료(예를 들면 20g)에 특정의 유동점에 도

달할 때까지 가하여 혼합한다.

---

1. 혼합(MIXING)
a의 수지–55%용액과 b의 수지–5%용액을 가지고 25%의 수지용액으로 제조시 a의 수지량은 20parts (A=b–C)와 b의 수지량 30parts(B=a–C)을 취하여 25%용액을 만든다.

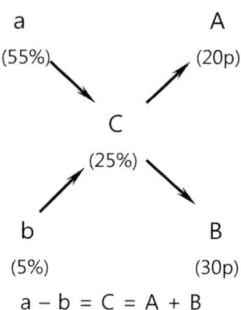

$$a - b = C = A + B$$

2. 희석(DILUTING)
a의 수지–80% 용액과 b의 용제(0%)를 가지고 35%의 수지용액으로 제조시 a의 수지량은 35parts (A=b–C)에 B의 용제 45parts(B=a–C)를 넣어 35%의 수지용액을 만든다.

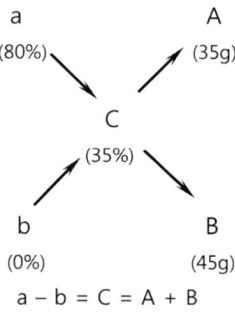

$$a - b = C = A + B$$

[그림 5-1] 수지용액 제조를 위한 혼합과 희석의 공식

이 DANIEL 유동점법은 $100ml$의 비커에 안료(20g)을 넣고 긴 GLASS 봉으로 휘젓어면서 끈적끈적한 PASTE 상으로 반죽될 때까지 연속으로 저어면서 혼합액을 가한다. 그 다음에 PASTE 상을 휘저을 때 약간의 저항감이 없어질 때까지 나누어 혼합액을 가한다. 이때 GLASS 봉을 비커 위로 끌어당기면, 액체의 방울이 봉에 묻은 부분(봉을 수직으로 유지함)을 관찰한다.

DANIEL 유동점의 종점의 특징은 얇은 FILM 상으로 봉에 남고 최후의 몇 방울이 1-2sec 간격으로 떨어지는 점이 종점이다. 이 점은 STORMER 점도계로 80Ku에 해당한다.

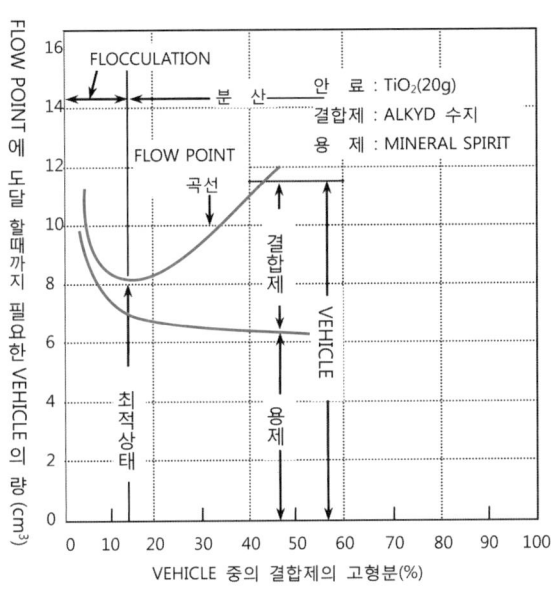

[그림 5-2] 대표적으로 유동점을 표시한 그래프

그림 5-2 에 표시된 각 용제/BINDER 비와 유동점의 관계는 U형으로 된다.

이 최저점이 MILL BASE 의 최적 조성을 표시한다. 이 점의 조성은 BINDER, 용제, 안료의 3가지 량의 BALANCE를 나타내며, MILL BASE의 최적 혼합점으로 분산에서의 효율이 가장 좋은 효과를 발휘한다. 또한 이 점은 용제/BINDER 비의 BLANCE를 이루고 있어 이 점 보다 용제가 더 증가하면 FLOCCULATION을 일으키고 반대로 BINDER량이 증가하면 MILL BASE량과 점도가 증가한다.

이 방법은 통상 도료업계에서 안료에 대한 수지량을 구하는 방법으로 사용되고 있다. 그러나 최저점은 최대의 안료를 함유할 수 있기 때문에 가장 경제적인데, 실질적인 분산성은 여러 가지 요인에 의해 달라질 수가 있는 것이다.

물론 유동점 측정에 의하여 대체적인 안료, 수지, 용제의 3가지 량이 정해질 수가 있으나 현실적으로는 첨가제(분산제)의 혼입으로 인하여 PVC(f)가 높아지는 것이다.

3. 분산기별 최적 MILL BASE 조성

모든 도료 배합의 MILL BASE는 혼합 안료 및 수종의 첨가제 등과 실제적인 실험을 통하여 예측되는 MILL BASE의 유동학적 성질과 각 분산기의 특성에 따라 최적 MILL BASE 조성하는 것이다.

예를 들면 HIGH SPEED DISSOLVER 로 분산시킬 도료에 대한 MILL BASE의 조성은 배합의 안료 및 분산제에 수지용액을 첨가시키면서 최적 MILL BASE의 점도를 130Ku 이상으로 맞추고 실제 소비된 수지용액 GRAM(gr) 수를 환산하여 MILL BASE 를 조성한다.

(수지용액은 15~25%일 때 WETTING력이 좋지만 도료 마감 시에 문제점(응집현상)이 발생할 우려가 있으므로 통상 30%로 선정한다.)

MILL BASE 선정 방법에 의해 TiO$_2$에 대한 각 분산기별 최적분산의 MILL BASE를 그림 5-3에 나타내었다.

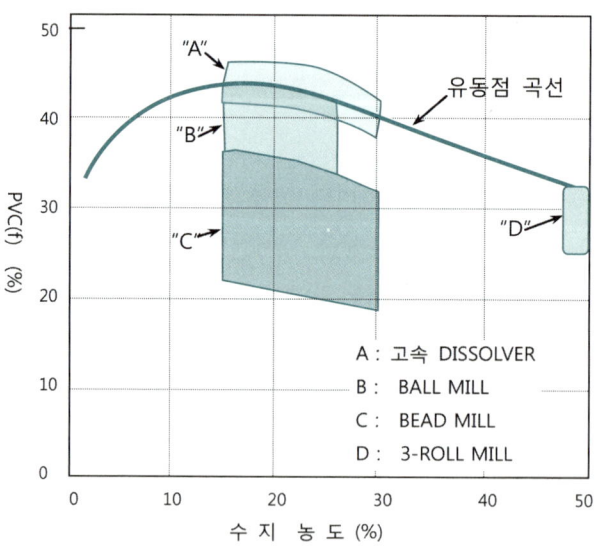

[그림 5-3] 분산기별 최적분산의 MILL BASE

또한, 분산에 필요한 분산기의 선택은 입도와 점도에 따라 구분할 수가 있다. NANO 입자 분산에는 작은 크기의 BEADS(0.5㎜ 이하)가 사용되기 때문에 점도가 높은 제품에서는 BEADS 의 운동이 원활하지 않다.

그림 5-4와 같이 분산기는 제품의 점도와 입도에 따라 크게 4종류로 나누어 선택할 수가 있다.

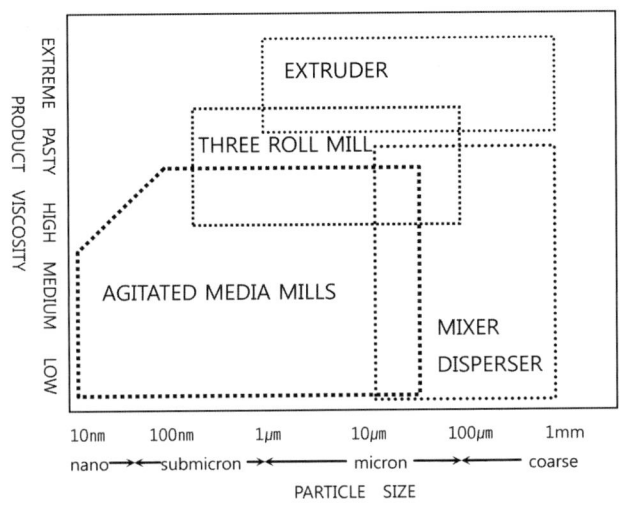

[그림 5-4] GRINDING 과 DISPERSING 의 설비 영역

표 5-1은 각 분산기별 실제적인 MILL BASE 조성을 나타내었다. 물론 모든 MILL BASE 조성은 실험을 통하여 결정하는 것이 원칙이며 안료별, 수지별로 달라지기 때문에 일정한 범위 내로 고정시키는 것은 모순이 있다. 그러나 경험에서 얻어진 대략적인 조성은 아래와 같다.

[표 5-1] 분산기별 MILL BASE 점도

구 분	HSD'er	BEAD MILL	BALL MILL	3-ROLL MILL
점도(Ku)	140 ↑	90±5	80±5	130 ↑
수지농도(%)	25~30	35~40	30~35	45~50
*PVC(f)	40~45	30~35	20~25	15~25

✽ Pvc(f) 는안료종류에 따라 다름

4. MILL BASE의 LET DOWN

도료 기술자는 안료 분산계 도료를 개발할 때 각각 별개의 것이지만 상호 관계가 있는 3가지의 조성을 생각하지 않으면 안 된다.

첫째, MILL BASE 의 조성(최적의 안료 분산을 얻기 위하여 계획된 것)

둘째, 도료의 조성(충분한 도장 특성을 얻을 수 있도록 계획된 것)

셋째, 도막의 조성(내구성이 있으며 견지력이 있는 도막을 기판 위에 형성하도록 계획된 것)이다.

이것은 도료 개발을 위한 일관된 흐름이지만 도료 기술자가 주어진 요구사항에 대하여 충분한 만족을 주는 도료를 조성할 때는, 보통 순서와 반대로 생각하며 한다. 즉 우선 도막을 조성하여 이 도료가 가장 좋게 칠하여지게 하기 위해 어떻게 하면 좋은가를 연구한다. 다음에 되돌아 가서 도료 중에서 안료가 균일하게 분산될 수 있도록 MILL BASE의 조성을 연구한다. 여기에서 논하는 것은 복잡한 MILL BASE에 다시 용제와 전색제(또는 용제나 전색제의 어느 것 하나)를 가하는(LET DOWN) 것으로 기판 위에 만족한 도장이 될 수 있도록 하는 공정에 관한 것이다.

도료를 제조하거나 칠하는 공정 중 LET DOWN은 어쩌면 가장 이해가 안되어 있는 것이다.

LET DOWN에 관한 내용은 도료기술에 관한 문헌에서 무시되어 왔다. 그 중요한 이유는 도료 특성이 좋은 최종적인 도료를 만들기 위해서는 MILL BASE에 무엇을 넣지 않으면 안 되는가를 논하여 그것에 의해 간단히 LET DOWN이 조성되기 때문이다. 그러나 그와 같이 기술적인 배려를 하지 않고 관습적으로 LET DOWN을 조성하는 것 같이 틀린 방법에 의해 된 것은 도료의 성질에 중대한 지장을 초래 하든가, 또는 모두 불량이 되어 버린다. 사실 기술적 중점을 LET DOWN 공정에도 동등하게 두어야 하며, 그것에 의해 바람직한 LET DOWN 조성이 얻어져서, MILL BASE 와 도료 조성간에 적절히 관련을 지을 수가 있는 것이다.

그림 5-5에 관하여 약간의 설명을 붙이기로 한다. 이 조성은 모두 체적으로 나타내고 있다.

용제/안료체적비(cm³용제/cm³안료)는 종축에, 결합제/안료체적은 횡축에 잡았다. M-M 은 DANIEL FLOW POINT의 결정법에 따른 궤적이다. 경제적인 관점에서 보면, 이것은 주어진 장치에서 허락되는 최대량의 MILL BASE를 최소의 MILL BASE 전색제로 제조하는 것을 나타낸다. 다시 말하면, 가장 효과적인 안료 분산이 보증되는 최소량의 MILL BASE를 갖추는 것이다.

광택도료를 제조하는 것은 유동 그림의 원점 O에서 출발한다. 원점 O은 모두가 안료이고, 용제나 결합제는 없다. 이 안료에 대하여 점 A로 나타난 조성을 갖는 MILL BASE 전색제를 가한다. 이 때의 경로는 점 O → 점 A이며, 점 A에서 MILL BASE 연육이 이루어진다. A점에서의 연육에 이어, 점 B로 나타내진 도료를 조성하기 위해 MILL BASE에 마감용 전색제를 가한다. 이 마감(LET DOWN)에 대응하는 경로는 점 A → 점 B이다.

평행 사변형 O A B A′O에 의해 MILL BASE의 LET DOWN에 쓰이는 조성은, 점 A′(MILL BASE 조성과 대칭점)로 나타내진다.

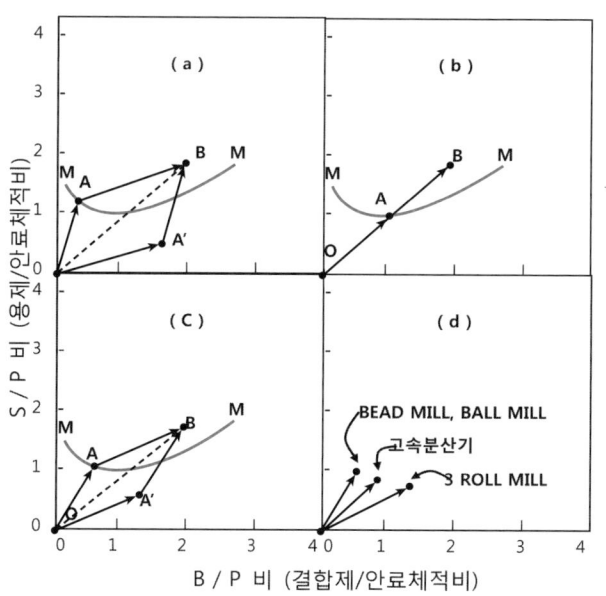

* M－M ＝ MILL BASE 조성(DANIEL FLOW POINT)

[그림 5-5] BEAD MILL로 광택도료를 만드는 각종의 경로(A, B, C)와
4종의 분쇄장치에 대응하는 MILL BASE의 위치

그림 5-5 (a), (b) 는 점 O에서 B 에 이르는 몇 가지의 경로를 나타내고 있다.

이 그림에서 유의해야 할 것은 혼합의 어려움은 본래 전색제 조성보다 다른 것에 기인하는 것이다. 즉, 거의 예외없이 2가지의 전색제 조성(MILL BASE와 LET DOWN 조성)의 차이가 클수록 LET DOWN에 있어서 사고가 발생하기 쉽다.

그림 5-5 (a)의 O A B로 된 경로의 경우 점 A의 조성은 안료를 분산하여 얻은 최소 MILL BASE 량에 대응하고 있다는 의미에서 매우 경제적이다. 그러나 점 A′가 점 A에서 멀리 떨어져 있으므로 점 A의 MILL BASE 조성이 점 A′의 LET DOWN 전색제 조성과 상당한 차이가 생기게 되어 LET DOWN에 문제가 일어나기 쉽다.

그림 5-5 (b)의 O A B의 경로에 의하면 LET DOWN 전색제와 MILL BASE 전색제가 같으므로 LET DOWN에서 곤란한 점은 전혀 없다. 그러나 이것은 MILL BASE 분산에 필요 이상의 전색제가 필요하므로, 비경제적인 공정이라고 말할 수 있다.

그림 5-5 (c)에서의 O A B 경로는 합리적이며 또한 경제적인 분산공정(그림 5-5 (a)의 A점 보다 좀 많은 전색제가 필요 하지만)과 MILL BASE와 LET DOWN간의 차이, A-A′를 상당히 감소시킨 공정과의 타협점에서 나온 공정이다. MILL BASE와 LET DOWN 조성에 관련하여, 최종적인 선택에서 고려하여야 할 문제는 안전계수(그림 5-5 (a)에 있어서 연육 중에 A점이 왼쪽 방향으로 일시적으로 이동하면, 그림 5-5 (c)에 있어서 A점이 동일한 크기만큼 왼쪽 방향으로 이동할 때에 비해 위험도가 높다)에 관한 것 등이다.

이제까지의 논의는 BEAD MILL로 연육할 때이지만 이 원리는 다른 도료 제조방법에 있어서도 확실히 적용된다.

그림 5-5 (d)는 4종류의 연육장치를 써서 도료를 제조할 경우의 분산공정을 나타낸 것이다. 3-ROLL MILL의 경우 그림 5-5 (a), (b), (c) 안에 A와 A′와의 관계가 반대로 되어 있음에 주의하여야 한다.

5. LET DOWN 시에 발생되는 여러 문제의 원인

LET DOWN 마감문제는 SEEDING(SEEDINESS)이나 COLLOIDAL SHOCK로 크게 나누어지며, 희석가와 용제이동(SOLVENT MOBILITY)에 관계된다. 응집에 관해서는 거의가 전기계면 현상과 분자간 흡입력에 의한다.

응집은 SEEDING과 같은 현상이라고 생각해도 좋지만 주로 배합조성에 기인하여 도료 제조 시에 문제가 되며 또 시간경과에 의한 응집 현상에도 관련한다. 그런데 COLLOIDAL SHOCK는 비교적 짧은 시간에 나타나며, 장시간에 걸치는 것도 있다. COLLOIDAL SHOCK는 대체로 가역성이다. 응집에는 가역성의 것과 비가역성의 것이 있다. GEL화(化)라고 하는 말이 있지만 그것은 SEEDING이나 미세한 석출입자의 현상이라고 말하는 것보다는 오히려 수용용적(收容容積) 전체가 SOL → GEL 변화를 일으킨 경우에 쓰인다.

COLLOIDAL SHOCK는 PIGMENT SHOCK, RESIN SHOCK, SOLVENT EXTRACTION이 있으며, 응집은 대개 아래와 같이 분류된다.

  ▽ 응집체 AGGLOMERATION (CONGLOMERATION, CONGELATION)
  ○ 교응집체(膠凝集體) AGGLUTINATION (CONGLUTINATION)
  ▽ 집합체 AGGREGATION (CONGREGATION)
  ○ 취합체 FLOCCULATION
  ○ 응결체 COAGULATION

이들 용어 중에서 ○표는 액체 중에서 ▽은 입자의 상태를 대상으로 사용되고 있는 것이다.

이들의 액체 중에서는 COAGULATION, AGGLUTINATION, FLOCCULATION의 순으로 결합력은 적어진다. FLOCULATION은 가역적이라고 생각되지만, COAGULATION은 비가역적, AGGLUTINATION은 그 중간적인 응집체와 같은 것으로 구별 된다고 생각된다.

COLLOIDAL SHOCK가 일어나는 문제는 수지의 용해성, 상호작용 계수, 용해 PARAMETER, 액저체(液底體)효과, 희석가에 대하여 생각할 필요가 있으며 최종적으로 희석가의 문제로 낙착된다.

고로 PATTON은 배합을 만들 시에 배합 순서로서 ① 최적 안료분산을 얻기 위한 설계 ② 도료에 가장 적합한 설계 ③ 도막의 최적 설계로 하고, 특히 ② 단계는 마감에 속하므로 COLLOIDAL SHOCK의 대부분은 이 공정에서 발생한다. 이것을 미연에 방지하기 위하여 수지의 용해성과 상용성, 안료의 표면상태를 검토하는 것이 필요하다.

응집을 생각할 때는 안정성의 반대개념을 생각하면 좋다. 응집이라 하는 현상을 어떻게 표현하는가? 일반적으로 입자끼리 접근하며 다수의 일차 입자가 하나의 덩어리를 형성하는 것이라고 말할 지도 모른다. 따라서 SEEDING과 같은 현상이라고도 생각할 수 있다.

이것에 가장 가까운 것은 FLOCCULATION이다. 이것은 액 중에 비교적 연집한 집합체라고 생각되는 교반 등의 1차 입자로 분산되지만, 방치해 두면 다시 모여 총합체가 된다. SEEDING은 장시간 방치하면 서서히 회합되고 서서히 교반되며 소멸될 운명이다.

AGGLUTINATION은 안료입자의 표면에 충분한 흡착막이 없을 경우 고분자가 입자 내에서 건너 뛰므로 다수의 입자가 묶여 있는 상태라고 볼 수 있다. 특히 수지농도가 낮을 경우에 나타나는 응집현상이라고 생각되며 분산제 및 수지를 추가하지 않으면 분산되지 않으므로 어느 것인지 말하는 것은 불가능에 가깝다(이것은 SEEDING이라 말하고 있다).

COAGULATION은 SCHULTZ HARDY의 법칙에서 볼 수 있는 VAN DER WAALS 힘과 포텐셜의 불균형에 의한 응집으로 수계분산계에서 나타나는 경우 붙여진 이름인 것이다.

위와 같이 COLLOIDAL SHOCK에 의한 SEEDING, 침윤의 불충분으로 인한 응집, 반발력과 흡입력의 불균형에 의한 응집, 흡착의 적정을 무시한 응집 등은 품질, 배합, 설계에 기인하는 경우가 많다. 도료는 수종의 안료 및 수지, 용제의 복합성분이므로 원료의 선정, 정선, 연육배합의 설계가 결정적인 수단이 된다는 것은 말할 나위가 없다. 그러기 위해서는 지금까지 말한 분산에 관한 제현상의 파악과 분산의 이상성을 보다 빨리 파악하는 기술이 필요하다.

LET DOWN의 어려움은 본질적으로 MILL BASE와 LET DOWN간의 농도 차이에 있다.

COLLOID SHOCK란 말은 2개의 상이한 전색제상이 급격하게 긴밀한 접촉 상태가 될 때에 일어나는 혼돈 상태를 막연히 가르키고 있다. 여기에서 말하는 것은 LET DOWN 중에 이 농도의 차이가 왜 사고의 원인이 되는가를 생각하는 것이다.

때에 따라 이들이 서로 다른 것이 유익할 경우도 있다. 전색제간의 서로 상이함은 조성이 같지않은 경우뿐만 아니라 전색제의 점도 및 표면장력, 온도, MICELLE 등이 서로 다른 경우도 포함된다. 또 MILL BASE는 그 안에 안료를 포함하고 있어 더욱더 그 차이는 크게 된다.

도료를 조정하는 목적은 첫째로 균일하게 혼합된 도료를 만드는 것이다. 이것은 잘 분산된 안료계를 의미하는 것만이 아니고, 잘 분산된 결합제계를 의미한다. 그러나 도료에서는 어느 정도까지의 불균질성은 허용되며, 때에 따라 어느 특별한 성질을 목적으로 하여 불균질성이 특히 인정되는 것도 있다.

이와 같은 약한 결합제의 AGGLOMERATION(MICELLE 형성)은 작은 비침투성을 가지며, 약한 정도의 안료 응집은 단단한 침전이 되는 가능성을 방지하는 데도 유효하다. 그러나 불균질의 도가 극도에 달하면(예를 들면 SEEDING과 같은 것) 되돌아 갈 수가 없게 된다.

1) 결합제(BINDER)의 석출(침전)

결합제(수지)의 침전이라는 문제가 일어나는 일반적인 원인은 LET DOWN 중에 결합제를 희석할 때의 허용도를 넘기는 부적절한 LET DOWN 기술에 기인한다. 이러한 사정을 시각적으로 나타낸 것이 그림 5-6 (a)이다. 이것은 3-ROLL MILL로 광택 도료를 제조하는 공정을 나타낸 것이다.

이 MILL BASE 조성은 광물유(MS)로 고형분 27%(농도)까지 희석 가능한 알키드 수지(XYLE 중에 67%고형분 함유)이다. 광택도료는 알키드전색제로 고형분 45% (농도)를 함유하고, 자동적으로 이 조성은 광물유(MS) 범위의 안전한 쪽에 있는 것을 알았다. 만약 LET DOWN이 적절히 되지 않았을 경우에는 결합제-전색제와 LET DOWN 전색제(이 경우 광물유)가 수지의 침전영역(0-27% 고형분 영역)에 들도록 혼합될 때에 일어나는 국소적 침전이 생성된다.

부적절한 LET DOWN을 과장하여 표현하면 안료를 포함한 전색제를 LET DOWN 용 TANK에 담긴 전용제에 서서히 가하는 것이 된다. 이 LET DOWN 공정의 최초에는 TANK안에 있는 용제의 수지농도가 0이 되는 상태이다. 안료를 포함한 MILL BASE가 가해지면 LET DOWN 용제 중의 결합제 농도는 증가하여, 0에서 27% 사이에서 수지의 침전이 생기기 시작한다. 여기에 어떠한 강력한 교반을 하여도 단순히 침전 생성을 가속시킬 뿐이다.

27% 이상이 되면 사정이 바뀌어져 침전이 정지되고 용해가 시작되는 것이다. 이

결과 모든 수지는 페인트 조성으로 요구되는 45% 고형분 농도가 될 때까지 빠르게 용액에 녹아 들어간다.

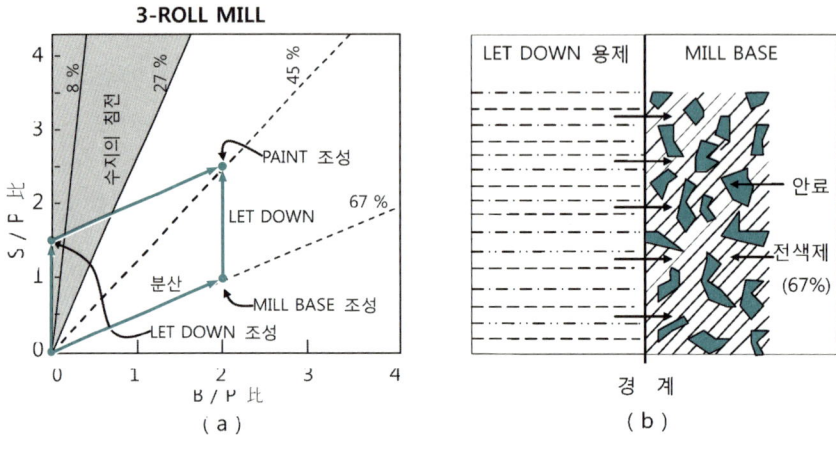

[그림 5-6] 3-ROLL MILL에 의한 광택도료 제조경로 (a)와
안료 입자에서의 결합제의 추출 (b)

도료 생산기술의 정석

앞에 말한 공정에서는 비가역적인 부반응이 일어나지 않는 것을 전제하고 있다.

그러나 일시적인 결합제 침전이 일어나고 있는 사이에 안료계에서는 복원되지 않는 좋지 않은 응집상태가 발생하는 것이 확실하다. 이와 같이 잠재적 비극을 피하기 위하여 여러 가지 수단이 강구되었다.

우선 제일 먼저 투입 순서를 반대로 하는 것이다. 즉 강력하게 교반하면서 안료를 포함한 결합제-전색제에다 용제를 서서히 가한다. 이 기법으로 하면 45% 고형분 농도에 달하는 사이에 0~27% 고형분 농도인 위험영역을 지나지 않고, 67%의 MILL BASE 측에 가깝게 갈 수가 있다.

소량씩 가한 용제가 결합제-전색제 전체에 녹아 들어가는 과정을 보다 확실히 하는 의미에서 강력한 교반은 반듯이 필요하다. 이 방법에 의해 LET DOWN은 어느 부분을 취해도 위험영역을 지나지 않고 완수할 수가 있다.

결국 MILL BASE와 LET DOWN 전색제 쌍방 모두 희석 허용한계 내의 안전한 쪽에 있도록 조성하는 것이 수지의 재침전을 피할 수가 있다. 이들 생각을 정리하면 수지 석출의 원인이 되는 LET DOWN시의 TROUBLE을 피하고 또 최소한으로 억제하기 위해서는 LET DOWN 용제 또는 용제분이 많은 전색제를 MILL BASE에 서서히 가하고, 또한 강력하게 교반을 하여 MILL BASE와 LET DOWN 전색제가 수지의 희석 허용 한계 내의 안전한 쪽에 있도록 하면 되는 것이다.

2) 결합제(BINDER)의 추출

안료에서 결합제가 추출되는 것은 부주의로 인한 조작으로 대량의 용제 또는 용제분이 많은 전색제가 결합제분이 많은 소량의 MILL BASE와 접촉할 때이다. 이 때 용제는 안료 입자를 포함한 전색제분이 많은 MILL BASE에 침투해 들어가, MILL BASE 전색제를 묽게 하여 결합제 분산의 효율을 현저하게 감소시킨다. 이 때문에 안료의 분산 안정성이 없어지거나 침해 당한 안료는 응집을 일으킨다.

결합제의 움직임은 안료 입자에서 분리되어 용제쪽으로 이동하는데, 이 동작을 STRIPPING 효과라고 한다. 이와 같이 좋지 않은 상태는 어떻게 하여 일어나는가, 그림 5-6 (a), (b)를 보면 이해될 수 있다. 이 경우 MILL BASE 중의 알키드수지는 광물류로 무한히 녹는다고 가정하였다(이 가정은 수지의 침전이 생기지 않는다는 것과 같은 것이다).

앞에서와 같이 잘못된 LET DOWN을 과장하여 표현하면 안료를 포함한 전색제를 서서히 LET DOWN TANK 안의 전색제에 가하는 것이 된다. 이 경우에는 수지의 침전이 일어나는 것은 생각되지 않지만, 같은 정도의 다른 위험성이 예견된다. 즉, MILL BASE를 조금씩 가하면 그 MILL BASE한 방울의 주변이 곧 용제로 둘러 쌓이게 되어 용제는 안료의 주위에서 결합제를 떼어 놓게 한다.

이 때문에 안료의 응집이 생기는데 이것은 동시에 비가역적인 안료의 AGGLO-MERATION을 일으킬 가능성이 있게 된다. 이와 같은 상태에서 강력한 교반을 계속하는 것은 STRIPPING 효과를 조장하는 것에 지나지 않는다. 이 문제에 대한 해결 방법은 투입순서를 반대로 하는 것이다.

즉, LET DOWN 용제를 잘 교반되어 있는 MILL BASE에 서서히 가한다. 이와 같이 하면 용제는 안료입자에서 MILL BASE를 떼어 놓거나 추출할 여유가 없어진다.

다른 한 가지의 부가적인 기법은 LET DOWN 용제에 결합제를 가하는 것이다. 이렇게 하면 분산된 안료에서 결합제을 추출하는 힘을 억제할 수가 있다. 이 생각은 (그림 5-6 (a)에서 볼 수 있듯이) 도료제조의 설계폭을 사실상 좁게 하는 것과 같다.

즉, MILL BASE와 LET DOWN 전색제와의 조성을 서로 가깝게 하는 것에 대응하는 것이다.

3) 용제의 추출

만약 용제가 많은 전색제가 용제가 거의 없는 전색제와 혼합될 경우, 확산이 일어나는 2개의 서로 다른 상은 그 중간의 용제 농도를 갖는 균일한 단일의 전색제상으로 변한다.

이 상호간의 이동, 확산과정에 있어서 전색제 중의 용제, 결합제 모두 이 현상에 참여하지만 두 상이 서로 녹기 때문에 커다란 역할을 하는 것은 유체 안을 이동하기 쉬운 용제 쪽이다. 따라서 LET DOWN을 이해하는 것은 용제분이 많은 전색제에서 용제분이 적은 전색제 쪽으로 용제가 급속히 이동하는 과정을 상상하면 좋다.

대부분의 경우 LET DOWN의 성공은 그 용제 이동을 제어하는 것으로 그것은 또한 LET DOWN 공정 중에 잠재적인 위험성을 회피하는 방향으로 주의하며 하지 않으면 안 된다. GARRISON이 이와 같은 이동도의 이론에 관한 흥미 있는 보고를 했다. 그것에 의하면 균일계의 2가지 용제 중 저 확산속도용제(비교적 분자량이 크다)는 언제나 회합적 반응(예를 들면 용제를 포함한 백색에나멜에 착색 PASTE를 가할 때와 같은 반응)을 일으키기 어려운 것이다. 이것은 분자량이 큰 용제는 안료를 둘러 싸고 있는 보호수지 피막으로 천천히 침투해 가기 때문에 입자들이 자유롭게 엉키는 것이 적어지는 것을 의미한다.

어떠한 유사한 계에서도 확산속도는 대개 용제 분자량 M의 2승에 반비례한다. 2종의 이소파라핀계용제 E(M=120, η=0.0085poise, σ=20dyne/cm, b.p.=115~140℃)와 L(M = 165, η=0.0154 poise, σ=23 dyne/cm, b.p.=187~210℃)를 생각해 보자.

이동도를 무시하는 것 같은 영향력을 갖는 것은 확산속도이며, 또 역 2승에 따르는 용제 E는 용제 L보다 거의 2배 빠르게 확산한다($1.9=165^2/120^2$). 이와 같은 확산속도는 빠르지만 안료를 둘러싸고 있는 보호 결합제 중에 2용제가 침투하는 상대속도를 매우 정확히 알 수 있다.

이 논의에서 중요한 결론이 나온다. 도료의 LET DOWN 중에 응집이 일어나는 경향은 분자량이 큰(비점이 높은) 용제를 사용하므로서 최저로 억제할 수가 있다. 다시 말하면 시판의 탄화수소계 용제가 포함되어 있는 경우 저비점 성분이 포함되어 있는 것을 피하는 것이 좋다는 뜻이다.

일반적으로 응집이 일어나는 것이 명백할 경우 특히 고비점의 용제(약 187~210 ℃로 비교적 좁은 비점 영역을 갖는 것)를 쓰는 것이 좋다. 이러한 위험성이 있는 제 문제는 반드시 전색제 자체의 문제와 직결된다는 것은 아니지만 그것이 분산되어 있는 안료의 표면 위에서 일어나게 된다면 좋은 결과라고는 말할 수 없다. 때에 따라서 결합제분이 많은 전색제가 STRIPPING을 일으키면 안료는 응집을 일으켜 최초의 분산 공정에서 이루어 놓은 일을 완전히 망쳐 버린다. 용제 추출에 의한 MILL BASE 안에서의 안료의 응집은 어느 의미에서는 결합제 석출에 의해 일어나는 안료의 FLOCCULATION과는 반대이다. 이 차이는 그림 5-6 (b)와 그림 5-7 (b)에 의해 확실해진다. 즉 그림 5-6 (b)와 같은 결합제 추출의 경우 안료는 최초 결합제분이 많은 전색제 중에 분산되어 있다(예를 들면 3-ROLL MILL과 같은 것). 그림 5-7 (b)의 용제 추출의 경우 안료는 최초 용제분이 많은 전색제 중에서 BEAD MILL과 같은 것으로 분산되어 있다.

두 가지의 경우 LET DOWN은 같은 경향을 나타낸다. 즉 충분한 혼합과 LET DOWN을 설명하는 과정은 용제분이 많은 전색제에서 적은 전색제 쪽으로 용제가 급속히 이동하는 것이다.

그림 5-6 (b)를 보면 LET DOWN 용제의 첨가와 동시에 일어나는 용제의 추출은 곧 결합제가 많은 상중(相中)의 안료 분산계에서 결합제를 떼어 놓는 것과 같다는 것을 알았다. 또 그림 5-7 (b)에서 안료의 응집은 용제분이 많은 상중의 안료가 결합제분이 많은 전색제로 LET DOWN될 때에 일어난다는 것을 알았다.

그림 5-7 (a)는 BEAD MILL로 광택도료를 만드는 경로를 그림으로 나타낸 것이다.

이 MILL BASE는 용제로 25% 고형분까지 희석된 알키드이다. LET DOWN 전색제는 희석하지 않은 고형분 농도가 60%인 알키드이다. 그림 5-7 (b)는 이들 2개의 전색제상의 경계층을 나타낸 것으로 LET DOWN의 초기단계에 해당한다. 그 다음에는 아래에서 말하는 것이 일어난다.

일반 원칙에 의하면 우선 점도가 낮은 상이 보다 빨리 경계층을 돌파하고, 용제분이 많은 상중(相中)의 용제가 결합제분이 많은 LET DOWN 전색제 쪽으로 곧 바로 확산해 나가기 시작한다. 그러나(이것이 고찰의 열쇠가 되지만) 이 용제의 확산

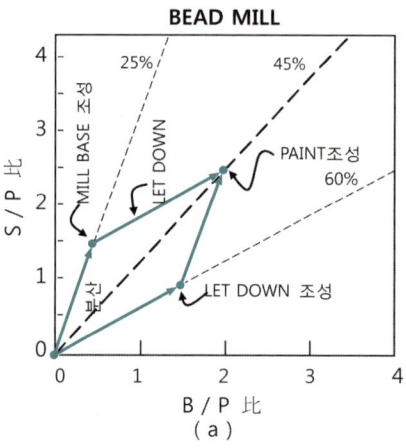
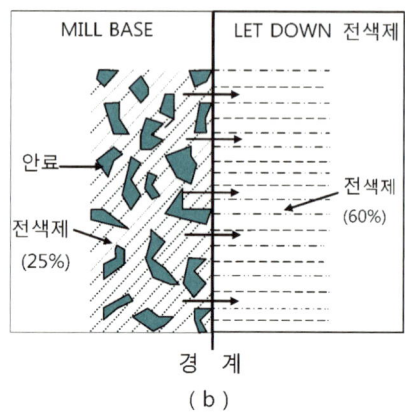

[그림 5-7] BEAD MILL을 써서 광택도료를 만드는 공정 (A)와 MILL BASE 용제가 안료를 남겨두고 결합제분이 많은 LET DOWN 전제색 안으로 확산되는 그림(b)

은 반드시 안료입자의 이동을 필요로 하지는 않는다. 사실 안료는 용제분이 많은 상 안에 남아있게 되고 이 상은 용제분이 적은 LET DOWN 전색제에 의해 용제가 석출되므로, 그 체적은 연속적으로 감소해 간다. 그 결과 안료 입자는 눌림을 당하여 축소되어 가는 MILL BASE 안에서 서로 접촉하여 응집을 일으킬 수 있을 정도까지 긴밀한 상태에 이르게 된다. 이것이 도료의 SEEDING이라고 부른다.

이와 같은 SEEDING의 발생은 단순히 희석 순서를 적절히 선택하므로서, 거의 피할 수가 있다. 즉 충분히 교반되어 있는 MILL BASE 중에 서서히 LET DOWN 전색제를 넣으면 된다. 이것에 의해 MILL BASE 는 결합제분이 많은 LET DOWN 전색제의 미분적(微分的) 증가를 연속적으로 받아들일 수 있으며, 또한 서서히 가하는 조작으로 인하여 LET DOWN 전색제의 구조도 공정중의 어느 점에서도 침해 받지 않는다. 그 결과 용제추출은 피해지며 안료의 SEEDING은 발생하지 않는다.

다음의 안정책은 MILL BASE와 LET DOWN 전색제의 양 조성이 보다 가깝도록 구성하는 것이다. 이것은 그림 5-7 (a)의 평행사변 형의 폭을 좁게 하는 것에 해당한다.

4) 도료제조에 있어서 적절한 배합, 혼합된 용제가 갖는 중요도

MILL BASE 나 도료조성의 LET DOWN 에 있어서 용제(혼합용제)의 적당한 배분은 매우 중요하다. 이 원리를 한 마디로 말하면 용제가 하나의 전색제상에서 다른 전색제상으로 이동하는 속도를 느리게 하도록 조성하는 것이다. 이것은 LET

DOWN의 목적(상용)과 모순되는 것같이 보인다. 그러나 이 생각은 용제의 이동을 느리게 하는 것이고, 그것에 의해 취급을 편리하게 하고, 또한 빠른 용제의 이동에 의해 국부적인 덩어리가 발생하는 것과 같은 곤란한 문제를 피하게 하는 것이다. 이것을 실시하는 데 강력한 용제는 약한 용제에 비하여 결합제에서 이동 할 때에 강하게 저항하는 현상이 있는데 이를 이용하면 좋다.

탄화수소계 용제의 경우 용제의 상대적인 강도는 KAOLIN · BUTANOL 값(價)으로 평가할 수가 있다. 이와 같이 3개의 대표적인 탄화수소계 용제 사이의 상대적인 크기를 나타낼 수가 있다. 강하게 되는 순서로 나열하면 무취 광물유(OMS)가 23~28, 광물유(MS)가 33~48, XYLENE이 98이다. 이것에 의하면 XYLENE이 OMS/결합제계에 확산하여 가는 속도 보다도 OMS가 XYLENE/결합제계 안으로 확산되어 가는 속도가 더 느리다(다른 조건은 일정). 이제까지 말한 것은 매우 경험적인 것이었지만 용제의 배합 비의 원칙이나 안료의 응집을 일으키는 혼합 조건을 피하기 위한 원칙을 나타내었다.

그림 5-8는 MILL BASE와 LET DOWN 전색제에 대하여 안전한 용제 영역과 위험한 영역을 각각 나타내고 있다. 또 한 종류의 용제가 쓰일 때의 안료의 응집이 생기는 영역을 이 그림에서 나타내고 있다.

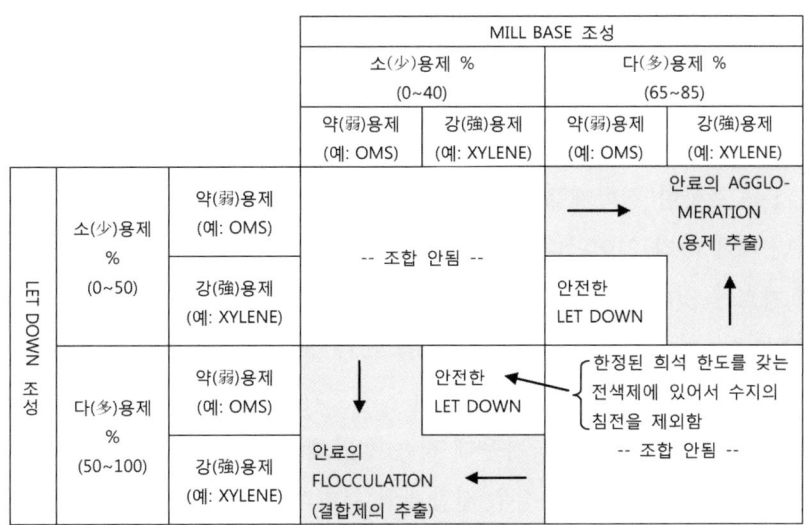

[그림 5-8] 2종의 용제를 MILL BASE와 LET DOWN 전색제에 각각 쓸 경우의 안전한 조합과 불안전한 조합

혼합 용제계에서는 일반적으로 2개의 용제 중 약한 쪽의 용제를 용제분이 많은 쪽에 가하면 좋다. 이 순서를 반대로 하면 심각한 문제가 된다. 단 용제분이 적은 MILL BASE의 희석 허용 범위가 매우 좁은 경우에는 예외가 일어난다. 이러한 경우는 LET DOWN을 가능하게 하기 위해 다른 기법에 의하지 않으면 안 된다. 예를 들면 LET DOWN 전색제와 MILL BASE를 그 결합제/용제 비가 가능한 근접 되도록 조정하면 좋다.

5) 결합제의 응집

LET DOWN 공정에서 수지의 희석 한도를 넘었을 때에 일어나는 수지의 침전에 대해서는 이미 LET DOWN 중에 일어나는 문제의 원인으로 지적되었다. 여기에서는 아주 다른 결합제 농도를 가진 전색제를 혼합할 때 발생되는 아주 경미한 위험성에 대하여 생각해 보자.

결합제의 분자는 일반적으로 크고 용액 중에서 MISCELLE이라 부르는(아마 대칭적인) 단위로 응집하는 경향이 있다. 극단적인 경우 이들의 응집, 즉 MISCELLE은 눈에 보일 정도의 세편(細片)또는 GEL에 이를 정도로 성장한다. 이들의 응집은 전색제 중에 좀처럼 눈에 보이게 될 정도로 성장되지 않고 보통 미세 입자로 존재하고 있다. 그래서 도료를 만드는 경우에 2가지의 분산형태가 취해진다. 하나는 눈에 보이는 안료분산과 또 하나는 눈에 보이지 않는 MISCELLE 또는 COLLOID의 분산이다.

심하게 교반을 하면 이들 MISCELLE은 보통 분산상태로 짧게 일어난다. 그래서 교반이 그치면 다시 처음의 상태로 서서히 회복되어 간다. 그러나 이와 같이 MISCELLE을 포함한 결합제를 교반하면 결합제를 완전히 분산시키는 것이 불충분하게 되면 때에 따라 일어난다. 즉 혼합 조작에서는 단지 MISCELLE을 작은 덩어리로 짧게 자르는 것에 지나지 않는다. 이와 같이 불충분한 분산조작은 문제가 된다. 만약 고도의 점성이 있는(결합제 농도가 크며 결합제 분자가 강하게 AGGLOMERATE 되어 있는 상태) 전색제가 점도가 낮은 용제와 혼합 교반될 때와 같은 상태가 되면 용제의 바다 가운데 작은 결합제의 섬이 떠 있는 것과 같은 결함이 있는 도료가 되기 쉽다. 이 경우 결합제의 최초의 상태는 분산되지 않고 GEL 상의 SEEDING과 같은 준안정상태로 조각 조각 갈려져가기 때문이다. 교반공정이 부적당하게 되면 얼마 동안 교반을 하여도 도료의 분산을 개선하는 데 조금도 효과가 없다는 것을 인식해 두는 것이 좋다.

과도한 교반도 좋지 못한 효과를 나타낸다고 보고되고 있으므로 대다수의 LET DOWN은 될 수 있는 한 짧게 교반하는 것이 좋다. 즉 안료의 존재 하에서는 시간이 길면 MISCELLE 구조의 분해가 일어나고, 저품질의 도료로 판정될 수 있는 것 같은 비가역적 변화가 초래되기 때문이다.

6. 실제로 권장되는 최량(最良)의 LET DOWN 조건

(1) 기계적 조건
① MILL BASE를 강력하게 교반하면서 LET DOWN 전색제를 조금씩 서서히 가한다.
② LET DOWN 전색제와 MILL BASE 간의 온도와 점도(또는 그 어느 것의 한쪽)의 지나친 차이를 피한다.

(2) 조성적 조건
③ LET DOWN 전색제가 MILL BASE 전색제와 조성적으로 큰 차이가 없도록 한다.
④ 혼합 용제를 쓸 때 약한 용제는 용제분이 많은 전색제상에 배분한다(단 결합제가 희석 허용 한계를 넘는 MILL BASE의 경우는 제외한다).

첫째로 LET DOWN 전색제를 MILL BASE에 섞을 때의 혼합순서를 올바르게 하는 것이 좋다. MILL BASE를 LET DOWN 전색제에 가하는 것같은 잘못된 혼합순서는 항상 문제를 내포한다. 올바른 혼합순서를 지킨다 해도 LET DOWN 전색제를 가하는 속도를 서서히 하지 않으면 안 된다(특히 처음 투입할 때).

MILL BASE에 LET DOWN 전색제를 한번에 가하면 국부적으로 잘못 되는 부분이 생기므로(특히 강하게 교반할 때) 피하지 않으면 안 된다.

둘째로, LET DOWN 전색제와 MILL BASE와의 온도 및 점도의 차, 또는 온도 차, 그리고 점도 차가 매우 커지는 상태를 피하는 것이 좋다. 따뜻한 저점도의 MILL BASE 에 고점도의 차가운 전색제를 가하면 문제가 발생하기 쉽다. 온도 차는 보통

10℃ 이내로 하는 것이 좋다.

　말한 바와 같이 고도의 요변성인 GEL 상에 가까운 조성은 묽은 MILL BASE에 가하면 안 된다. 올바른 LET DOWN 기술이란 고점도에 강력하게 교반하면서 점도가 높지않은 상태로 서서히 희석하는 공정을 말한다.

　셋째는 순수한 용제 또는 100% 결합제를 LET DOWN 전색제로 쓰지 말아야(적어도 LET DOWN의 초기에는) 한다는 것이다.

　넷째는 혼합 용제중에서 약한 용제와 강한 용제의 배합을 적절하게 택하는 것이다. 또 약한 용제는 용제 분이 많은 전색제상에 서서히 가함으로써 보다 안전하게 LET DOWN 할 수 있는 경우가 많다.

7. LATEX PAINT의 LET DOWN

　LATEX PAINT의 제조에는 함수(含水) MILL BASE 분산체를 고분자 에멀죤과 증점제로 LET DOWN 하는 것이 하나의 중요한 공정이다. 그것은 언제나 어느 정도의 안료 및 고분자의 응집을 포함하고 있다.

　LATEX PAINT를 농축하는 데 필요하다면 그와 같은 AGGLOMERATION은 최소한 허용되지만 과도의 응집은 은폐력을 해치고 변색이 일어나 불안정하게 되므로 반드시 결합제(고분자 에멀죤)를 포함하지 않아야 한다. 그 이유는 안료를 MILL BASE에 가할 때에 행해지는 분산 교반 조작이 고분자 에멀죤을 파괴하기 때문이다.

　LATEX PAINT의 LET DOWN은 다음과 같은 점에서 용제형 PAINT의 LET DOWN과 다르다. 즉 용제형 페인트에서는 강력한 교반이 필요한데 반하여 LATEX에서는 중간 정도의 완만한 교반이 필요하다. LATEX PAINT의 LET DOWN은 완만한 교반하에서 2가지 형의 입자를 혼합하는 것이다.

　LET DOWN 에멀죤 중의 고분자 입자는 약 0.1~1.0u의 평균 입자경(이것은 에멀죤의 형태에 의해 변화한다)을 갖는 작은 구체(球體)이다. 한편 MILL BASE 안의 안료입자는 많은 경우 이것과 다른 형을 하고 있으며 입자 크기를 보아도 상당히 넓은 범위로 분포되어 있다. LET DOWN 공정의 성공은 서로 다른 입자계를 월활하고 균일하게 입자계(LATEX PAINT)가 분포되도록 잘 혼합할 수 있는가에 달려 있다. 항상 확실한 기준을 가지고 고분자 에멀존을 MILL BASE에 가하는 것이 좋다.

어떠한 함수 분산계를 생각할 때도 제어 인자인 계의 PH를 신중히 취급하여야한다. 구체적으로 말하면 전해질의 존재, 계면 활성제나 안정제의 성질과 량, 안료 체적 밀도, 분산되어 있는 입자의 크기와 형태의 분포, 증점제, 가소제나 기타 첨가물의 영향, 점도, 분산체의 온도 등이다. 이미 말한 관점에서 2종의 분산체가 혼합될 때 2개의 입자가 접근하면 할수록 안정되고 만족스런 입자 분산계가 되는 기회가 적어지는 것은 당연하다.

음이온 계면활성제와 양이온 계면활성제가 혼합하면 명확하게 비상용성이 나타난다. 따라서 다가이온(예를 들면 경수 중의 Ca^{2+}, Mg^{2+}, Al^{3+} 등)이 우연히 보호되지않은 음이온 고분자 에멀존 안에 혼입될 때나, 인산형분산제(인산칼슘 침전물)와 Ca^{2+}를 내놓을 가능성이 있는 안료와의 혼합이든가, 따뜻한 MILL BASE에 고분자 에멀존을 가하는 것과 PH 가 큰 다른 분산체를 혼합하는 것과 같은 경우이다.

LET DOWN 공정을 주의 깊게 이행한다 해도 고분자 및 안료의 FLOCCULATION은 다소 나타난다. 고분자와 안료 중 고분자 입자 쪽을 될 수 있는 한 고분자 상태로 유지하는 것이 중요하다. 그 이유는 고분자 입자가 건조의 최종 단계에서 연속적으로 양호한 도막을 형성할 수 있도록 변형해 나가는 능력은 고분자 입자가 적으면 적을수록, 또 변형 능력이 클수록 우수하기 때문이다. 따라서 고분자 입자의 응집체가 회합(보다 큰 입자)하면 변형에 필요한 표면장력 효과가 감소하거나 입자가 변형 불능이 된다. 입자의 응집은 고분자 입자가 고화하여 도료 중에 침투하는 힘을 극도로 억제하기 때문에 접착 강도가 떨어진다.

MILL BASE 분산체와 LETEX를 같이 혼합한 LET DOWN 혼합체는 항상 점도에 결함이 있는 LATEX PAINT가 되므로, LATEX의 점도를 높이는 증점제(보통 물에 가용인 고분자나 그 알카리염)을 가할 필요가 있다. 이 목적을 위해 이제까지 개발된 증점제는 불행히도 농축 공정 중에 상당한 고분자 입자의 응집을 유발시킨다.

만약 이 응집이 한도를 넘으면 LATEX PAINT는 불안정하게 되고 CREAM 상이 되든가 고분자가 석출된다. 또 이미 말한 바와 같이 응집 기구에서 농축된 LATEX PAINT는 도막으로서의 본질을 손상시키는 성질(입자의 파괴, 결합제의 결함)을 나타낸다. 그러므로 점도를 주기 위한 농축제를 만드는 수단을 취하는 한, 응집에 대하여 최량(最良)의 해결책은 최소의 고분자(응집 도막의 뿌연 상태나 건조 LATEX 도막이 광택을 잃는 것같이 보이는 것)로 제한되도록 농축 SYSTEM를 선택하는 것이다.

LATEX PAINT의 LET DOWN에서 유용한 특별한 법칙을 말하는 것은 매우 곤란하다. 중요한 원리는 LET DOWN 조성은 MILL BASE 조성에 가능한 한 적합하도록 하는 것이고 고분자 에멀죤을 파괴하거나 응결시키는 강한 기계적 교반을 피하는 것이다.

고속 분산계의 이론 및 분산기

고속 분산계의 이론 및 분산기

고속 분산기의 분산효율을 지배하는 요소로는 다음과 같은 사항을 들 수가 있다.

① 기계 구조상으로 IMPELLER의 직경, TANK의 직경, MILL BASE의 깊이, IMPELLER의 위치 및 형태 등이 있으며,

② 운동학적으로 분산속도와 분산시간을 들 수 있고,

③ MILL BASE의 조성시 안료 및 수지의 선택, PVC(f), 수지농도 등이 있다.

여기에서는 주로 장치의 고유성에 따른 기본적인 분산이론과 그에 따르는 최적 MILL BASE 조성에 대하여 검토한다.

1. 고속 분산의 필요조건

우선 분산 MECHANISM에서 설명한 분쇄(DISRUPTION) 과정부터 알아 보기로 하자.

일반적으로 안료의 분쇄(해응집)의 형태는 두 가지가 있는데 하나는 깨뜨린다는 개념의 파쇄(SMASHING) 효과와 비빈다는 개념의 문지름(SMEARING) 효과가 있다. 이 두 분쇄형태는 서로 상반된 조건과 과정에서 적용하게 된다.

파쇄(SMASHING)효과는 분쇄과정에서 안료입자에 가해지는 힘이 고르게 수직

으로 작용되고 점도에 별로 영향을 안 받으며 낮은 점도 상태에서 충돌 속도가 최대가 될 때 가장 좋은 효과를 나타낸다. 문지름(SMEARING) 효과는 힘이 고르게 수평으로 작용되고 파쇄 효과와는 달리 점도에 매우 큰 영향을 받으며 약한 속도에서 최적의 효과를 나타낸다.

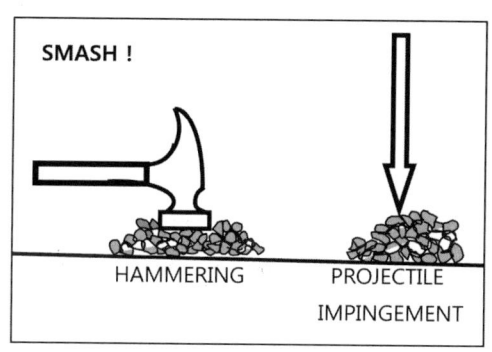

[그림 6-1] 안료 덩어리의 파쇄(SMASHER) 작용

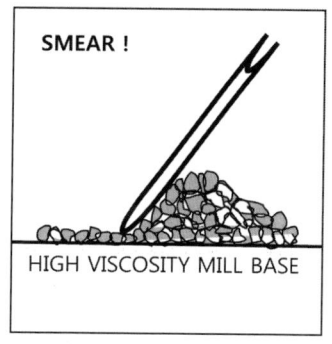

[그림 6-2] 안료 덩어리의 문지름 (SMASHER) 작용

어떠한 분산 계에서도 이 두 가지의 극한적인 상반된 조건을 충족 시킬 수는 없는 것이며, 각 분산기별에 적용되는 분쇄 형태와 조건은 서로 다른 것이다.

고속 분산기는 이 두 가지 분쇄 형태의 혼합과정으로 적용되나 실제적인 분산효과는 문지름(SMEARING) 효과에 의해 대부분 지배되는 것이다. 따라서 HSD′er에 적합한 MILL BASE는 이 문지름 효과를 최대한 거둘 수 있는 조성이 요구 되는데 그러기 위해서는 유동학적으로 층류(LAMINAR FLOW)가 되어야 한다.

일반적으로 층류라는 것은 유동성을 주는 전단응력이 충분히 낮고 액체의 각 층이 정상적인 형태로서 일정한 방향으로 유동되는 것을 말한다. 반대로 난류는 전단응력의 증가 및 유도액 자체의 구조적인 변화로 인하여 불규칙한 상태 즉, 무질서한 일종의 소용돌이 유동을 말하는 것이다.

분산기에서의 파쇄 효과는 정상적인 층류 조건 하에서는 나타나지 않는 것이며, 점도가 매우 낮거나 기계적인 조건이 불충분할 때 일어나는 것인데, 통상 MILL BASE 배합 초기에는 난류에 의한 파쇄 효과가 일어난다고 알려져 있다. 이것은 효율적인 분쇄 효과를 얻기 위해서는 MILL BASE 전량이 한번에 DISK 주위에 존재하여 강한 전단력을 받아야 하는데, 층류상태에서는 상당한 시간이 걸리므로 배합 초기에는 TANK 내에 난류를 일으켜서, DISK 주위의 분산 영역에 모든 MILL BASE를 효과적으로 존재하도록 하기 위한 혼합작용이 필요하게 된다.

이런 액체의 유동성은 REYNOLDS NUMBER로 나타낼 수 있는데 Re No 2,000이하는 층류, 그 이상에서는 난류를 나타내는 것이다. 따라서 이러한 MILL BASE에서도 유효한 분산능률을 얻으려면, MILL BASE의 점도 및 DISK 조건 등을 잘 조화시켜 Re No 2,000이하로 분산시켜야 되는 것이다. 그러면, 실제적인 REYNOLDS NUMBER와 그에 따르는 소요 마력이 고속 분산기에서 어떻게 적용되는지 알아 보기로 하자. 고속 분산기에서의 REYNOLDS NUMBER는 그 적용 형태에 따라 2가지 식으로 나타난다.

ⅰ). 하나는 DISK와 TANK 밑면의 거리에 따른 관계이며,
ⅱ). 또 하나는 DISK의 직경 및 회전수와의 관계를 나타낸 개념이다.

1) DISK와 TANK 밑면과의 거리에 따르는 식(式)

REYNOLDS NUMBER는 다음과 같은 식으로 나타내어 진다.

$$ \text{Re} = \frac{\rho \upsilon x}{\eta} \text{ ----------------------------------- } (1) $$

υ : 속도(velocity, cm/sec)

ρ : 밀도(density, g/cm^3)

x : 거리(distance of separation, cm)

η : 점도(mill base viscosity, poise)

통상 REYNOLDS식에서 X는 유동체의 단면적을 나타내나, 고속 분산기에서는 그림 6-3과 같이 DISK와 TANK 밑면과의 거리를 나타낸다.

유효한 분산영역계, 즉 층류상태의 기준은 Re < 2,000이 되므로 $\rho \upsilon x / \eta$ < 2000이 된다.

그런데 층류상태의 최적 주속은 밀도가 1g/cm^{3}일 때 υ=4,000ft/min(2,000cm/sec)가 되므로 x < η가 된다.

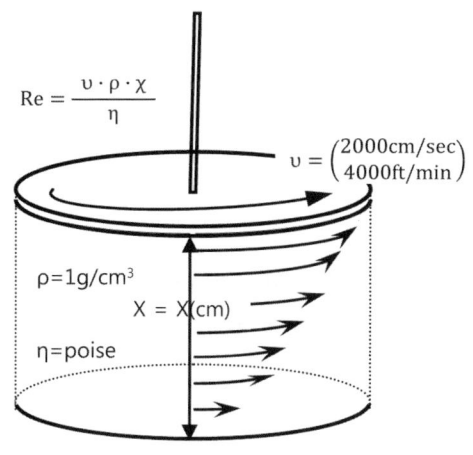

$$Re = \frac{\upsilon \cdot \rho \cdot \chi}{\eta}$$

$$\upsilon = \begin{pmatrix} 2000cm/sec \\ 4000ft/min \end{pmatrix}$$

$\rho = 1g/cm^3$

$X = X(cm)$

$\eta = poise$

[그림 6-3] DISC와 TANK 밑면 사이의 층류 유동

즉 DISK와 TANK 밑면과의 거리 X는 점도치 η 보다 적은 것이 요구되는데, 예를 들면 거리를 1ft(30.5cm)라 하면, 점도는 31poise와 같거나 높아야 층류상태가 되는 것이다.

여기서 MILL BASE의 점도나 밀도를 고정 시키고, 주속을 높인다면 단지 충돌 효과만을 증대시키게 된다. 그 예로 일정한 주속(4,000ft/min)에서 MILL BASE가 임계 Re No 2,000이 될 때 주속을 6,000ft/min로 올린다면, REYNOLDS NUMBER가 증가되어 난류 형태로 변환되고, 분산 효과는 거의 없어지며 단지 MIXING 효과만을 거두는 것이다.

또 점도가 낮은 MILL BASE에서는 DISK와 TANK 밑면과의 거리 X를 적게 해 줌으로서, 동일한 분산 효과를 얻을 수 있다는 것을 상기 식 (1)에서 알 수 있다.

한편 소요마력 P는 DISK 반경 R, 각 속도 ω, MILL BASE의 점도 η, DISK와 TANK 밑면과의 거리를 X라 하면 식 (2)와 같다.

$P = \pi \eta \omega^2 R^4 / 2X$ ----------------------------- (2)
　　(층류 영역에 유효함)

단위 부피당 작용되는 힘은
$P/V = \eta \omega^2 R^2 / 2X^2$ (여기에서 $V = \pi R^2 X$)

최적 주속은 4,000ft/min (2,000cm/sec), lg/cm³이므로

$$P/V = 2,000,000\,\eta / X^2 \text{ ------------------------- (3)}$$

(여기에서 ω = 2,000/R)

P(dyne. cm/sec), V(cm³), η(poise), X(cm)

이 식 (3)에서 보면 소요마력은 MILL BASE 점도에 비례하고, DISK와의 거리 X의 자승에 반비례하므로 높은 점도와 낮은 DISK 위치가 분산계에 필요한 것이다.

TANK 밑면과 IMPELLER DISK와의 거리 X에 대한 소요 마력과의 관계를 그림 6-4에 나타내었다.

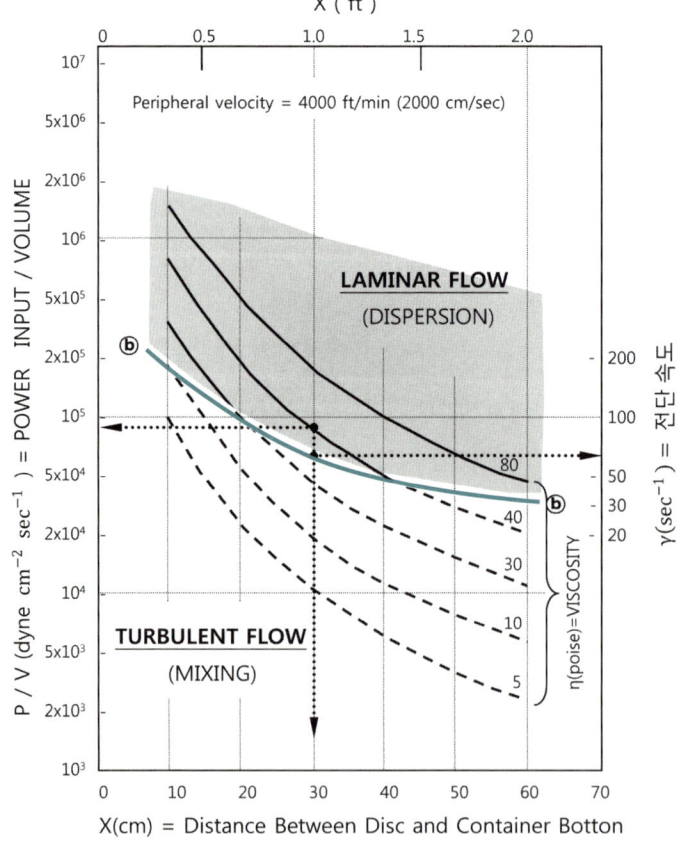

[그림 6-4] 단위 부피당 힘의 관계

상기의 그림 6-4는 주속 4,000ft/min에서 MILL BASE 점도 별 거리 X에 대한 소요 마력을 도식화한 것이다.

같은 점도에서는 거리 X가 커질수록 난류 영역으로 변환되며, 같은 거리 X에서는 점도가 커질수록 층류 영역으로 변환되는 것을 볼 수 있다. 이것은 층류 영역에서 상기 식을 적용한 실험의 결과인 것이다.

TANK 밑면으로부터 1ft (30.5cm)에 위치한 2.0ft의 BLADE로 분산 시, 점도는 30.5POISE이상 되어야만 층류상태를 유지할 수 있다. 특이한 사실은 10POISE 이하에서는 X가 어떤 거리에서도 유효한 층류 영역의 분산성을 가질 수 없다는 사실이다.

2) DISK 직경과 회전수와의 관계

IMPELLER 날개의 주속은 적어도 4,000ft/min 이상 5,000ft/min에 이르는 것이 좋다는 것을 실험을 통해 알았다. IMPELLER의 날개는 보통 중심에 놓이지만 안료의 첨가시나 특별한 흐름을 얻고 싶을 때에는 중심에서 조금 비켜놓는 것도 바람직하다.

IMPELLER 날개의 직경이 D이고 회전수 RPM의 고속 IMPELLER 분산기를 돌리는 데 필요한 마력은 식 (4)에서 얻어진다. 여기에서 K는 MILL BASE의 점도 η과 MILL BASE의 밀도 ρ의 함수이다.

$$P = KD^5(RPM)^3 \text{----------------------------} (4)$$

여기에서 $K = f(\eta \cdot \rho)$

일정 주속 v를 쓰면, $v = 0.262\, D \cdot RPM$이 되므로 식 (4)은 식 (5)와 같이 쓰여진다.

$$P = K\left(\frac{v}{0.262}\right)^3 D^2$$

$$P = K'D^2 \text{----------------------------} (5)$$

(v : 일정)

보통의 IMPELLER 분산기는 통상 그 주속이 대개 5,000ft/min가 되도록 설계되어 있어 식 (5)에서 고속 IMPELLER에 필요한 마력은 대개 날개 직경의 2승에 비례한다.

3 INCH 지름의 DISK 원판을 30INCH 지름의 DISK 원판으로 크게 하면 요구되는 마력은 약 100배[=(30/3)²], 즉 1HP에서 100HP으로 증가한다.

2. 분산점도의 유동성

유효한 분산 능률을 얻기 위해서는 MILL BASE 점도가 TANK안에서 충분히 순환될 수 있는 범위 내에서 되도록 높게 할 필요가 있다.

IMPELLER의 운동에 대하여 저항이 없는 상태에서는 안료의 분산이 이루어 질 수 없다. 유효한 전단응력을 주기 위해서는 MILL BASE가 IMPELLER 운동에 강력한 저항을 주지않으면 안 되므로 MILL BASE가 고점도를 가져야 하는 것이다.

이미 언급하였듯이 MILL BASE 점도 10POISE이하에서는 난류가 되어 분산 효과는 거의 없다. 그림 6-5에서 보는 바와 같이 10POISE이상이 되면 그 소요 마력은 급격히 증가된다.

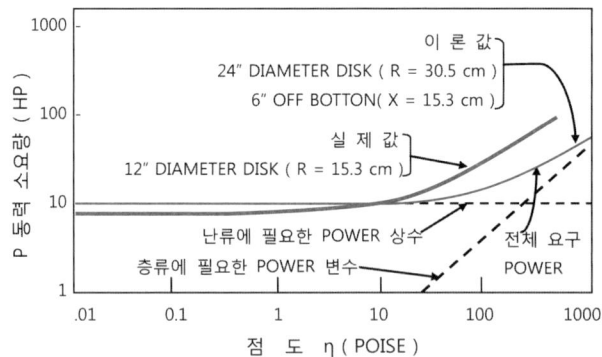

[그림 6-5] 고속 DISK IMPELLER에 투입되는 이론적 힘과 실험적 힘의 비교

점도가 높게 되면 분산효율이 좋은 층류가 되며 MILL BASE의 단위 부피당 에너지 전달량이 많아지는 것이다.

MILL BASE의 유동성은 NEWTON 유체 또는 DILATANT 한 것이 바람직하다.

NEWTON 유체와 약한 DILATANT의 유체는 전단속도가 증가함에 따라 점도의 변화가 없거나 극히 적어 안정한 분산계를 이룰 수 있지만, 의소성 또는 요변성인 것은 전단속도의 증가에 따라 점도의 변화가 극히 심해 MILL BASE의 유동성에 불규칙한 변화를 가져온다.

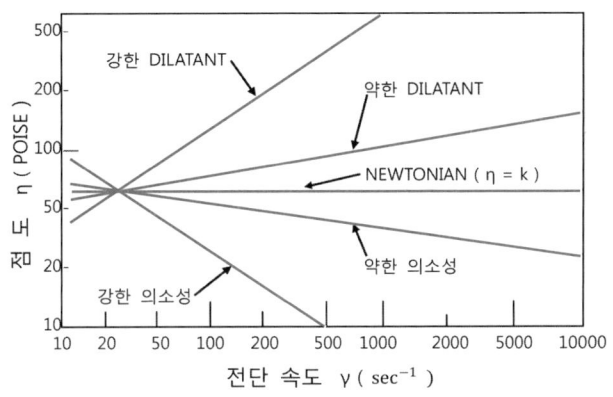

[그림 6-6] MILL BASE 점도에 대한 전단속도

특히, 과도한 의소성 또는 요변성인 것은 혼합 TANK의 주위에 부착되어 혼합이 불충분하게 되며 결국 IMPELLER는 MILL BASE 안에 일종의 동굴을 형성하여 DISK 가 MILL BASE와 거의 접하지 않는 상태에서 공회전을 하게 되는 것이다.

이것은 만약 요변성인 성질을 주는 첨가제가 있는 경우에는 주요한 안료 분산이 끝날 때까지 그것을 첨가시키지 않는 것이 좋다.

이제까지 설명한 것과 같이 분산 효율을 좋게 하기 위해서는 MILL BASE 점도를 높게 하거나 DILATANT한 MILL BASE가 좋다고 하였다. 고점도 MILL BASE를 만들기 위해서는 고농도 수지 용액을 사용하거나 높은 안료농도 또는 이 두 가지를 같이 적용하는 것이 바람직하다. 경제성 및 효율성의 관점에서 보면 높은 안료 농도를 적용시키는 것이 분산설비의 단위 체적당 최대의 안료를 넣을 수가 있기 때문에 더 유용한 것이다. 또한 높은 안료농도의 MILL BASE 안에 밀집해 있는 안료 입자는 성글게 있는 안료 보다는 DILATANCY가 되는 경향이 있기 때문에 바람직한 것이다.

수지농도는 고농도 전색제가 높은 전단응력을 갖기 위해서는 바람직하나, 실제로는 응집 안료내의 공간에 수지용액이 침투해 들어가는 것이 늦고 또 안료 표면의 침윤 속도가 매우 늦기 때문에 IMPELLER형 교반기에서의 MILL BASE 조성은 저농도 전색제를 저함유율로 사용하는 것을 기본으로 하여 높은 안료 농도를 갖는 것이 유용한 것이다.

분산 효율은 최초 상태에서는 저온, 고점도, 고전단응력으로 인하여 충분히 높아도 분산 시 발열이 되면 효율이 저하되는데 최종에는 고온, 저점도, 저전단응력으로 인하여 현저하게 떨어지는 것이다. 이런 관점에서 저고형분 전색제는 온도 상승이 최소가 되고 안료의 침윤 시간이 빠르기 때문에 바람직한 것이다.

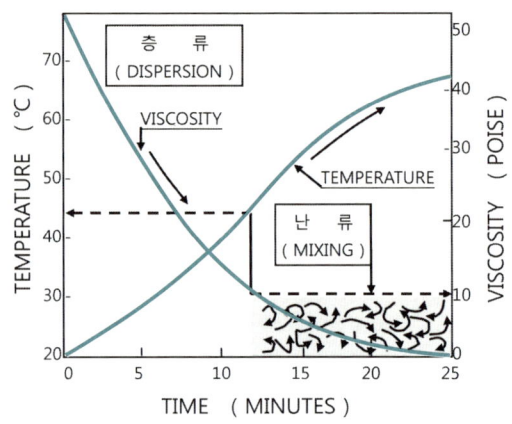

[그림 6-7] 고속 DISK IMPELLER의 분산시간에 따른 점도 및 온도의 변화

그림 6-7은 고속 분산기에 있어 분산시간에 따른 온도 및 점도 변화의 관계를 나타낸 것이다.

분산이 진행됨에 따라 온도는 증가되어 45℃에서 난류화 되며 점도는 하강하여 10POISE(85Ku)에서 난류 영역이 되는 것이다. 이 온도(45℃)를 임계온도라 한다.

점도 10POISE 이하에서는 사실상 문지름(SMEARING) 효과는 없어지는 것이기 때문에 불필요한 에너지의 소비만 가져오는 것이다.

실질적인 분산효과는 분산 시작 후 짧은 시간 내(10~15분)에 가장 큰 효과가 나타난다. 그 이상에서는 온도를 낮추어 준다든지 MILL BASE가 DILATANT 한 조성을 갖게 하여 난류 상태가 되지 못하도록 하는 것이 바람직한 것이다.

실험에 의하면 수지농도 15% 값이 최소 결합제 농도인데 이보다 전색제가 적으면 분산이 불안정하게 되고 또 마감 공정에서 최초의 분산상태를 유지하는 것이 어렵게 될 가능성이 있기 때문에 MILL BASE의 최저 수지농도는 20~35%, 점도는 130Ku 이상이 최적이다.

3. 고속 분산작업의 실용적 고찰(考察)

충분한 고점도 MILL BASE도 고속 IMPELLER 분산기에 의해 가해지는 비교적 미약한 전단응력에서는 분산되기 어려운 안료의 분쇄(분산)는 불가능하다.

MILL BASE의 예비 혼합은 속도를 천천히 하는 것이 좋다. 이것은 잘 혼합되고 커다란 덩어리가 없는 SLURRY를 만들기 위한 조작이다. 분산기를 초고속으로 조작하는 것은 이 목적에 반대가 되며, 느린 속도 쪽이 마른 안료 입자를 평활하게 포착하는 데 유효하다. 예비 혼합 작업의 일례를 말하면 IMPELLER 장치중의 MILL BASE에 전색제를 넣고 IMPELLER를 회전시켜 MILL BASE의 운동이 알맞게 되도록 빨리 안료를 투입한다. 너무 빨리 안료를 가하면 TANK 주위에 덩어리가 생겨 부착되어 버린다. 안료를 첨가할 시(즉 안료의 각 포대를 가한 후에) TANK의 벽면과 분산기의 축에 붙은 안료를 아래의 MILL BASE에 떨어뜨려야 한다. 안료 첨가 후 분산기를 일시 정지시키고 남은 안료를 다시 아래로 긁어내려 MILL BASE에 가한다.

이렇게 주의하지 않으면 때때로 덩어리가 남아 모래 모양의 분산체가 된다. 안료 첨가 단계의 끝에 희석제로 최후 세척을 하는 것이 바람직하다.

이 최초 첨가 단계에서 RPM을 낮게 하면 먼지 발생을 적게 할 수 있다. 분산 조작은 높은 RPM에서 이 첨가 조작 후 계속하는 것이 좋다. 첨가 조작의 제2의 방법은 전색제(최초는 소량)와 안료(최초는 소량) 등을 고속 분산의 조작에 앞서 앞에서 말한 주의와 같은 것을 지켜나가면서 교대로 가하는 방법이다. 만약 여러 종류의 안료를 쓸 때에는 일반적으로 가장 분산되기 어려운 안료(예를 들면 유색안료)를 우선 투입하는 것이 좋다.

도료 분산계에서 우리가 취급하고 있는 모든 안료는 안료입자경뿐만 아니라 그 응집 결합력도 다르기 때문에 통상 분산하려고 하는 안료는 다음의 3가지로 구분할 수 있다.

첫째 액체 중에 담기는 것만으로 해응집하는 안료입자

둘째 약한 결합력으로 응집되어 있기 때문에 비교적 작은 전단력으로 분산되는 입자

셋째 매우 강한 결합력으로 응집되어 있어, 고속 DISSOLVER의 분산 영역내의 전단력으로는 해응집이 곤란한 입자 등, 여러 가지 입자가 존재하고 있으므로 어느 정도 단순화시키지 않으면 이론적으로 설명하기가 곤란하다. 이 고속 IMPELLER의 날개의 주변에 있어서 응집 입자의 분산 기구(機構)가 고속 DISSOLVER (HSD'er)의 한계와 문제를 푸는 열쇠이다.

분산계의 척도로서 35 μ 보다 큰 응집 입자의 수(數)를 써 왔다. 이 숫자(數字)는 이론적인 해석을 할 때는 분산과정의 MECHANISM을 이해하는 데 유효할 뿐 아니라 실용적인 분산의 PARAMETER로서도 유효하다. 이 두 가지 면에서 단순화시켜 표시할 수가 있다.

ⓐ. 35 μ 보다 큰 입자 → HSD'er → 35 μ 보다 작은 응집 입자

ⓑ. 커다란 응집 입자 → HSD'er → 희망하는 입자까지 해응집된 입자

(A) HSD'er 에 의한 해응집 PROCESS는 위와 같이 두 개의 목적을 갖고 있어 그 척도로 한다. ⓐ는 도막의 표면에 나타나는 10~100 μ 정도의 입자를 분산시키는 기능을 말하며 ⓑ는 0.25 μ 정도까지 모든 안료 입자를 분산시키는 기능(소위 ROLL MILL, BEAD MILL 에 가까운 기능)을 말한다.

(B) 35 μ 보다 큰 안료입자의 수와 GRIND 숫자(數字)와의 사이에 직접적인 관계가 있다. 이론적인 설명에는 단순한 계(系)를 쓰지만 실제의 도료 제조에는 매우 복잡하므로 GRIND 수로 나타내면 실용면에서의 응용이 쉽다.

실제로는 ⓑ의 기능은 동일한 MILL BASE 상에 ⓐ의 기능보다 상대적으로 극히 적게 이루어지는 것이다. ⓐ의 기능은 안료의 종류와 분산 시간에 따라 달라지는 것이지만 통상 고속 분산기에서 35 μ 이하의 분산도를 얻는 것은 경제적인 면에서 불필요한 것이다.

그러면 ⓐ의 과정에서 시간에 따른 분산능률에 대해 좀 더 관찰해 보면, 즉 MILL BASE에서 35 μ 보다 큰 안료입자의 수와, 분산된 안료입자의 수와의 시간적인 관계는 그림 6-8 과 같다.

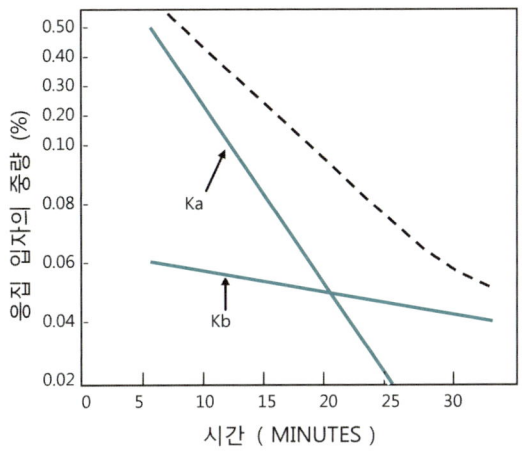

[그림 6–8] 이론적인 답의 CURVE

(1) 잘 혼합된 한 종류의 안료의 경우 PROCESS가 전체에 걸쳐서 균일한 농도의 응집입자를 갖는 응집체는 같은 경향으로 분산하며 분산률 R은 미분산 응집입자의 농도 n에 비례한다고 가정한다.

    R = Kn   여기에서 K는 실험에서 구해진 정수로 한다.

분산율은 Kn이므로 극미한 시간($\varDelta$t)를 지난 후의 응집입자의 감소수($-\varDelta$N)은 식 (6)으로 나타내진다.

$$-\varDelta N = -V_{\varDelta n} = (K_n) \times \varDelta t \quad -------------------- \quad (6)$$

(감소수) = (분산율) × 시간

여기에서 응집 입자의 총량을 N으로 하면 $N = V_n$ (V : MILL BASE의 량)

위의 식에서 미분 방정식을 유도하면

$$\frac{Dn}{dt} = -\frac{K}{V} n \quad 이것을 풀면$$

$$\ln\left(\frac{n}{n_0}\right) = -\frac{K}{V} t \quad -------------------------- \quad (7)$$

식 (7)에서 t는 무작위로 취한 시간이며 n_0는 그때의 응집 입자의 농도이다.

따라서 반드시 분산 개시의 시간을 0으로 하되 그곳에서 n_0를 측정할 필요는 없다. 분산과정의 어느 개시 시간에서도 그때의 응집 입자의 농도를 n_0로 하면 t시간후의 농도 n이 구하여지는데, 이 방정식은 SEMI LOG GRAPH에 PLOT하면, 그림 6-8에 실선으로 나타내진다. 이것은 제1차의 화학 반응식과 같다. 두 개의 답(a, b)의 균배가 다른 것은 그들의 안료 배합이 다르기 때문에 분산성의 차에 의한 것이다.

SEMI LOG GRAPH 의 직선의 균배는 $-\dfrac{K}{V}$ 로 나타내진다.

분산율 정수 K는 $K = \dfrac{\text{분산된 안료의 량(lb/min)}}{\text{미분산 안료의 량(lb/gal)}}$ 이며 gal/min으로 나타내진다.

또한, K는 DISSOLVER의 종류, 안료의 량, MILL BASE 배합에 의해 정해지는 수이다.

(2) 분산율이 확실히 다른 2종류의 응집 안료입자를 쓸 경우에 앞의 방법과 같이 해석하면 위 그림 6-8의 점선으로 그어진 GRAPH에 따라 응집체의 량은 감소한다.

방정식은 다음과 같다.

$$\frac{n}{n_0} = C_1 \exp(-K_a\, t/v) + C_2 \exp(-K_b\, t/v) \quad \text{------} \quad (8)$$
$$K_a,\ K_b : \text{각각의 안료 분산도의 계수}$$

동력학적 해석은 시간의 함수로서 미분산 응집안료의 농도는 각각 다른 두 개 안료의 곡선의 합으로 나타내어진다.

이미 MILL BASE의 점도에 대해서 언급했지만 점도에 관한 응집입자의 관계는 그림 6-9에서 볼 수가 있다.

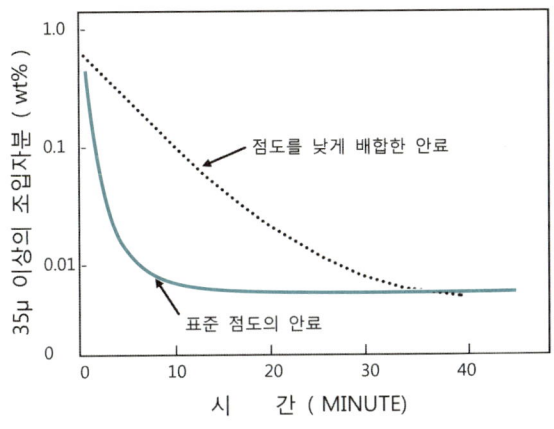

[그림 6-9] 분산점도에 대한 응집입자 량

점도에 따라 같은 분산시간에 분산되는 안료의 량은 그림 6-9 에서 보는 바와 같이 현저한 차이가 나타나는 것이다.

4. 고속 분산기의 개요

1) 분산기의 기능

DISSOLVER는 원래 도료 PASTE의 예비혼합이나 ROLLER, BEAD MILL 등에서 분산시킨 MILL BASE에 나머지 전색제를 가하여 균일하게 잘 혼합되게 하는 기계이다.

그런데 회전수를 높이고 날개의 모양을 개량하므로서 응집과정의 작은 안료의 분산이 가능하게 되며 안료를 쉽게 분산시킴과 동시에 ROLL MILL, BEAD MILL 등을 사용하지 않고, 고속 DISSOLVER 만으로 안료 입자가 연육될 수 있다면, 예비 연육 후의 희석조합(稀釋調合)도 동시에 가능하기 때문에 BEAD MILL 제조공정보다도 더욱 작은 작업장 면적에서 적은 초기 비용으로 최고의 생산효율을 얻을 수 있기 때문이다.

2) IMPELLER 의 조작

고속 IMPELLER 분산기는 원통 모양 TANK와 그 중심에 수직으로 붙어 고속으로 회전하는 축과, 그것에 붙어 있는 톱니 원판의 IMPELLER로 되어 있다.

이것은 효율이 좋고 소형으로도 강력한 동력원을 이용할 수 있으며 최근에는 분산성이 좋은 안료가 공급됨에 따라 단일 장치로 예비혼합과 분산, 마감까지 동시에 될 수 있는 장점을 갖고 있다.

IMPELLER의 모양은 원주에 날개가 붙은 독특한 형의 톱날을 갖고 있는 평평한 원판이다. 그림 6-10은 대표적인 IMPELLER을 나타낸다.

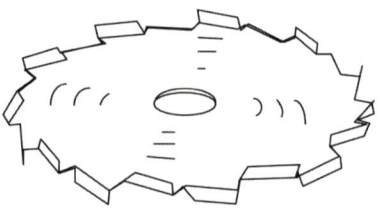

[그림 6-10] 대표적인 고속 IMPELLER

IMPELLER 원주의 독특한 날개 모양은 IMPELLER 장치의 제조회사에 따라 특징이 있지만 톱니날개는 유체의 동공효과(CAVITATION EFFECT)로 혼합을 잘 하도록 되어 있는 것이다.

주된 IMPELLER 원판은 평면 상태가 보통이다. 단 동공효과를 더욱 높이기 위한 IMPELLER의 연속성을 손상시키는 어떤 종류의 시험(주원판에 구멍을 뚫거나 원판 뒷면에 톱니를 붙이는 등)도 분산효과를 나쁘게 한다.

5. 고속 분산기의 분산 최적조건

그림 6-11는 IMPELLER 직경 D로서 혼합분산 TANK 안에서 작용되는 분산 날개의 위치를 나타낸다.

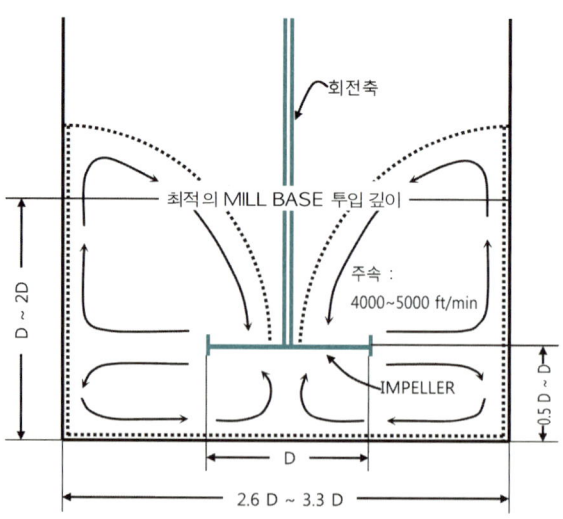

[그림 6-11] IMPELLER 직경 D에 의해 정한 IMPELLER 용기의 최적치수와 IMPELLER 날개의 올바른 위치

이 위치는 적절하지만 특별한 경우에는 규정된 D범위 내에서 최적 조건이 주어질 때까지 조정할 필요가 있다.

고속 IMPELLER 분산기를 최적의 조건으로 운전하면 회전하는 IMPELLER 날개에 의해 도너츠 모양의 순환이 이루어 진다. 보통 비산(飛散)이나 파도 모양이 없이 도너츠 구멍 안에 IMPELLER 날개의 일부분이 보이지 않으면 안 된다. 소용돌이 상태는 MILL BASE의 표면에 위치하는 입자가 혼합 TANK 주위를 1회전하는 동안, 소용돌이의 밑으로 들어가는 것이 바람직하다. 원통의 TANK 는 방해 판이나 거치른 표면이 없는 것이 유용하다.

IMPELLER 날개의 주속은 적어도 4000ft/min 이상 5000ft/min에 이르는 것이 실험을 통해 알아졌다. IMPELLER 날개는 보통 중심에 놓이지만 때에 따라 안료의 첨가시라든가, 특별한 흐름을 얻고 싶을 때에는 중심을 조금 변경하는 것도 바람직하다.
그림 6-12는 IMPELLER의 최적 작업조건을 나타내었다.

(1) IMPELLER 지름 / TANK 지름의 비율(2D~3D)

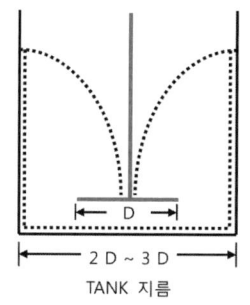
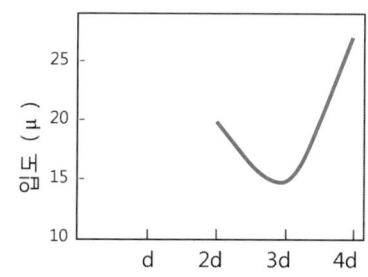

(2) MILL BASE의 충진깊이(2D)

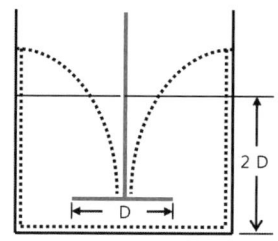
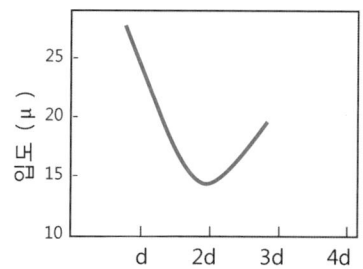

(3) IMPELLER의 위치(0.5D)

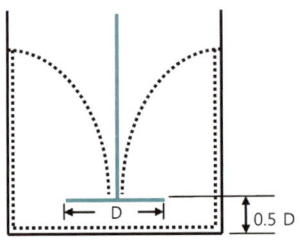

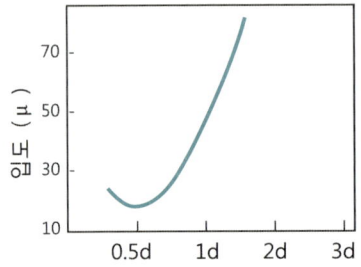

[그림 6-12] 안료를 분산시킬 때의 최적 작업조건 (TiO₂를 분산시킬 경우)

[표 6-1] RPM에 따른 IMPELLER 원판의 주속

FTM(ft/min) IMPELLER DIAMETER(inch)	3600	4000	4500	5000	5500
3	4580	5095	5731	6367	7003
4	3440	3828	4306	4783	5261
6	2305	2555	2874	3193	3512
8	1722	1913	2152	2390	2629
10	1374	1526	1716	1906	2096
12	1146	1273	1432	1590	1749
13	1061	1179	1326	1473	1620
15	918	1020	1147	1274	1401
16	857	952	1071	1189	1307
18	766	851	957	1068	1169
19	722	803	908	1003	1103
20	706	763	858	953	1048
22	625	694	780	866	952
24	576	638	718	797	876
26	528	587	660	733	806
28	489	544	612	679	746
30	458	509	572	635	698
32	429	477	536	625	687
36	383	425	478	531	584

6. 최적 MILL BASE 계산법

1) GEUGGENHEIM의 식

생산용 BATCH에 있어서 GEUGGENHEIM은 전색제 고형분 S(%), 전색제 점도 η(poise), 안료의 흡유량 OA_C에서 고속도 IMPELLER 장치에 적합한 최적의(전색제/안료) 중량비 W_{veh}/W_{Pigm} 또는 W_v/W_p 를 구하는 경험적인 식을 전개한다.

$$\frac{W_v}{W_p} = (0.9+0.0069S+0.025\eta)\frac{OA_C}{100} \ \text{------------} \ (9)$$

문제 1 100lb의 안료(OA_C=28)를 써서, 고속 분산기용의 MILL BASE를 만들기 위해 가해지는 ALKYD(60% 고형분, 6poise)의 중량을 계산하라.

답 이 문제는 식 (9)에 주어진 DATA를 대입하여 구한다.

$$\frac{W_v}{W_p} = (0.9+0.0069 \cdot 60+0.025 \cdot 6)\frac{28}{100} = 0.41$$

W_p가 100lb로 주어지므로 전색제의 량은 41lb가 된다.
($W_v/100=0.41$; $W_v=41$)

2) TAYLOR의 식

고속도 IMPELLER를 1년간 운전한 연구에서 TAYLOR는 전색제가 40% 고형분이던가, 그것 보다 조금 작은 경우의 대부분에서는, 식 (10)이 예비혼합 조성에 적합한 W_v/W_p를 어느 정도 신뢰성을 갖도록 하는 식이라고 결론지었다.

$$\frac{W_v}{W_p} = (1.1+0.025S)\frac{OA_C}{100} \ \text{--------------------} \ (10)$$

식 (9)과 식 (10)를 비교하면 식 (10)에서는 점도 항이 없는 것을 빼놓고는 두 식이 거의 같다는 것을 알았다. 또 GEUGGENHIME은 MILL BASE 전색제에 알맞은 고형분에 대해 말하지 않았지만, TAYLOR는 특히 좋은 MILL BASE 분산상태를 얻기 위해서는 전색제의 고형분이 20~30%의 영역에 있는 쪽이 좋다고 하였다.

문제 2 70% 고형분의 ALKYD를 MINERAL SPIRIT로 희석시키고, 고속 IMPELLER 분산기에서 안료분산(OA_C=18)용 MILL BASE를 만들고 싶다. 분산공정에 최적의 MILL BASE 조성을 계산하라.

답 ALKYD를 MINERAL SPIRIT로 35% 고형분까지 희석시킨다. 이 농도는 IMPELLER 장치에서 MILL BASE용에 추천하는 결합제 농도 영역에 든다. 식 (10)에 이 35%와 OA_C의 18을 대입하여 MILL BASE용의 W_v/W_p를 구한다.

$$\frac{W_v}{W_p} = (1.1+0.025 \cdot 35)\frac{18}{100} = 1.975 \cdot 0.18 = 0.356$$

구하고자 하는 MILL BASE는 100lb 안료의 경우 ALKYD 35.6lb를 함유하면 좋다.

3) ENSMINGER의 식

실험실적 경험과 문헌 조사에 의하면 ENSMINGER는 IMPELLER 분산기용의 MILL BASE에 안료를 투입하기 이전에 A에서 F의 점도(1.0±0.5poise)가 좋다고 권장하였다(그러나 전색제의 결합제 농도는, 어떠한 경우에도 15% VS를 나누면 안 된다). 이 전색제에 안료를 가하여 MILL BASE를 30~40poise로 한다.

7. DISK IMPELLER의 설계

1) IMPELLER SIZE 별 설계치수

[표 6-2] IMPELLER SIZE별 설계치수

(단위 : mm)

Impeller size(inch)	날개등분수 (羽根等分數)	펼친바깥지름 (切斷 外徑)	접었을때안지름 (折曲 內徑)	고정기준원 (割出基準圓)	DISK구멍 (割出穴)	날개의두께 (羽根厚)	잇발의높이 (折曲高)
$1\frac{1}{2}$	9	44.45	31.75	12.7		1.2	6.35
2	12	56.00	40.00	15.0	3.0	2.0	6.00
$2\frac{1}{2}$	16	73.00	54.00	17.9	2.4	1.5	9.50
3	16	85.70	66.70	19.5	3.2	1.5	9.50

156

도료 생산기술의 정석

Impeller size(inch)	날개등분수 (羽根等分數)	펼친바깥지름 (切斷 外徑)	접었을때안지름 (折曲 内徑)	고정기준원 (割出基準圓)	DISK구멍 (割出穴)	날개의두께 (羽根厚)	잇발의높이 (折曲高)
$3\frac{1}{2}$	16	101.60	76.20	25.4	2.4	1.5	12.70
4	16	117.50	85.70	27.0	3.2	1.5	15.90
5	16	146.05	114.30	36.5	3.2	1.5	19.05
6	20	171.45	133.35	34.9	3.2	1.5	19.05
7	24	196.85	153.75	34.9	3.2	2.0	19.05
8	24	222.25	184.15	41.3	3.2	2.0	19.05
9	24	250.80	206.40	47.6	3.2	2.0	22.20
10	28	276.20	231.80	44.4	3.2	2.0	22.20
11	28	301.60	254.00	49.2	3.2	2.0	22.20
12	32	327.00	279.40	47.6	3.2	2.5	22.20
13	32	355.60	304.80	54.0	3.2	3.0	25.40
14	36	381.00	330.20	52.0	3.2	3.0	25.40
15	36	406.40	355.60	52.4	3.2	3.0	25.40
16	40	431.80	381.00	50.8	4.8	3.0	25.40
17	40	457.20	406.40	54.0	4.8	3.0	25.40
18	44	482.60	429.00	54.0	3.2	3.2	25.40
19	48	508.00	451.60	51.0	4.8	3.2	25.40
20	48	533.40	474.20	54.0	4.8	3.2	25.40
21	48	560.00	508.00	54.0	6.2	3.2	25.40
22	52	585.00	535.00	54.0	6.0	3.2	25.40

2) DISK IMPELLER의 설계도

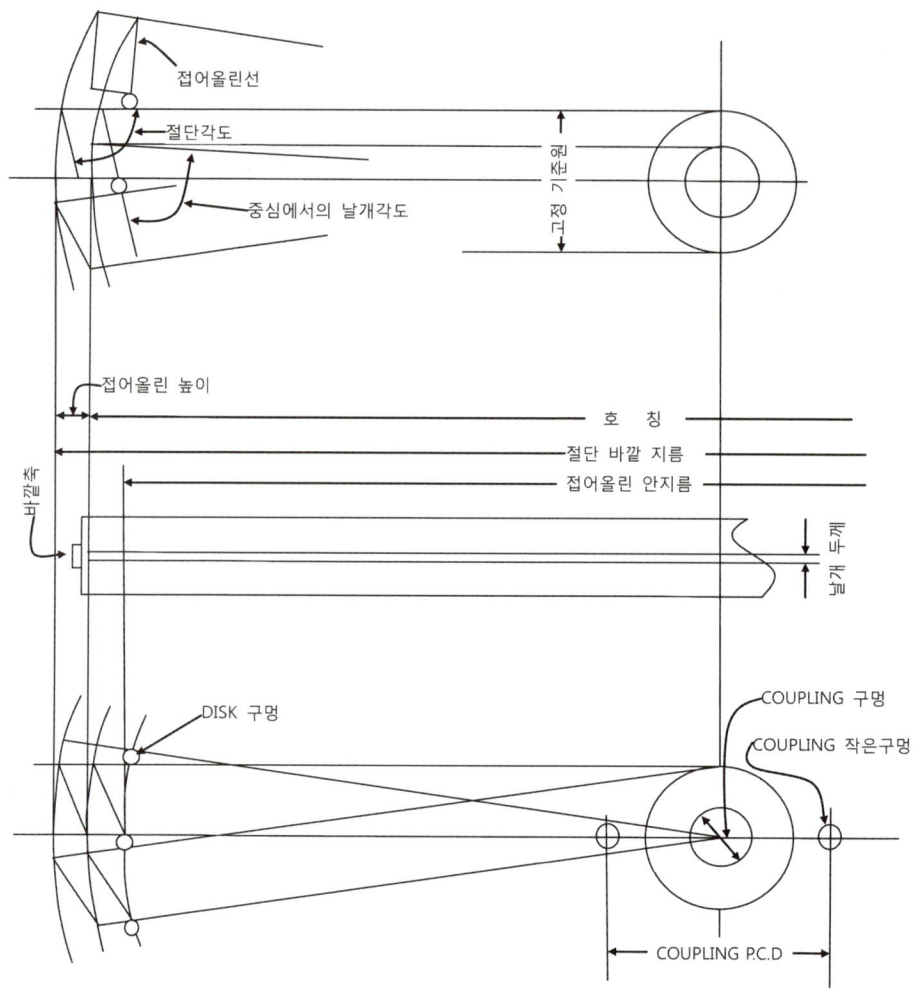

[그림 6-13] DISK IMPELLER 의 설계도

8. DISK IMPELLER의 소요마력

1) COWLES DISSOLVER의 소요마력 계산

표 6-3과 같이 TANK 용량 3,000l 의 PREMIXING DISSOLVER의 소요마력을 구하기 위해서는 식 (11)의 REYNOLDS NUMBER를 먼저 구한다.

도료 생산기술의 정석

[표 6-3] PREMIXING TANK(3,000ℓ)

TANK 용량(ℓ)	3,000
IMPELLER 직경(inch)	20″
IMPELLER 속도(RPM)	900
MILL BASE 최적량(ℓ)	1,800~2,200
MILL BASE 점도	35poise(130Ku)
MILL BASE 밀도(g/cm³)	2.0

∗ 주속(TIP SPEED)은 :

$$FPM = \frac{\text{IMPELLER DIAMETER(inch)} \times 3.14}{12} \times RPM = \frac{20 \times 3.14}{12} \times 900 = 4,710 \, ft/min$$

$$Re = \frac{nd^2 \rho}{\mu} \quad \text{------------------------------} \quad (11)$$

(여기서 μ는 lbs-mass/ft/sec임)

만약 n = 회전수(rpm),

　　　d = IMPELLER 직경(inch),

　　　ρ = 밀도(g/cm³)

　　　μ = 점도(centipoises)의 단위 일 경우 factor 10.7을 곱함.

$$Re = \frac{900 \times 20^2 \times 2 \times 10.76}{3500} = 2,213$$

그림 6-14을 이용하여 REYNOLDS NUMBER가 2213일 경우 POWER NUMBER (Po)는 GRAPH에서 0.33이 된다.

소요동력 계산은　$P_0 = \frac{Pg^c}{n^3 d^5 \rho}$ 　------------------ (12)

식 (12) 의 단위는　P = power in foot-pounds force

　　　　　　　　gc = 32 ft/sec²

　　　　　　　　n = 회전수/sec

　　　　　　　　d = impeller 직경(feet)

　　　　　　　　ρ = density(lbs/ft³) 이다.

　　　　　　　　P_0 = power number

여기에서 P = Hp

n = 회전수(rpm)

d = impeller 직경(inch)

ρ = 비중(g/cm³)으로 주어질 때는 단위 보정치 1.52×10^{13}을 곱해 준다.

소요 마력은 $P = \dfrac{P_0\, n^3\, d^5\, \rho}{gc} = \dfrac{0.33 \times 900^3 \times 20^5 \times 2}{1.52 \times 10^{13}}$

= 101.3Hp 기계적 손실 15 % 감안 시 119Hp임.

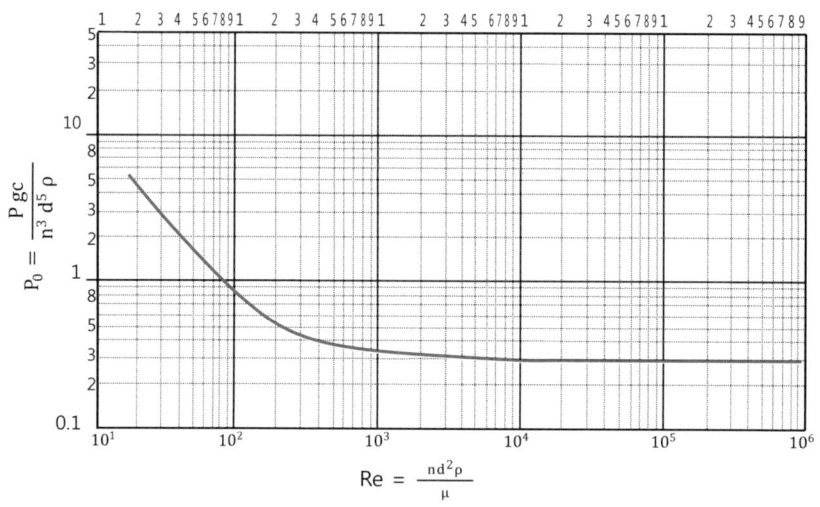

[그림 6-14] DISC-TYPE IMPELLER와 REYNOLDS NUMBER의 도표

2) 최대 사용 동력 계산

100HP의 PREMIXING DISSOLVER의 최대로 사용할 수 있는 실제동력은

POWER FACTER ($\cos\Phi$) = 0.85

$100\text{Hp} \times 0.746 = 74.6\text{kw}$

실제 사용가능 동력은 $74.6\text{kw} \times 0.85 = 63.41\text{kw}$

최대 사용 AMPERE은 $I = \dfrac{P}{E}$ ------------------ (13)

전압 = 440V = 0.44KV

식 (13)에서 I (AMPERE) = $\dfrac{63.41\,\text{KW(P)}}{0.44\,\text{KV(E)}}$ = 144.1 AMPERE

작업시 144 Ampere 이내로 사용하여야 한다.

3) TORQUE 개념에 의한 이론 마력 계산

Hp = P · ν (P: FORCE, ν: 속도)

ν = 2πRN [R: 반지름(ft), N: 회전수(min^{-1})]

HP = $\dfrac{2\pi\text{RPN}}{33,000}$ ------------------------------- (14)

(1HP = 33,000 ft 1b/min)

그런데 T = TORQUE = R × P이므로 HP = $\dfrac{\text{TN}}{5,250}$

T = $\dfrac{\text{HP} \times 5,250}{\text{N}}$ ------------------------------ (15)

문제 3   여기서 COWLES DISSOLVER인 경우 실례를 들어 아래와 같은 조건일 때 소요 마력에 대한 계산과정을 보자.

MOTOR 용량 : 40HP	DISC 직경 : 18INCH
주속 : 4,100FTM	TANK : 300GAL(1,000ℓ)

답 식 (15) 에서

MOTOR의 TORQUE   T = $\dfrac{40 \times 5250}{1750}$ = 120′ (회전수: 1750)

SHAFT 1500 rpm일 때의 TORQUE = $\dfrac{40 \times 5250}{1500}$ = 140′

SHAFT 2200 rpm일 때의 TORQUE = $\dfrac{40 \times 5250}{2200}$ = 95.5′

실험적으로 1500~2200 RPM에서 MOTOR의 마력은 100% SHAFT에 전달되어 이 범위에서의 마력은 일정하게 되며 상기와 같이 TORQUE는 RPM이 감소할 수록 증가하게 된다. 그러나 1500RPM 이하에서는 TORQUE가 거의 일정하게 작용하는 것이다.

위에서 설명한 바와 같이 TORQUE T는 R×P로 DISC의 반지름과 원주상의 임의의 한 점에 작용하는 힘 P의 곱과 같다. DISC의 직경은 일정하므로 결국 TORQUE는 힘 P에 관계되는 것인데, 힘 P는 MOTOR로부터 유래되는 것이므로 일정하다고 보아야 한다. 단지 변화될 수 있는 것은 RPM에 따른 P, ν즉 소요마력(HP)이 될 것이다.

여기서 900 RPM일 때의 소요마력은 다음과 같이 계산된다.

$HP = \dfrac{TN}{5200}$ 에서 TORQUE T는 1500RPM일 때 값 140′과 동일하므로 대입하면

$HP = \dfrac{140 \times 900}{5250} = 24HP$가 된다.

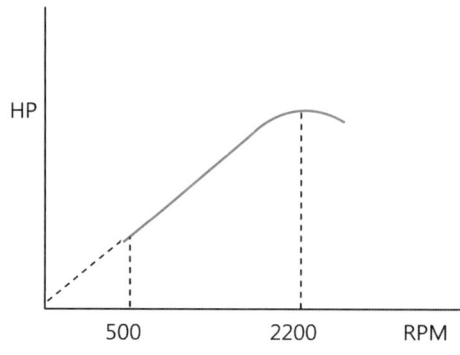

[그림 6-15] 500~2,500 RPM에서 얻어진 소요마력과의 관계

그림 6-15에서 보면 RPM에 따른 소요마력은 앞에서도 설명하였듯이 HP=TN이라는 관계를 가지는데 500PRM이하에서도 GRAPH의 가상적인 선이 거의 같은 형태를 이룰 것으로 판단되며, 또 실제로 실측 DATA에서도 같은 결과를 얻었다.

그러나 TORQUE 개념에 의한 이론 마력은 실측 마력보다 적은 값을 나타내는 이유는 통상 BELT SLIP에 의한 1%의 LOSS 및 기계적인 LOSS(BEARINGS 등)를 3%로 보기 때문이다.

실제 BATCH용 실험 결과에서도 MOTOR 마력은 40HP, 회전수는 1750 RPM이라도 감속시켜 750~900 정도에서 분산계를 형성시키고 있다.

WET–GRINDING BEAD MILL

WET−GRINDING BEAD MILL

1. 분산방식 개요

BEAD MILL이란 용기 내부에 용기용적의 50~60%의 CERAMIC BEAD와 회전축에 붙은 10매 정도의 원판(DISC)이 있어 교반기에 의해 미리 혼합된 MILL BASE를 분산하게 하는 장치이다. MILL BASE는 입력펌프(FEED PUMP)에 의해 이 용기의 주입구에 보내진다. 보내진 MILL BASE는 원판의 회전(주속 610±70 m/min)에 의한 원심력으로 BEAD와 MILL BASE가 용기의 내벽으로 향해 튀어나가 충돌하여 다시 돌아오는 사이에 BEAD와 안료의 유동속도 차이에 의한 강력한 전단력으로 안료가 분산되면서, 용기의 분리기구(SCREEN 또는 GAP)에 의해 BEAD와 MILL BASE가 분리되어 MILL BASE만이 외부로 유출되고 압송펌프(TAKE AWAY PUMP)로 빨아 올려져서 마감탱크로 보내어 진다.

2. 분산기의 BEAD 분리방식

분산기는 개방형(OPEN TYPE)과 밀폐형(CLOSED TYPE)이 있다. 그러나 개방형은 SCREEN 부위가 노출되어 있어 용제 증발에 의한 환경오염 등으로 지금은 거의 폐쇄되어 가고 있다. 밀폐형은 BEAD와 MILL BASE 분리방식이 발전되어 여러 형태의 분산기가 개발되었다. 특히 밀폐형은 고점도 MILL BASE의 용기 내부의 압력 증가로 분산이 어려웠으나, 최근 CNETRIFUGAL DISC에 의한 BEAD와 MILL BASE의 분리방식이 개선되어 고점도의 도료에도 적용할 수 있게 되었다.

VESSEL 내의 BEAD의 분산운동은 MILL BASE가 흡입구에서 토출구로 이동하면서, 항상 토출구 쪽에 BEAD의 몰림 현상이 나타난다. 이 분산기의 특징은 DISC의 운동방향을 역회전 될 수 있게 DISC의 회전 각도를 바꾸고 토출구 쪽의 SCREEN 부위에 원심력 DISC를 사용하여 SCREEN 부위의 막힘 현상을 감소 시키므로 고점도 고토출량의 분산이 가능할 수 있게 되었다.

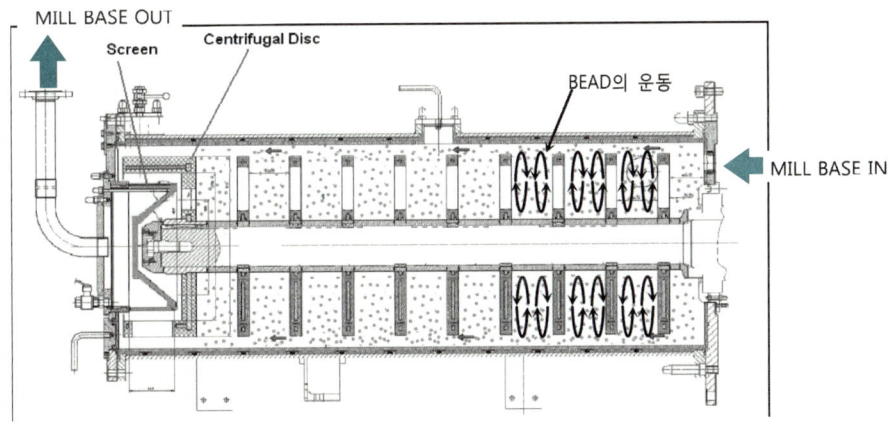

[그림 7-1] 고점도 MILLBASE 분리용 분산기

3. 분산 원판(DISC)

분쇄형 분산기계는 분산매 층간의 전단력을 얻기 위해 어떠한 원판을 쓰면 좋은가? 부착 간격과 원판수는 어느 정도가 좋은가? 반경은 어떠한가? 내벽과 원주와의 간격의 크기는 어느 정도가 좋은가를 비교하지 않으면 안 된다. 원판의 수는 될 수 있는 한 VESSEL 공간 전반에 걸쳐 전단력이 작용할 수 있게 배치 되도록 정해야 한다.

그 관계는 $\sqrt{R/hi}$ 이다.

    R : 원판의 반경

    hi : 원판간의 간격

이것을 크게 하면 전단력이 커지지만(hi를 작게 하고 R을 크게 한다) 원판 사이의 BEAD 층은 상대적으로 전단영역을 좁힐 가능성이 있다.

따라서 적절한 값은 $\sqrt{R/2hi} = 0.14 \sim 0.16$ 이다.

분산 DISC 형태는 여러 종류가 있으나 밀폐형의 대표적인 원판은 (1) DISC AGITATOR TYPE (2) PEG AGITATOR TYPE 등이 있다.

1) DISC AGITATOR TYPE

중-고점도의 일반도료 제품 등을 분산하는 데 적합하며 분산방법은 PASS 방식에 의해 분산입도를 얻을 수 있다.

분산매는 1.0~2.5mm의 비드를 사용하고 분산입도는 10㎛~60㎛의 요구 제품에 주로 사용한다.

2) PEG AGITATOR TYPE

고분산 입자용 요구 도료로서 저점도 제품의 분산에 적합하며, 주로 RECIRCULATION 생산방식에 많이 사용한다.

고분산 입자를 얻기 위해서는 분산매가 작은 비드를 사용하는 것이 좋으며, 분산매는 0.5~1.2mm의 비드를 사용하고, 분산입도는 0.1㎛~20㎛의 요구 제품에 사용된다.

[그림 7-2] DISC AGITATOR

[그림 7-3] PEG AGITATOR

4. 분산매와 충진량

BEAD MILL의 성능을 좌우하는 중요한 인자는 분산매에 있으며 그 선택은 분산매의 비중, 크기, 경도에 따른다. 이 중 크기와 밀도가 분산능력을 결정짓는 일차적인 요인이며 경도는 부수적인 요인이다. 다시 말하면 분산매의 크기와 밀도가 정해져 있다면 재질은 분산에 별다른 효과를 주지않는다는 것이다.

분산매의 재질은 GLASS, ALUMINA, ZIRCONIUM, STEEL 등 여러 종류가 있고 CERAMIC MILLING MEDIA는 표 7-1과 같다.

[표 7–1] CERAMIC MILLING MEDIA 의 종류

CHARACTERISTICS	UNIT	YITRA STABILIZED ZIRCONIA YTZ(Japan) ZrO_2, Y_2O_3	MgO STABILIZED ZIRCONIA MG-PSZ(USA) ZrO_2, MgO	ZIRCONIUM SILICATE (France) $ZrSiO_4$	GLASS SiO_2, CaO	CERIA STABILIZED ZIRCONIA CE-PSZ(USA) ZrO_2, CeO_2	ZIRCOSIL ZIRCONIUM SILICATE (JYOTI) $ZrSiO_4$	ZIRCONOX CERIA STABILIZED ZIRCONIA ZrO_2, CeO_2
Density	g/cm^3	6.0	5.73	3.84	2.25	6.22	4.6	6.2
Bulk density	Kgs/ℓ	3.65	3.59	2.44	1.55	3.92	2.75	3.95
Microhardness(HV)		1250~1300	900~950	650~700	500~550	1000~1050	1100~1150	1200~1250
Hardness on Mohs Scale		9.0	8.0	7.5	5.5	8.0	9.0	9.0
Crushing Load	Kgf	167	81	47.3	45	71	72.5	175
Color		Pearl white	Golden yellow	White	Transparent	Green tint	Light grey	Golden brown

[표 7–2] 분산매의 접촉점수

충진형식	접촉점수	충진율(%)
4 면체(CUBIC)	4~6	34
6 방계(ORTHORHOMBIC)	8	60
밀집충진(RHOMBOHEDRAL)	12	74

분산매의 충진상태는 정지시에 최대의 공간율을 주는 접촉점수가 있으며 이때의 충진율은 63%이다.

BEAD의 집단이 원심 방향으로 운동할 경우, 공간율은 40% 이상이라고 생각되며 접촉 점수는 정지 시에도 감소되므로 작아진다. 분산매의 비중과 입자경에 따라 충

진 형식은 변한다고 생각해도 별지장이 없다고 판단된다.

분산매의 투입량은 VESSEL 부피에 대한 분산매의 충진량으로 분산매의 운동이 최적이 되도록 정해야 한다. 토출량과 분산도를 충진량으로 변화시켜 실험한 결과 운동시에 50% 정도로 사용하고 있으나 근래는 분산도를 높이기 위해 85%까지 충진하여 사용하고 있으며, 이렇게 많이 충진량을 높일 수 있는 것은 분산매의 재질과 분산기의 성능이 향상되었기 때문이다.

일반적으로 입자가 작은 분산매일수록 저점성 분산계에 적합하며 큰 입자의 분산매는 고점성에 적합하다.

5. MILL BASE 점도

분산매 1 개씩을 생각해 보면 분산매의 입자경 및 비중이 확실히 크고, 단단한 것일수록 분산효과가 크다는 것을 알 수 있다.

지금 다층구간의 수직 응력은 $\sigma_v = \dfrac{1}{\mu}(\sigma'_s - a)$이며, $\sigma_v = mg/A$ (m: 중량, A: 구간 접촉면적)으로 나타내지므로 식 (1)이 된다.

$$mg/A = \frac{1}{\mu}(\sigma'_s - a) \quad\text{-----------------------} \quad (1)$$

한편 구간의 입자에 대한 전단응력을 $\sigma'_s = \eta U/\Delta h$ (U: 구간 상대속도, Δh : 입자에 협착하고 있는 거리, η: 점도, μ: 마찰계수, a : 정수)로 하면 식 (2)가 된다.

$$\Delta h = \frac{\eta U}{\mu(mg/A) + a} \quad\text{--------------------------} \quad (2)$$

η 및 U 가 크고 분산매가 가벼울수록 Δh 가 커진다.

즉, 분산매를 포함한 분산계의 점도가 높을수록 간격이 커진다. 점도의 CUSHION에 대한 작용이 분산매의 거리를 멀게 한다. 따라서 η, U라는 PARA-METER가 커지면 분산계 입자가 분산매 사이에 포착되어 분열, 파괴될 가능성은 점점 희박해 진다. 따라서 점도에 제한이 있다. MILL BASE의 점도는 분산기의 특성에 따라 다르나 일반적인 분산점도는 5~20poise 가 가장 실용적이라고 한다.

6. 토출량과 분산속도

BEAD MILL의 VESSEL 용적을 V(l), 토출량은 Q(l/hr), VESSEL의 반경을 R(cm), 길이를 L(cm), 액의 상승속도를 Up(cm/min), 조입자 및 분산입자의 평균 입자경을 $\overline{d_0}$, $\overline{d}$, 분산도를 J′(식 (3)), 체류시간을 t_b(식 (4))라 하면,

$$\frac{\overline{d_0}}{\overline{d}} - 1 = J′ \;\text{----------------------------------} (3)$$

$$t_b = \frac{V}{\pi r^2 U_p} = \frac{V_t}{\pi r^2 L} = t, \;\text{----------------------} (4)$$

분산곡선 $\frac{1}{\overline{d}} - \frac{1}{\overline{d_0}} = kt$에서 양변에 $\overline{d_0}$를 곱하면 $\frac{\overline{d_0}}{\overline{d}} - 1 = kt\overline{d_0}$ 따라서 J′ = $k\overline{d_0}t_b$ 이므로

$$J′ = k\frac{\overline{d_0}V}{Q} \;\text{------------------------------} (5)$$
$$(\pi r^2 L = V, \quad \pi r^2 U_p = Q)$$

PASS 운전방식에서는 분산도를 높이기 위해 토출량을 적게 하는 것이 좋다.

7. 분산 제조방식의 종류

안료의 분산을 위한 제조방식에는 PASS 운전방식과 RECIRCULATION 운전방식이 있다.

PASS 운전방식은 일반적인 도료생산의 분산방식으로 요구하는 분산입자의 크기에 따라 SINGLE-PASS, MULTI-PASS, CASCADE-PASS 등이 있다.

RECIRCULATION 운전방식은 미립자를 얻기 위한 분산방식으로 요구하는 품질에 도달할 때까지 고유량으로 RECIRCULATION하여 분산입도를 얻는 방식이다. 이 제조방식은 자동차용도료 생산에 많이 사용되고 나노 입자를 얻기 위한 분산 방법으로도 사용되고 있다.

MILL BASE 점도가 중·고점도일 때에는 PASS 방식이 적용되며, 저점도일 때에는

RECIRCULATION 대량 토출방식(1000l~3000l/hr)이 적용된다. RECIRCULATION 생산은 필히 대유량으로 토출 되어야만 얻고자 하는 분산입도를 얻을 수가 있다.

안료분산 방식의 결정은 요구하는 품질과 입도에 따라 선택하여야 하며 PASS와 RECIRCULATION의 운영방법을 그림 7-4(1~5)로 나타내었다.

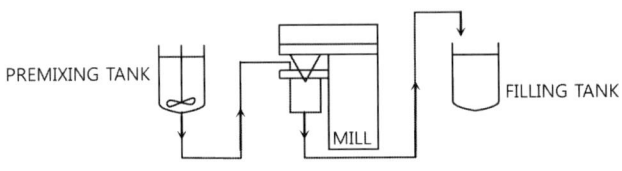

[그림 7-4-1] SINGLE-PASS OPERATION

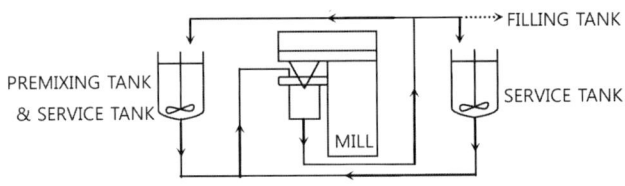

[그림 7-4-2] MULTI-PASS OPERATION (Yo-Yo SYSTEM)

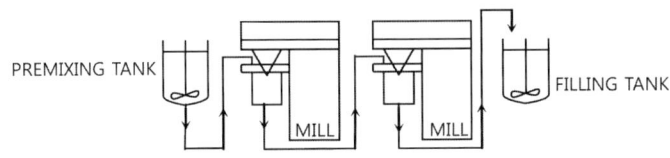

[그림 7-4-3] CASCADE-PASS OPERATION

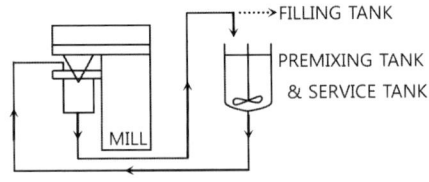

[그림 7-4-4] RECIRCULATION OPERATION

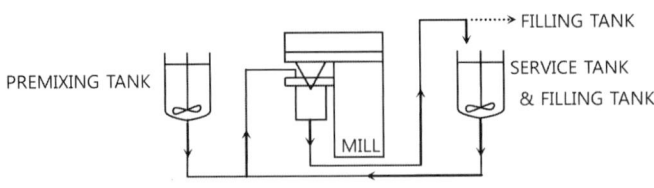

[그림 7-4-5] RECIRCULATION OPERATION WITH FILLING PASS

PASS 방식과 RECIRCULATION 방식에서 얻고자 하는 분산입자는, PASS 방식보다 RECIRCULATION 방식의 입자분포가 더 조밀하다는 것이다.

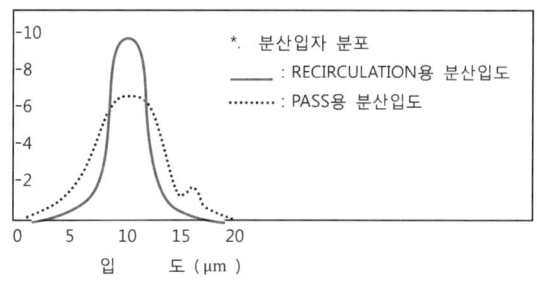

[그림 7-5] 분산입자 분포

이는 고유량 토출에 의해 분산입자가 분산매와 접촉하는 분산회수가 PASS 방식 보다 더 많고 일정한 분산입도를 얻을 수 있다는 것을 알 수 있다.

분산입도는 에너지값(Kwh/ton)으로 관리하므로 일정한 분산도 및 품질유지가 가능하다.

이러한 RECIRCULATION 생산방식이 개발되어 나노(NANO) 미립자의 분산방식으로 발전되었다.

8. MICRO-MEDIA 분산기

NANO 분산입자를 얻기 위해서는 PRE-MILLING 과 MAIN MILLING 과정으로 분산하며, 분산공정은 RECIRCULATION 방식으로 한다.

PREMILLING은 나노 입자를 얻기 위한 전단계 분산과정으로 분산 BEAD는 0.3㎜~1.0㎜를 사용하고, 분산입자는 100㎚~20㎛까지 분산한다. MAIN MILLING용 분산 BEAD는 0.03㎜~0.3㎜를 사용하고, 분산 최소입자는 50㎚~120㎚크기를 얻을 수 있다. PREMILLING에서도 0.3㎜의 BEAD를 사용할 경우 100㎚ 분산도 가능하다.

NANO 분산입자를 얻기위한 MICRO-MEDIA 분산기는 MICRO BEAD를 사용해야 하므로 일반 분산기와는 다른 구조로 구성되어 있다.

1) MICROMEDIA의 개요

MILL의 ROTOR 외부에 활발한 MILLING 환상(고리모양)이 형성되고 ROTOR의 최상단부터 최저단까지 활발하게 작동되는 PEG들로 구성되어 있다.

외부 환상 분산실에 MICRO BEAD들이 집결하며 BEAD들이 강력한 운동층으로 형성한다. 운동층은 제품의 축 방향으로 이동하고 BEAD가 외부 환상구역에서 벗

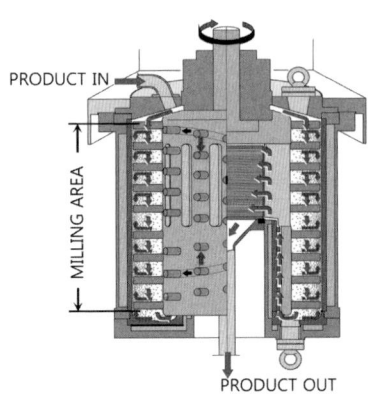

PRODUCT IN

MILLING AREA

PRODUCT OUT

[그림 7-6] MICRO-MEDIA MILL의 구조

어나지 못하도록 설계되어 있다.

NANO 분산에는 MICRO BEAD를 사용하는 것이 유리하고 또한 BEAD 사이의 원료입자의 분산확률을 증가 시킨다.

BEAD의 크기에 따른 개수를 비교하면 BEAD $\varnothing 1\,\mathrm{mm}$의 크기에 해당하는 $\varnothing 20\,\mu\mathrm{m}$의 개수는 125,000 개와 같으므로 BEAD가 작을수록 분산확률이 크다는 것을 알 수 있다(그림 7-7 참조).

BEAD 개수(원료입자와 접촉하는 수)는 $(1/\mathrm{BEAD}\ 크기)^3$에 비례한다.

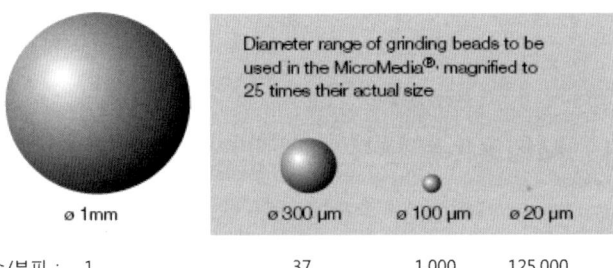

| BEAD 개수/부피 : | 1 | | 37 | 1,000 | 125,000 |

[그림 7-7] BEAD 크기에 따른 BEAD의 개수

MICRO-MEDIA 분산기에 사용되는 SCREEN의 특징을 그림 7-8 로 나타내었다.

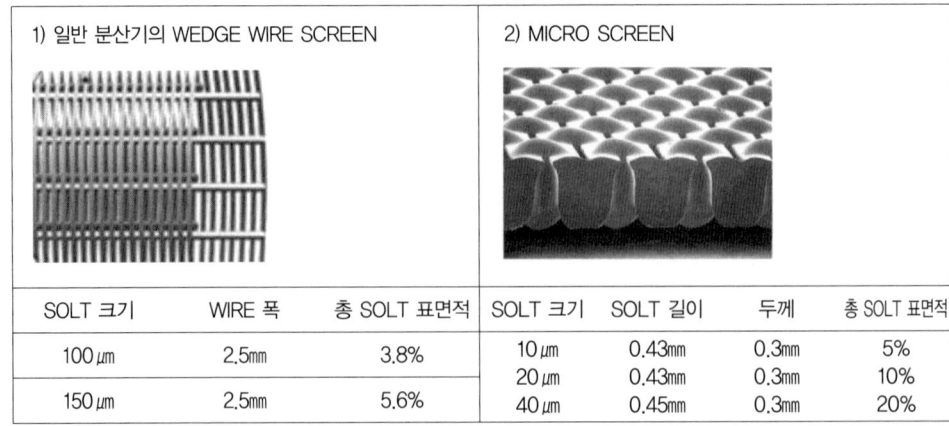

1) 일반 분산기의 WEDGE WIRE SCREEN			2) MICRO SCREEN			
SOLT 크기	WIRE 폭	총 SOLT 표면적	SOLT 크기	SOLT 길이	두께	총 SOLT 표면적
100 μm	2.5mm	3.8%	10 μm	0.43mm	0.3mm	5%
			20 μm	0.43mm	0.3mm	10%
150 μm	2.5mm	5.6%	40 μm	0.45mm	0.3mm	20%

[그림 7-8] MICROMEDIA에 사용되는 MICRO SCREEN의 특징

도료 생산기술의 정석

3본-ROLL MILL

3본-ROLL MILL

1. 3-ROLL MILL의 개요

3-ROLL MILL은 회전하는 2개의 ROLL 사이의 간격을 이용하여 고체/액체 분산계 PASTE를 제조하는 기계이다. 따라서 ROLL은 가장 중요한 역할을 하는 것으로 원심 이중 CHILLED 주철로 만들어졌으며 강인한 조직을 갖고 있다. CHILLED ROLL 은 양질의 고탄소 및 주철을 원료로 하고 주조시 표면은 급랭하여 만든 것이다.

ROLLER은 CAMBERED ROLL과 CAMBERLESS ROLL이 있으며, 지금은 CERAMIC ROLL도 사용되고 있다.

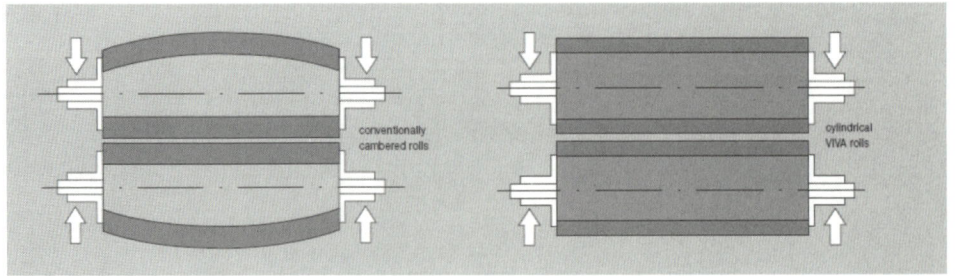

[그림 8-1] 3-ROLL MILL의 ROLL 형태

3-ROLL MILL의 조작은 그림 8-2에서 알 수 있듯이 3-ROLL MILL은 우선 공급 ROLL과 중앙 ROLL 사이의 공간에 MILL BASE를 넣게 되어 있다.

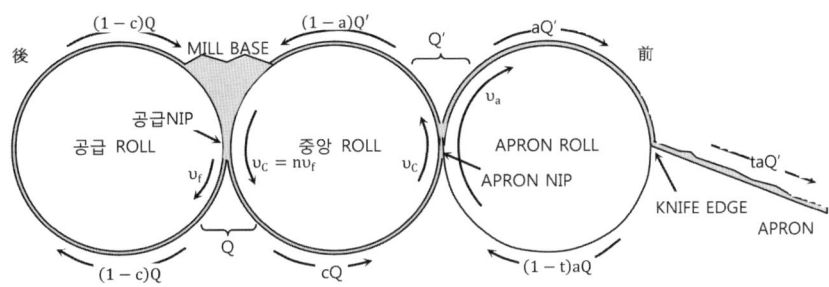

[그림 8-2] 3-ROLL MILL의 MILL BASE의 흐름과 이송율

공급 ROLL과 중앙 ROLL은 서로 다른 속도로 안쪽으로 향하여 회전한다.

ROLL의 가장자리에 판(END PLATE)이 붙어 있어 MILL BASE가 측면으로부터 탈락되지 않도록 되어 있다. ROLL이 안쪽으로 회전하는 결과 MILL BASE는 공급 NIP을 통과하게 된다. 그러나 이곳은 좁기 때문에 공급물의 대부분은 가운데로 통하지 못하고 상부의 공급 부위의 중앙을 거쳐 위로 되돌아 간다. 되돌아 간 MILL BASE는 바깥쪽으로 나가 그곳에서 다시 MILL BASE의 회전에 의해 ROLL 사이로 다시 되돌려진다.

MILL BASE의 이 운동은 상대적으로 혼합과 전단응력이 매우 강력하게 작용하여 이루어진다. 그러나 가장 강한 전단응력은 MILL BASE의 되돌아간 부분이 연속적으로 아래로 향하여 강한 전단응력이 작용하고 있는 사이를 통하여 지나갈 때 일어난다. 이곳을 통하면 MILL BASE의 일부분은 공급 ROLL로 옮겨가고 다른 부분은 중앙 ROLL로 옮겨진다. 중앙 ROLL에 이송된 MILL BASE는 중앙 ROLL과 APRON ROLL 사이에 들어간다. APRON NIP(앞에서와 같이 ROLL은 안쪽으로 향해 다른 속도로 회전한다)에서는 앞의 간격보다 한층 강력한 전단응력을 받는다. APRON NIP을 통과하면 두 번째의 분할이 일어나게 된다. 일부분은 중앙 ROLL로 이송되어 MILL BASE로 되돌아 가고 다른 부분은 APRON ROLL에 옮겨져서 부착되어 있는 KNIFE EDGE에 의해 APRON으로 수거된다.

2. 물질수지(物質收支)

3-ROLL MILL 조작의 물질수지는 다음과 같은 과정에 따라 계산된다.

(1) 평형상태를 유지하고 있을 것

(2) 분산된 MILL BASE가 APRON에서 수거되는 것과 같은 비율로 미분산 상태의 MILL BASE가 공급될 것.

여기에서 Q = 공급 NIP를 통하는 유량

c = 중앙 ROLL에 이송되는 Q의 분율(나머지의 1-c의 분율은 공급 ROLL에 남는다)

Q′ = APRON NIP를 통하는 유량

a = APRON ROLL에 이송되는 Q′의 분율(나머지 1-a 가 중앙 ROLL 에 남는다)

t = KNIFE에 의해 APRON ROLL에서 수거되는 MILL BASE의 분율

3-ROLL MILL 위의 다른 점에 있어서의 유량은 그림 8-2에서 Q , Q′, c, a, t 로 나타내었다. 평형 상태에서는 공급 NIP에 들어가는 유량은 공급 NIP에서 나오는 유량과 같기 때문이다(다시 말하면 MILL BASE 의 누적이나 부족이 일어나지 않는다).

평형관계는 식 (1)로 나타낸다.

$$(1 - c)Q + t\,a\,Q′ + (1 - a)Q′ = (1 - c)Q + cQ \quad ------ \quad (\,1\,)$$

이것을 Q′에 대하여 풀면 식 (2)가 된다.

$$Q′ = \frac{cQ}{1-a+at} \quad ----------------------------- \quad (\,2\,)$$

이 Q′의 값을 APRON에서 나오는 비율 taQ′의 표현으로 고쳐보면 식 (3)이 된다.

이것은 3-ROLL MILL의 MILL BASE의 생산율 Qm을 Q와 3개의 이송율 c, a, t 로 표현한 것이다.

$$Q_m = ta\,Q′(생산율) = \frac{catQ}{1-a+at} \quad -------------- \quad (\,3\,)$$

양호한 동작 상태에서는 KNIFE의 효율은 100%(t=1.00)에 가깝다. 따라서 최적 3-ROLL MILL 동작에 있어서 식 (3)은 유사한 식 (4)가 된다.

$$Qm(\text{APRON에서의 생산율}) = c\,a\,Q \qquad ----------- \quad (4)$$

식 (4)에서 3-ROLL MILL의 생산율은 주로 공급 NIP을 통하는 MILL BASE의 유량과 중앙 ROLL과 APRON ROLL로 이송되는 MILL BASE의 분율에 의해 정해지는 것을 알았다.

1) 중앙 ROLL의 이송율 c

공급 ROLL과 중앙 ROLL이 같은 속도로 회전하고 있다면 이론적으로는 MILL BASE가 쌍방 50/50으로 분할된다(c=0.50). 또 2개의 ROLL이 다른 속도로 돌고 있을 때에는 고속 회전되고 있는 ROLL 쪽으로 보다 많은 MILL BASE가 이송되는 것도 예상된다.

여기에서 v_f = 공급 ROLL의 원주속도

v_c = 중앙 ROLL의 원주속도

$n = v_c / v_f$ 중앙 ROLL과 공급 ROLL의 원주속도의 비

우선 최초의 가정에서 서로 다른 속도의 경우 공급 ROLL과 중앙 ROLL에 이송되는 량은 이들의 원주속도에 비례하는 것으로 가정한다. 그러면 c가 식으로 나타내진다.

$$c = \frac{v_c}{v_c + v_f} = \frac{n v_f}{n v_f + v_f} = \frac{n}{1+n} \qquad --------------- \quad (5)$$

MILL BASE의 이송에 관하여 주의 깊게 실험하여 보면 실제로 일어나는 현상에 매우 가깝다는 것을 알았다. 그러므로 실제의 DATA에 근거를 두고 식 (1)과 이전의 실험식을 세우면 식 (6)이 되며 c와 n과의 관계는 매우 정확하게 된다.

$$c = \frac{n^2(n+3)}{(n+1)^3} \qquad ------------------------------ \quad (6)$$

표 8-1은 식 (5), (6)에서 여러 가지 n에 대하여 계산된 c의 값을 나타낸 것이다.

[표 8-1] 중앙 ROLL로의 MILL BASE 이송율 c와 공급 ROLL 속도에 대한 중앙 ROLL 속도의 비(n)의 관계

공급 ROLL 속도에 대한 중앙 ROLL 속도의 비 n	중앙 ROLL의 MILL BASE의 이송율	
	c [식 (5)에 의한]	c [식 (6)에 의한]
1.0	0.500	0.500
1.5	0.600	0.648
2.0	0.667	0.740
2.5	0.714	0.800
3.0	0.750	0.843
3.5	0.778	0.875
4.0	0.800	0.897

생산율은 고속도 비가 클수록 높아지므로 제조용 3-ROLL MILL은 n이 크도록 설계하는 경향(예를 들면 n=2~3)이 있다. 지금 시판되고 있는 대표적인 고속도 3-ROLL MILL(직경 30cm, 길이 70cm ROLL)의 속도는 35rpm(공급 ROLL), 115rpm(중앙 ROLL), 345rpm(APRON ROLL)이며 n=3에 상당하고 있다.

APRON ROLL에 이송되는 MILL BASE의 분율 a의 계산은 중앙 ROLL에 이송되는 이송율 c의 계산과 동일하게 할 수가 있다.

2) 공급 NIP을 통하는 유량 Q

공급 NIP를 통과하는 MILL BASE는 폭 L(ROLL의 유효폭)과 두께 x(공급 NIP 간격)인 RIBBON 모양이다. 이 MILL BASE에서 밀어 내어지는 RIBBON의 체적은 식 (7)로 주어진다.

$$Q = \frac{V}{t} = \frac{Lx(v_c + v_f)}{2} \quad \text{----------------------} \quad (7)$$

$v_c = nv_f$ 이므로 식 (7)은 식 (8)로 나타내어 진다.

$$Q = \frac{Lxv_f(1+n)}{2} \quad \text{----------------------} \quad (8)$$

도료공업에서는 Q를 gal/hr, L을 inch, v_f 를 rpm, ROLL의 직경을 inch, x은 mil 단위로 각각 계산하는 것이 가장 편리하다. 공급 NIP을 통과하는 평균속도는 공급 ROLL과 중앙 ROLL의 평균 주속보다도 약 1.15배 크다는 것이 이론이며, 실험적으

로 얻어졌다. 이 보정을 고려하여 적당한 변환계수를 도입하면 식 (8)에서 식 (9)로
고쳐 쓸 수가 있다.

$$Q = 0.00047 \, DLx \, RPM \, (1+n) \quad \text{------------------} \quad (9)$$

여기에서   Q = 유량 (gal/hr)

L = ROLL의 유효길이 (inch)

x = 공급 NIP 간격 (mil)

D = ROLL의 직경 (inch)

RPM = 공급 ROLL의 회전수

3) MILL의 생산율

식 (9)에서 공급 NIP을 통하는 MILL BASE량이 주어진다. 계 전체의 MILL의 생산
율은 이 식을 식 (4)의 Q에 대치하여 얻는다.

$$Qm = (gal/hr) = 0.00047 \, DLx \, RPM \, (1+n) \, ca \quad \text{------} \quad (10)$$

문제 1   직경이 12inch이고, 폭이 30inch의 3-ROLL MILL에서 공급 NIP가 3.0mil로 유
지 될 때의 생산율을 계산하여라. ROLL 회전수는 공급 ROLL 35 RPM, 중앙 ROLL 115
RPM, APRON ROLL 345RPM으로 회전하고 있다.

답 주어진 DATA를 식 (10)에 대입하고, c와 a의 식은 식 (6)에서 계산한다. 또 표 8-1를 참조
한다.

$$Qm = 0.00047 \cdot 12 \cdot 30 \cdot 2 \cdot 35 \cdot (1+3) \cdot (0.843)^2 = 34 gal/hr$$

식 (10)은 생산량을 계산할 수 있으나 주어진 분산체의 질에 관한 실마리를 주지 못한다.
그러므로 분산의 질은 MILL을 통과할 때의 MILL BASE에 지정된 동력에 관계된다고 생
각된다.

3. 3-ROLL MILL의 입력

공학적인 기초연구에 의하면 3-ROLL MILL의 소요마력은 다음의 식(무 차원의 항으로 표현한다)과 같이 얼마간의 지배적인 변수에 의해 정해지고 있음을 나타내고 있다. 이 연구는 비고정(非固定) 중앙 ROLL형의 3-ROLL MILL에 대하여 구해지는 것이지만 중앙 ROLL 고정형의 3-ROLL MILL에 대해서는 같게 적용될 수가 있다(그림 8-3 참조).

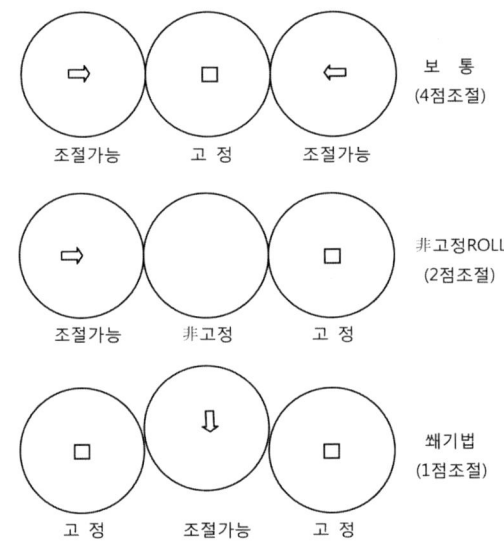

[그림 8-3] 3-ROLL의 ROLL에 맞춘 기계적 배치

마력수 FROUDE 수 REYNOLD 수
$$(\frac{Pg}{L \upsilon D \rho}) \cdot (\frac{\upsilon^2}{x_t g})^{1/3} \cdot (x_t \frac{\upsilon \rho}{n})^{2/3} = f(n, k) \text{ -------- (11)}$$

이 식 중에 η와 k의 관계는 식 (12)로 주어진다.

$$f(n, k) = n(n+1)^{1/3} (n+k)^{1/3} (\frac{1.08n^2}{k^{1/3}} + 2.56) \text{ ------- (12)}$$

식 (11)과 식 (12)의 기호는 다음의 의미를 갖고 있다.

$\quad$ P = 마력

g = 중력의 가속도

L = ROLL의 유효길이

v = 공급 ROLL의 주속

D = ROLL의 직경

x_t = 공급 NIP 간격과 APRON NIP 간격의 합

ρ = 밀도

η = MILL BASE의 점도

n = ROLL의 속도비

k = MILL BASE가 빠른 쪽의 ROLL로 이송되는 평균 분율

식 (11)과 식 (12)는 매우 난해하다. 그러므로 식 (12)의 함수 f (n, k)는 식 (13)과 같이 조금 정확하지 않지만(MILL BASE의 이송율 0.75을 가정) 보다 간단한 근사식 (13)으로 쓸 수가 있다.

$$f(n, k) = 4n^4 \quad \text{---------------------------------} \quad (13)$$

이 간소화 과정을 거침으로써 공급 NIP 간격 x을 NIP 간격 x_t와 관계시킬 수가 있다. 이들의 변화를 도입하여 식 (11)에 쓰인 단위를 도료 기술자가 보다 생소하지 않는 단위로 고쳐 쓰면 식 (14)가 된다. 이것을 L, D, x, n, RPM, ρ, η 등에 의한 3-ROLL MILL의 소요마력으로 나타낸다.

$$Hp = \frac{4.0 \cdot 10^{-9} \, LD^{8/3} \, n^3 \, RPM^{5/3} \, \rho^{1/3} \, \eta^{2/3}}{x^{1/3}} \quad \text{----------} \quad (14)$$

여기에서 L = ROLL의 유효길이 (inch)

D = ROLL의 직경 (inch)

n = 중앙 ROLL 속도와 공급 ROLL 속도의 비 또한 APRON ROLL과 중간 ROLL 속도의 비

RPM = 공급 ROLL의 회전수

ρ = MILL BASE의 밀도 (lb/gal)

η = MILL BASE의 점도 (poise)

x = 공급 ROLL과 중간 ROLL 사이의 간격 또는 공급 NIP 간격 (mil)

문제 2 16×40 inch의 3-ROLL MILL에서 점도 50poise 10.4 lb/gal의 밀도를 가진 MILL BASE를 연육하기에 필요한 마력을 계산하라. ROLL의 회전수는 공급 ROLL 80RPM, 중간 ROLL 160RPM, APRON ROLL 320RPM 이다. 공급 NIP은 8mil이다.

답 식 (14)에 주어진 DATA를 넣으면.

$$Hp = \frac{4.0 \cdot 10^{-9} \cdot 40 \cdot 16^{8/3} \cdot 2^3 \cdot 80^{5/3} \cdot 10.4^{1/3} \cdot 50^{2/3}}{8^{1/3}}$$

$$= \frac{4.0 \cdot 10^{-9} \cdot 40 \cdot 1630 \cdot 8 \cdot 1490 \cdot 2.18 \cdot 13.6}{2} = 46$$

4. MILL BASE의 단위 체적당 입력

식 (10)으로 식 (14)를 나누면 APRON에서 나오는 MILL BASE의 1gal 당의 입력을 계산하는 식이 얻어진다.

$$Hp\text{-}hr/gal = \frac{8.5 \cdot 10^{-6} \cdot D^{5/3}\, n^3\, RPM^{2/3} \rho^{1/3} \eta^{2/3}}{x^{4/3}(1+n)\,ca} \quad ---- \quad (15)$$

문제 3 문제 2의 3-ROLL MILL에서 MILL BASE 1gal 당의 일을 구하여라.

답 식 (15)에서 주어진 수치를 대입한다. c와 a의 값은 식 (6)에서 계산되거나 표 8-1을 참고하여 구한다.

$$Hp\text{-}hr/gal = \frac{8.5 \cdot 10^{-6} \cdot 16^{5/3} \cdot 2^3 \cdot 8^{2/3} \cdot 10.4^{1/3} \cdot 50^{2/3}}{8^{4/3}\,(1+2)\,0.74^2} = 0.146$$

문제 2, 3 모두 MILL을 통과할 때의 MILL BASE의 점도는 일정하다고 가정하자. 이것이 약간의 오차를 초래하는 것은 다음의 문제에 의해 나타난다.

문제 4 MILL BASE (비열 S=0.35)에 가한 모든 일은 온도 상승에 쓰인다고 하고 문제 3의 MILL BASE가 이 3-ROLL MILL을 통과할 때의 예상되는 상승 온도를 측정하여라.

답 열의 일당량(当量)은 1 Hp-hr 당 2545 Btu이다. 이 변수를 써서 식 (16)으로 상승 온도를 계산한다.

$$Btu(열) = WS\Delta t \quad \text{----------------------------} \quad (16)$$
$$2545 \cdot 0.146 = 10.4 \cdot 0.35 \cdot \Delta t$$
$$\Delta t = 102 \, °F$$

ROLL의 수냉 및 인접 분위기로의 열의 손실에 대해 문제 4에서 계산된 극단적인 온도 상승은 어느 정도 감소시킬 수가 있지만 그래도 MILL BASE에 의해 생기는 열이 MILL BASE의 점도에 현저한 영향을 주는 것은 사실이다. 따라서 다음의 식으로 평형점도를 찾아 선택하는 것이 일반적임을 알아 두어야 한다. 그리고 온도 상승에 의한 MILL BASE 점도가 낮아짐에 따라 발열이 저하되므로 이 온도 상승은 자기 제한성이 있는 성질이라는 것에 주의해야 한다. 또 역으로 동력을 감소시킴으로서 온도의 상승을 낮출 수가 있다.

5. 3-ROLL MILL에 적용되는 유용한 식

MILL BASE 점도 η, MILL BASE 밀도 ρ, 공급 NIP 간격 x를 제외하고 식 (10), (14), (15) 중의 모든 량은 3-ROLL MILL의 설계(ROLL의 크기, ROLL의 회전수)에 의해 정해진다. 따라서 이들 식에 MILL의 여러 정수를 대입하여 간략화하고 또 점도와 밀도와 공급 NIP 간격을 포함한 식을 정할 수가 있다.

따라서 밀도는 단지 1/3 승으로 효과가 있고 MILL BASE의 밀도는 BATCH에 의해 큰 변동이 없으므로 '예를 들면 임의의 값으로 10.4 lb/gal 정도' 문제에 있어서 $\rho^{1/3}$ 을 2.18로 두면 간단하게 된다.

공급 ROLL이 80RPM, 중간 ROLL이 160RPM, APRON ROLL이 320RPM인 16×40 inch형 3-ROLL MILL에 대하여 간소화된 다음의 식을 적을 수가 있다.

$$Qm = 40x \, (식 (10)에서) \quad \text{----------------------} \quad (17)$$

$$Hp = \frac{6.8\,\eta^{2/3}}{x^{1/3}} \ (\text{식 (14)에서}) \quad\text{------------------} \quad (18)$$

$$Hp\text{-}hr/gal = \frac{0.17\,\eta^{2/3}}{x^{4/3}} \ (\text{식 (15)에서}) \quad\text{------------} \quad (19)$$

이들의 간략화된 식에서 MILL BASE 점도와 공급 NIP의 간격의 제어가 확실해진다. 불행히도 양쪽 모두 바로 측정될 수 있는 성질의 것이 아니다. 따라서 설명된 것처럼 MILL BASE가 MILL을 통과할 때의 불가피한 온도 상승에 의해 MILL BASE 점도가 저하된다. 실험 가동 중에 공급 NIP의 간격을 정확하게 측정하는 것은 곤란하다. ROLL MILL에 작용되는 큰 힘은 뒤틀림을 일으키기 때문에 실제의 운전 중에 MILL이 유지하는 간격을 미리 설정해 놓는 것은 어떻게 실험하여도 아무런 의미가 없다. 따라서 간접적인 방법에 의해, 2개의 ROLL 사이의 NIP 간격을 식 (20)으로 나타내듯이 점도 η, ROLL 길이 L, ROLL을 누르는 힘 F(lb 단위)의 함수인 것을 알았다. 또 대부분의 계산에서는 가장 근사한 MILL BASE의 평균점도 즉 공급될 때의 점도와 APRON에서 토출 때의 중간 값을 쓴다.

$$x = \frac{KL\eta}{F} \quad\text{------------------------------------} \quad (20)$$

상기의 16X40 inch의 3-ROLL MIL에서 식 (20)의 K는 28이라고 생각되므로 식 (21)이 된다.

$$x = 28\,L\eta/\,F \quad\text{--------------------------------} \quad (21)$$

식 (17), (18), (19) 중의 x를 이것으로 치환하면 식 (22), (23), (24)가 된다.

$$Qm = \frac{44000\,\eta}{F} \quad\text{----------------------------} \quad (22)$$

$$Hp = 0.66\,(\eta F)^{1/3} \quad\text{----------------------------} \quad (23)$$

$$Hp\text{-}hr/gal = \frac{15 \cdot 10^{-5}\,F^{4/3}}{\eta^{2/3}} \quad\text{------------------} \quad (24)$$

1) 식의 실제적 적용

3-ROLL MILL에서 도료를 연육하는 복잡한 계산을 해야 하는 도료 기술자에게 도움이 되도록 보여 줄 수 있는 몇 가지의 관계식을 도출하였다. 예를 들면 식 (22)는 (F 가 변하지 않는다면) MILL BASE 점도를 3배로 하면 MILL BASE의 생산율도 3배가 되는 것을 나타낸다. 또 식 (23)은 단지 44%의 입력을 증가($1.44 = 3^{1/3}$)해도 이것이 달성됨을 보여준다. 그러나 식 (24)는 3-ROLL MILL을 통과할 때의 MILL BASE 1gal당 작용되는 힘은 52% 작게 되는 것이다($0.52 = 1.00-0.48$, $0.48 = (1/3)^{2/3}$)을 나타낸다. 즉 MILL BASE 분산의 질을 나쁘게 하는 것을 의미한다.

이 질(質)을 유지하기 위해 식 (24)의 비($F^{4/3}/\eta^{2/3}$)를 변하게 하면 안 된다. 따라서 만약 점도가 3배로 되면, F는 73% 만큼 증가시키지 않으면 안 된다($1.73 = 3^{1/2}$).

식 (22)로 되돌아가 질을 유지시키면서 생산율을 높이기 위해서는 점도를 3배로 하고 F는 73% 증가(계수 1.73)시키지 않으면 안 된다.

식 (22)에 이들 DATA를 대입하여 점도를 3배로 하면 생산율은 증가하지만 질 (1gal당 입력은 동일하게)을 유지하려면 생산량은 단지 73%밖에 증가되지 않는다 ($1.73 = 3/1.73$). 그래서 그것은 F에 있어서도 동시에 73% 증가되지 않으면 안 된다. 이러한 조건 아래에서도 물론 마력은 식 (23)에 의해 73% 증가한다($1.73 = (3 \cdot 1.73)^{1/3}$).

다른 공통된 문제는 공급 NIP의 간격을 증가시킴에 따른 예상되는 품질의 변화를 예측하는 것이다. 품질은 MILL BASE 단위 체적당 주어진 일에 관계된다는 것을 전제로 하고 다음과 같이 선을 그어서 답이 나오게 된다(점도는 일정하다고 생각한다). NIP의 간격은 계수 k로 변화한다(즉 만약 NIP 간격이 배로 되면 k=2.0). 이 변화의 결과 전 MILL BASE량은 또한 k배가 된다(식 (10), NIP 간격의 변화는 계수 1/k에 의해(식 (20)). 힘 F의 변화도 초래된다.

새로운 NIP 간격 kx에 의해 1 gal 당의 입력(식 (15) 에 의해)은 $(1/k)^{4/3}$의 계수로 변한다. NIP 간격의 변화에 대응하는 출력(생산량, 양적)과 1 gal 당의 입력은 표 8-2에 나타내었으며 그것을 GRAPH로 그림 8-4에 그려 놓았다.

예상 되듯이 NIP 간격을 넓히면 MILL BASE의 질이 나쁘게 된다. 따라서 NIP 간격을 4.0mil에서 6.0mil로 증가시키면 MILL BASE 분산체의 질 즉, 1gal 당 입력이 약 42% 감소되는 것을 예상해야 된다. 한편 NIP 간격을 25% 감소 시키면(예를 들면 4.0mil에서 3.0mil로) MILL BASE 분산체의 질은 약 50% 가량 향상된다. 이들 질과 양은 NIP 간격에 대한 역 함수이므로 범용 제조기에 있어서 품질과 생산율과의 균형을 잡기 위한 NIP 간격을 선택하지 않으면 안 된다. 이 결론은 연육물의 입도와 MILL의 생산율과를 비교하는 실험적인 연구에 의해 입증되며 최대 입자경과 생산량과의 사이에는 다소 직선 관계가 있다는 것을 볼 수 있다.

[표 8-2] 3-ROLL MILL의 공급 NIP 간격의 변화에 대응하는 MILL BASE 1gal 당의 생산량과 입력의 한 일

NIP 간격의 변화		생산량의 변화(량)		MILL BASE 1gal 당 입력의 한 일	
계수(K)	변화 %	계수(k)	변화 %	계수($1/k^{4/3}$)	변화 %
	(감소)		(감소)		(증가)
0.25	75%	0.25	75%	6.35	535%
0.50	50%	0.50	50%	2.52	152%
0.75	25%	0.75	25%	1.47	47%
1.00	0%	1.00	0%	1.00	0%
	(증가)		(증가)		(감소)
1.50	50%	1.50	50%	0.582	42%
2.00	100%	2.00	100%	0.397	60%
2.50	150%	2.50	150%	0.295	70%
3.00	200%	3.00	200%	0.231	77%
3.50	250%	3.50	250%	0.188	81%
4.00	300%	4.00	300%	0.157	84%

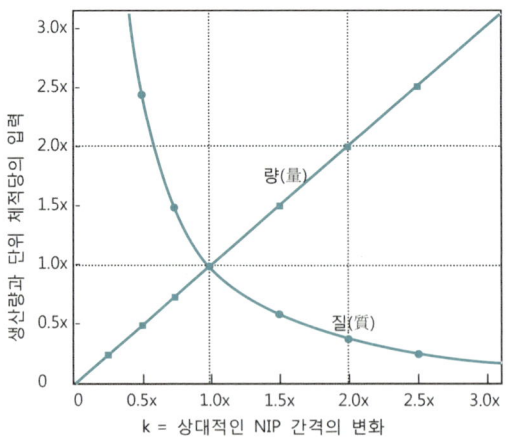

[그림 8-4] NIP 간격을 변화시킨 경우의 MILL BASE 생산량과
MILL BASE 단위 체적당의 입력이 한 일(질)의 변화

문제 5 HUMMEL에 의해 제시된 식에 의하면, 4×8 inch의 실험용 3-ROLL MILL(n=3, 공급 ROLL의 RPM=33.3)에서 MILL BASE를 6회(≒5.9회) 통과 시킬 경우, 12×30 inch의 실용 MILL(n=3, 공급 ROLL 의 RPM=30)에서 같은 NIP 간격으로 작업할 경우와 같은 분산 효과를 얻었다고 한다. 작업이 끝났을 때 MILL BASE의 1gal 당, 입력의 계산에서도 같은 결과가 됨을 나타내어라.

답 식 (15)는 1 gal당 마력을 주는 식이지만 이것에서 다음과 같이 계산이 이루어진다.

실용(實用) MILL을 1회 통과하는 것은 실험적인 MILL을 1회 통과하는 것보다 1gal당 입력이 5.8배 걸린다.

$$5.8 = (\frac{12}{4})5/3 \, (\frac{30}{33.3})2/3$$

따라서 1회당 실험적 MILL에 소비되는 입력이 실용 MILL의 1회 입력에 상응하기 위해서는 6회(5.8회)정도의 입력이 필요하다.

6. 3-ROLL MILL용 MILL BASE 조성

식 (20)을 식 (10)에 대입하면 식 (25)을 얻는다. 이 식은 3-ROLL MILL의 생산율에 대해 9개의 중요한 인자의 영향력을 보여 준다.

$$Qm(gal/hr) = \frac{0.00047 \, KDL^2 \, RPM(1+n)ca\eta}{F} \quad ----- \quad (25)$$

어떠한 MILL을 보아도 5개의 인자(K, D, L, RPM, n)가 최초 MILL을 설계할 때 결정된다. 이미 나타내진 이송율 c, a도 다소간 고정된다. 왜냐 하면 n이 알려지면 그 값에서 추정할 수 있기 때문이다. 이들의 정수를 모아 한 개의 새로운 포괄적 정수 K′ 를 정하면, 식 (25)는 식 (26)과 같이 고쳐 쓸 수가 있다. 이것에서 얻어진 3-ROLL MILL에 대한 K′, η, F가 주어지면 그것에서 생산율을 구한다.

$$Qm(gal/hr) = \frac{K'\eta}{F} \quad ------------------------ \quad (26)$$

도료 기술자는 최초로 MILL을 구입할 때 MILL 정수 K'를 선택할 수 있다(사양의 결정).

이 경우 때에 따라 K'에 어느 허용범위를 주기 위해, 다속도형이 선정되기도 한다. 그러나 이보다 실질적인 생산율은 거의 지배적으로 MILL BASE 평균 점도와 ROLL끼리 서로 미는 힘 F에 의해 정해진다. 식 (26)은 F에 반비례하여 생산량은 증가 하지만 앞에서 나타나듯이 이러한 방법으로 도출된 생산량의 증대는 품질의 저하를 초래하는 것으로 나타났다. 따라서 3-ROLL MILL에 있어서 높은 생산율을 얻을 수 있는 열쇠는 고점도 혼합물을 처리할 때 발생되는 큰 응력과 뒤틀림에 견디는 3-ROLL MILL의 능력 범위 내에서 최대 점도를 갖는 MILL BASE 조성하는 것이다.

다른 MILL(BALL MILL, BEAD MILL 등)에서 점도가 높은 MILL BASE를 처리하는 것은 그 능력에서 한정되어 있지만 3-ROLL MILL에서는 그러한 제한이 없으며 고점도의 MILL BASE(INK PASTE, 무용제도료)에서는 3-ROLL MILL이 이상적으로 적용된다.

3-ROLL MILL에서는 매우 큰 전단응력이 작용되므로, 응집된 안료를 침윤시키고 전색제로 충분히 습윤시키는 데 많은 용제를 필요로 하지는 않는다. 따라서 3-ROLL MILL용의 MILL BASE 조성은 고점도 일뿐 아니라, 고형분이 높은 전색제일수록 좋다.

1) MILL BASE 의 VEHICLE

3-ROLL MILL에 쓰이는 전색제는 보통 0에서 최대 40%의 휘발성분이 함유된 것이다. 건성 아마인유(점도 12poise)가 휘발성분이 0%인 대표적인 전색제이다. 70% 고형 알키드(점도 20poise)는 휘발성 용제가 포함된 전색제의 대표적인 것이다. 휘발성분이 많은 것으로 MILL BASE를 조성하면, 분산이 나쁘게 되든가 또는 생산량이 감소하는 것이 보통이다.

2) MILL BASE의 안료농도

MILL BASE 안료농도는 MILL의 조작상(操作上) 쓰이기 쉽도록 될 수 있는 한 높은 것이 좋다. 3-ROLL MILL에서 아마인유를 쓸 때 권장하는 안료/전색제 비를 18종의 안료에 대하여 구하고 이것과 상당하는 흡유량 OA_r를 비교하여 보았다. 그 결과

ROLL MILL 분산에 최적인 아마인유는 OA_r의 약 1.5배(TiO_2, 크롬황)에서 3.0배(카본블랙)임을 알았다. 아마 다른 GARDER-COLEMAN법에 의한 흡유량은 3-ROLL MILL에서의 적정치보다 적고 전색제/안료비가 낮은 것 같다. 70% 고형 알키드 전색제는 TiO_2 안료의 약 65%가 가장 좋은 MILL BASE 분산이 된다. 다시 말하면 ROLL MILL 분산용의 MILL BASE를 조성하기 위해서는, 고점도(예를 들면 20~100poise) 높은 고형분 농도(예를 들면 70~100%)의 전색제가 좋다. 이들 전색제에 대하여 안료는 PREMIXING에서 MILL에 또는 APRON ROLL에서 받을 시, MILL BASE가 충분히 흐르는 것을 저해하지 않는 한도 내에서 가하면 좋다.

3) MILL BASE TACK 성

MILL BASE가 회전하고 있는 ROLL의 표면에 부착되지 않으면, NIP에 MILL BASE가 끼어들지 못한다. 다시 말하면 MILL BASE 중에 혼합된 안료 응집은 NIP 영역에 들어갈 수 없다.

4) 분쇄력과 TACK와의 관계식

그림 8-5은 2개의 ROLL 사이에 끼어 있는 반경 r의 MILL BASE 안의 구상입자에 작용되는 힘을 그림으로 나타낸 것이다.

C는 ROLL과 입자 중심을 지나는 선상에서 작용하는 수직 분쇄력이다. T는 ROLL과 입자가 접촉하는 점에 있어서의 접선 방향으로 작용하는 접선력(마찰력 또는 흡입력)이다. 구상입자는 2개의 ROLL 사이에 대칭적으로 위치하고 있어, C와 T의 수평분력은 상쇄된다.

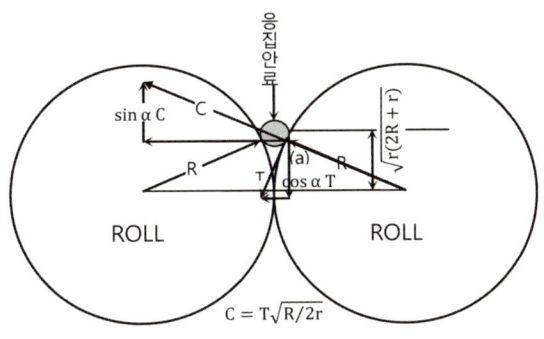

[그림 8-5] 2 개의 ROLL 사이에 낀 안료 응집체에 작용하는 힘

한편 평형상태와 두 개의 접점에 있어서 힘 C의 수직 상향의 성분(=$\sin \alpha \cdot$ C)은, 식 (27)과 같이 힘 T의 수직 하방성분(=$\cos \alpha \cdot$ T)과 평형되고 있다.

$$\sin \alpha \cdot C = \cos \alpha \cdot T \quad ------------------------- \quad (27)$$

식 (27)은 식 (28)과 같이 쓰인다.

$$\frac{T}{C} = \frac{\sin \alpha}{\cos \alpha} = \tan \alpha \quad ------------------------ \quad (28)$$

그림 8-5의 설명에서 $\tan \alpha$는 R과 r에 의해 식 (29)와 같이 나타낼 수 있다.

$$\tan \alpha = \frac{\sqrt{(R+r)^2 - R^2}}{R} = \frac{\sqrt{r(2R+r)}}{R} \quad ------------ \quad (29)$$

실제 문제에 있어서 $\tan \alpha$는 R에 비하여 무시되므로, 2R+r은 단순히 2R로 나타내진다. 식 (29)에 이 근사값을 도입하여 식 (28)의 $\tan \alpha$에 대입하여 정리하면 식 (30)이 얻어진다.

$$C = T\sqrt{R/2r} \quad ------------------------------ \quad (30)$$

5) TACK의 설명

식 (30)은 엄밀히 말하면 2개의 회전하는 ROLL 사이에 낀 1개의 안료입자가 놓여 있을 경우에 적용될 수 있지만 식의 형태는 가장 일반적이다. 즉 2본의 ROLL 사이에 끼어 있는 1개의 안료 응집물에 전단응력으로 작용하고 있는 힘 C는 응집안료를 끌어들이는 마찰력 T에 다소간 비례되는 것이다. 이것에서 TACK의 정도가 크면 MILL BASE의 전단응력 작용을 가속시킨다고 말할 수가 있다(즉 전단응력은 ROLL NIP 에서 멀리 떨어진 곳에도 작용한다).

주어진 입자경 r과 TACK 조건 T에 대하여 힘 C는 ROLL 반경의 평방근에 비례하여 증대하는 것이 명백하다. 따라서 큰 ROLL은 주어진 TACK량에 작용하는 전단응력이라는 의미에서 작은 ROLL보다도 본질적으로 유리하다. 따라서 R과 r이 비례의 형태를 갖고 있으므로 MILL BASE의 TACK 계수가 같은 경우에는 큰 ROLL은 비례적으로 커다란 응집 입자를 처리할 수가 있다. 다시 말하면 큰 ROLL MILL에서는 분쇄되지 않고 남은 큰 입자를 작게 하는 영향력을 갖고 있다.

6) 응집을 파괴하는 효과

VEHICLE의 TACK는 응집안료가 전색제 혼합물 중에 분산되어 들어갈 때 커다란 영향력을 갖는다. 예를 들면 그림 8-6에 나타나듯이 2개의 MILL BASE의 흐름에서 포착된 경우를 생각해 보자.

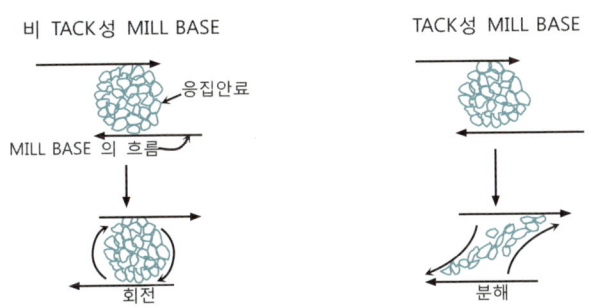

[그림 8-6] 응집안료의 붕괴에 있어서 TACK성과 비 TACK성 MILL BASE의 영향

이와 같은 상황은 급히 흐름의 방향이 반전하는 NIP 영역에서 일어나는 것으로 예상된다. 만약 응집안료가 강하게 부착되어 있거나(즉 각각의 독립입자가 서로 단단하게 결합되어 있다), MILL BASE 전색제에 거의 TACK가 없다면 응집안료는 흐르는 힘의 아래로 단순히 BALL BEARING과 같이 회전을 반복할 뿐이다.

한편 만약 응집입자가 서로 느슨하게 결합되어 있거나, 전색제가 고도로 TACK를 갖고 있다면 응집은 분해되고 분해된 응집의 일부분은 한쪽 방향으로, 다른 부분은 반대 방향으로 흐름에 따라 작용되어 나간다. 다소간 이상적인 상황이지만, 3-ROLL MILL의 분쇄공정 중에서 전색제의 TACK 힘과 응집 결합력 사이에서 연속적으로 일어나는 상황을 묘사한 것이다.

따라서 분산공정의 효율은 MILL BASE 전색제의 TACK에 밀접하게 관계된다는 많은 DATA가 있는데 전색제의 TACK가 지배적 인자의 하나가 되고 있다는 앞의 각 관계식에 "파괴 효율"을 가하는 것이 가능할지도 모른다.

다음에 TACK가 중요한 역할을 하고 있으므로 MILL BASE 생산율의 연구에 따라 높은 생산율은 TACK성이 큰 MILL BASE에 의해 얻어지는 경향이 있다는 것을 언급하고 싶다. 또 TACK의 중요성은 MILL BASE를 ROLL NIP에서 밀어 내보내 고속회전 ROLL에 충분히 부착시킬 수 있다는 점이다.

일반적으로 3-ROLL MILL에 권장되는 고점도 MILL BASE 조성은 충분한 TACK 성을 갖고 있다. 분쇄 목적이 생산량을 높이는 목적일 때는 저점성의 조성이 쓰인다.

7) MILL BASE의 예비혼합

3-ROLL MILL에 공급되는 완전한 예비혼합을 만드는 것은 매우 중요하다. 예비혼합은 보통 점도가 높은 조성이므로 고능율형(高能率形)의 PREMIXING 장치, 예를 들면 DOUGH MIXER, W&P MIXER, CHANGE CAN MIXER 등의 장치가 필요하다. 공급된 모든 안료를 침윤시키기에 충분한 전색제(강력 MIXING의 끝은 2~3 분(分))를 처음의 MIXER에 가한다. 이 전색제의 양은 이전의 실험에 의해 정해지거나 또는 과거의 경험에서 추정된다.

전 원료는 전색제의 위에 올려지고 전력이 공급되어(전색제에 대한 안료의 비는 보통 2 : 1이다) MIXER의 날개가 회전을 시작할 때 안료가 침윤되어(공기의 제거를 수반하면서) BALL과 비슷한 상태로 된다. 다시 말하면 안료/전색제 혼합물간에 커다란 전단응력이 작용되도록 된다.

이 강력한 MIXING은 BALL 모양의 덩어리가 유연한 유동성 PASTE로 될 때까지(대개 수분간) 계속 교반한다. 남은 전색제는 PREMIXING에서 점성이 형성되도록 서서히 가하여 3-ROLL MILL 작업에 알맞은 상태가 되도록 한다. 이와 같이 만든 PREMIX는 균질한 구조를 가지며 덩어리가 없고 잘 습윤된(실질적으로 공기를 포함하지 않는) MILL BASE의 PREMIX가 된다.

7. 입자 지름에 대한 NIP의 간격

1) 안료의 지체 또는 안료의 잔류

평균적인 공급 NIP 간격은 보통 2mil(51μ) 정도이다. 분체의 크기를 분석할 때에 보통 쓰이는 325mesh 망의 지름은 평균 약 44μ이다. 325mesh 망 위에 남은 안료는 보통 0.5%이다. 따라서 MILL BASE 예비혼합 중의 커다란 응집안료는 공급

ROLL과 중간 ROLL의 간격의 크기 보다는 큰 직경이라고 기대된다. 망 위의 커다란 응집입자는 쉽게 눈에 보일 수 있지만, 3-ROLL MILL의 덩어리 중에 있는 커다란 입자의 잔류상태는 쉽게 알 수가 없다.

우선 처음에 중간 ROLL에 커다란 응집안료가 있다고 가정해 보자. 보통 입자는 그 중심을 통하는 흐름에 따라 운동한다. 큰 응집을 통하는 흐름(流線)은 NIP 영역 중에서는 그 흐름을 반대로 하여 큰 응집은 상부로 되돌아 간다.

다음에 작은 입자를 생각해 보자. 이들의 어느 것은 같은 모양으로 흐름을 따라 상부로 올라간다. 그러나 중간 ROLL에 가까이 있는 작은 입자는 거의 공급 NIP에 흘러 들어가는 흐름에 따라 운동한다. 이 작은 응집의 부분적 선택(포착) 때문에 공급 BANK 중에 커다란 응집이 연속적으로 쌓이게 된다.

이것을 그대로 방치하여 두면 MILL BASE의 99.5%가 MILL을 통과할 때까지, 커다란 응집이 계속 쌓여 심각한 "안료의 남음"을 일으킨다. 이 상태에 이르기까지 훌륭한 안료분산이 APRON에서 수거된다(과대 입자의 대부분과 커다란 응집입자는 선택적으로 공급NIP에서 통과를 거부한다).

큰 응집으로 된 안료의 최종부분의 MILL BASE(0.5%)가 NIP 안으로 들어갈 때 이미 통과하고 남은(99.5%) 좋은 분산체(分散體)를 오염시키게 된다. 그러나 '안료의 남음'을 없애는 기술적인 수단은 보다 고점도의 MILL BASE를 만들고 NIP 간격을 넓게 하는 것이다. 즉 공급 MILL BASE 안에서의 분급(分級) 작용을 떨어뜨리는 것이다. 과대입자를 감소시키기 위해 운전 중에 NIP 간격을 줄이는 것은 사실상 분급작용을 나쁘게 하는 것이므로 주의해야 한다.

2) 3-ROLL MILL의 분산작업

(1). 분산작업

① 냉각수 발브를 조절한다.

② ROLL의 간격을 조절한다.

공급 ROLL 간격은 MILL BASE가 ROLL 사이로 흘러 내리지 않는 범위 내에서 약간 띄운다. APRON ROLL은 공급 ROLL보다 간격을 조금 많이 띄운다.

③ MILL BASE 소량을 투입하여 가동시킨다.

공급 ROLL과 중앙 ROLL를 압착시키고 APRON ROLL을 약간 연 후 작업을 계속한다.

④ APRON에서 MILL BASE가 토출되는 모양을 관찰하면서 냉각수의 량과 ROLL 의 압력을 조절한다.

⑤ 최초로 토출되는 MILL BASE는 다시 처음의 MILL BASE에 투입시킨다.

3) 토출 모양에 따른 작업평가

MILL BASE의 토출 모양에 따라 그림 8-7과 같이 작업 평가를 할 수 있다.

(a). : ROLL을 너무 과다하게 조였거나 냉각수의 량이 과다할 때
(b). : ROLL의 조임이 부족하거나 냉각수의 량이 너무 적을 때
(c). : ROLL의 조임 및 냉각수의 량이 최적의 상태일 때
(d). : (c)의 경우 APRON 밖으로 떨어지는 모양(CURTAIN 모양)

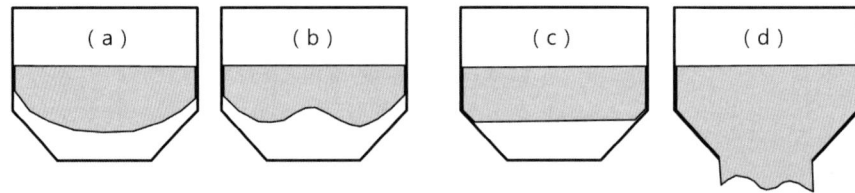

[그림 8-7] 토출 모양에 따른 작업평가

Chapter 9

도료공장의 배관과 펌퍼의 계산

도료공장의 배관과 펌퍼의 계산

도료기술자가 공장 안에서의 도료이송에 필요한 배관에 대해 간단하게 계산을 할 수 있는 능력을 갖고 있는 것이 좋다. 기본적으로 이 이송은 주어진 체적 V의 유체를 주어진 시간 t사이에 지정된 곳(거리 L)으로 파이프를 통해 이송하는 것이다. 또 낙차 h도 고려해 두지 않으면 안 된다. 여기에서는 단지 유동의 문제만을 해결하고 설계에 필요한 식만 취급하는 것으로 한다.

파이프계의 설계는 시판되는 표준치수 파이프를 사용하는 것이 좋다.

[표 9-1] 시판 철강 파이프의 표준치수

파이프의 크기 (公稱)	안지름(內徑)		안단면적(內斷面積)	
	inch	cm	inch^2	cm^2
1"	1.05	2.66	0.864	5.57
1½"	1.61	4.09	2.04	13.1
2"	2.07	5.25	3.36	21.7
2½"	2.47	6.27	4.79	30.0
3"	3.07	7.80	7.39	47.7
3½"	3.55	9.02	9.89	63.8
4"	4.03	10.22	12.73	82.3

표 9-1은 도료공장에서 잘 사용되는 파이프의 크기를 나타낸다. 파이프의 공칭 값과 파이프의 실제 안지름(흐름의 계산에 쓰이는 치수)과는 다르므로 주의할 필요가 있다.

1. NEWTON 유동(층류)과 난류

운동 중의 유체에 대한 연구에 의하면 유동은 2개의 다른 형으로 일어난다. 흐름을 일으키는 전달속도가 작은 액체의 층은 서로 미끄러져서 층상(層狀)유동을 나타낸다. 이 흐름을 NEWTON 유동, 점성유동, 층류 등으로 부른다. 전달속도가 점차 커지게 되면 흐름이 갑자기 무질서한 상태에 이르는 한계점에 도달한다. 즉 층류가 아닌 소용돌이를 일으키게 된다. 이러한 혼란상태를 난류, 또는 수력적유동(水力的流動) 등으로 부른다(그림 9-1).

유체의 유동식에서 표현은 REYNOLDS 수(數) N 이라고 부르고 있다.

파이프 라인에 대한 식(式)은

$$N = \frac{Du\rho}{\eta} \quad ------------------------------ \quad (1)$$

u = 평균속도 (cm/sec)　　　D = pipe의 지름 (cm)

η = 액체의 점도 (poise)　　　ρ = 밀도 (g/cm³)

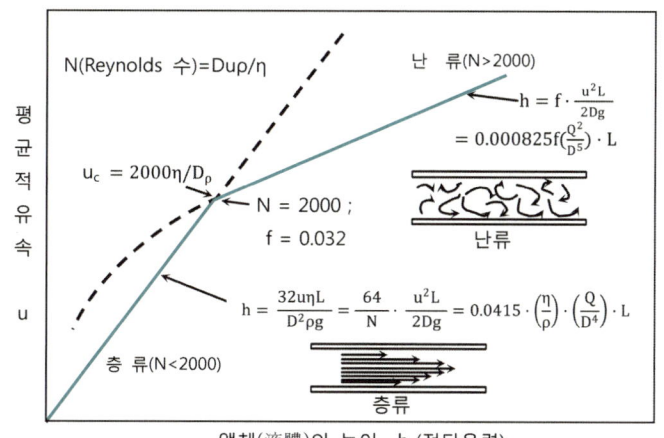

[그림 9-1] 층류와 난류에 있어서의 유체의 유동학적 상태

여기서 Q는 파이프에 흐르는 유량을 V/t 로 한다(V 는 체적, t 는 시간). 파이프를 지나는 평균속도 u는 이 유량을 파이프의 단면적($\pi D^2/4$)으로 나눈 것이다.

$u = \dfrac{4Q}{\pi D^2}$ 식의 u를 식 (1)에 대입하여 REYNOLDS 수 N으로 나타내면

$$N = \frac{4Q\rho}{\pi \eta D} = \frac{1.27Q\rho}{\eta D} = \frac{1.27Q}{\nu D}$$

대부분 NEWTON 유동에서의 난류로의 이동은 REYNOLDS 수 N값이 2,000인 곳에서 일어난다. N=2,000으로 두고 식 (1)에서 임계속도 Uc는 다음과 같이 된다.

$u_c = \dfrac{2000\eta}{D\rho}$ 이 식에서 N의 값을 치환시키면 식 (2)가 된다.

$$\frac{Q\rho}{D\eta} = \frac{Q}{D\nu} = 1570 \quad\text{-------------------------}\quad (\,2\,)$$

유량(流量, Q) = (cm³/sec)

*동적점도(動的粘度, stoke) $\nu = \eta / \rho$

*동적 점도(動的粘度)

절대점도의 기본적 계량치인 POISE와 동적점도의 값 STOKE와는 밀접한 관계가 있다. 동적 점도는 절대점도의 값(POISE)은 그 액체의 밀도 ρ (g/cm³) 로 나눈 것이다.

$$\nu (\text{STOKE}) = \frac{\eta\,(\text{poise})}{\rho\,(\text{g/cm}^3)}$$

이 STOKE의 값은 소위 동적점도계(ORIFICE형이나 기포형과 같은 형)를 쓸 때, 또는 도료공장에 있어서 도료를 수송할 때와 배관설계 등을 할 때 편리하다.
1 CENTI-POISE(cp)는 1 POISE의 1/100, 1 CENTI-STOKE는 1 STOKE의 1/100과 같다. 20℃ 에 있어서 물의 점도는 1.0cp, 동유(桐油)는 50cp, 피마자유는 1000cp 이다.

식 (2)는 점도, 유량, 파이프 직경 등이 포함되어 있는 유용한 식이며, 이 식(式)은 다음과 같이 나타낼 수가 있다.

$$\frac{Q}{D\nu} < 1570 \ (점성류 \ 또는 \ 층류)$$

$$\frac{Q}{D\nu} = 1570 \ (임계상태)$$

$$\frac{Q}{D\nu} > 1570 \ (난류)$$

문제 1 GARDNER 점도 A의 바니쉬가 2inch의 파이프로 30gal/min의 유량으로 펌프에 의해 이송되고 있다. 이 흐름은 NEWTON의 유동인가, 난류인가?

답 공칭 2inch 파이프의 안지름은 5.25cm이다. 30gal/min의 유량 Q는 1,900cm³/sec 이다. 기포점도 A는 0.5stoke에 상당한다. 이들 값을 식 (2)에 넣으면 N은 7211이 되므로 이것은 NEWTON 유동이다.

$$\frac{Q}{D\nu} = \frac{30 \times 63.1}{5.25 \times 0.5} = 721 < 1570 \qquad 1 \ gpm = 63.1 \ cm^3/sec$$

2. 낙차(落差), 마찰저항에 대한 낙차손실(落差損失)

펌프의 배출 측에서 유체에 의한 압력은 우선 2개의 인자로서 정해진다. 즉 (a) 배출 측의 유체낙차 h_d, (b) 배출 측의 파이프 계를 지나는 유체가 흐를 때의 마찰저항 h_{fd} 이다.

배출 측의 낙차 h_d는 펌프의 출구와 펌프로 미는 액체의 자유표면과의 높이의 차이이다. h_d라 하는 것은 수직거리이며, 액체를 펌프의 출구에서 수송하는 파이프 라인의 길이와 그 경로에는 관계가 없다(그림 9-2 참조). 그것은 실제의 수직거리이며 액면과의 차이를 나타낸다. 액압(液壓)을 측정하는 중요한 이유는 이 낙차를 고려하는 것이 기본이 되기 때문이다.

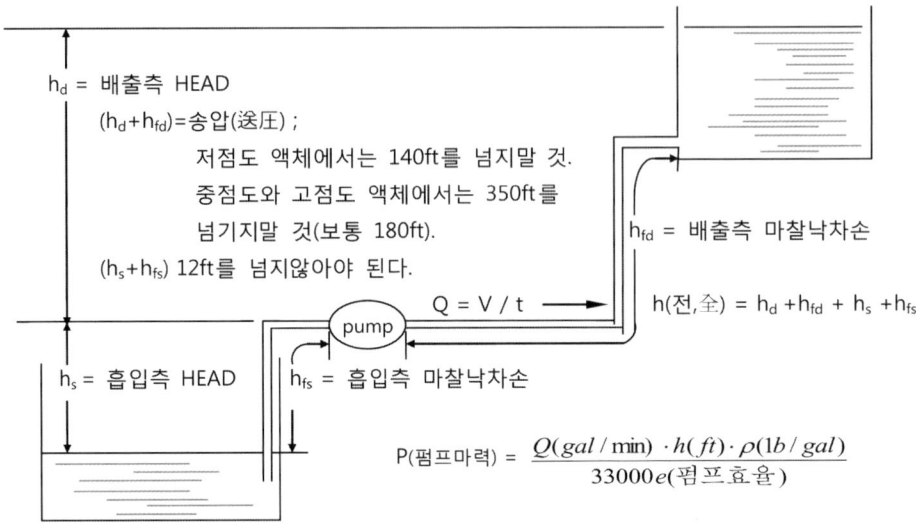

[그림 9-2] 全落差(전낙차)와 부분적 낙차의 관계를 표시하는 대표적인 파이프계

마찰저항에 의한 낙차손실 h_{fd}는 하나의 길이 단위이다. 그러므로 그것은 직접 측정할 수가 없다. 오히려 마찰저항에 상당한 가상적인 낙차를 갖고 있으며 흐름의 저항을 표현하는 편리한 것도 있다. 유체의 낙차는 파이프의 길이와는 분리되어 있지만, 마찰에 의한 낙차손실은 파이프의 길이에 비례(같지 않다)하는 것도 있다.

그림 9-2을 보면 낙차(여기에서는 정적낙차)와 마찰 저항에 의한 낙차손(동적낙차)과의 의미를 명확하게 하고 있다.

펌프의 흡입 측은 그림 9-2에 나타나 있는 낙차 hs 이다. 이 흡입측 낙차를 흡입낙차라고 부르지만 흡입되는 액체의 자유표면과 펌퍼에 들어가는 입구의 중심선과의 높이의 차로 측정할 수가 있다. 만약 흡입하는 액면이 펌프 입구보다 위에 있으면 이것은 부(負)의 량이 된다.

흡입낙차는 수직방향의 직선거리이다.

흡입 측의 유체저항에 의한 낙차손 h_{fs}도 길이의 차원이다. 이것은 흡입 측의 파이프를 지나는 액체가 흐를 때의 저항치이다. h_{fs}는 마찰저항에 상당하는 가상적 높이이며 h_{fs}은 같은 파이프의 길이에 비례(같지 않을 수 있다)한다.

전낙차(全落差) h는 각 성분 낙차를 합한 것이다.

전낙차(h) = 배출측($h_d + h_{fd}$) + 흡입측($h_s + h_{fs}$) ------ (3)

표 9-2의 환산계수는 펌프나 파이프 단위 환산에 유용하게 사용되고 액체 낙차는 압력으로 변환시킬 수가 있다.

[표 9-2] 단위의 환산표

단위(單位)의 변환	압력(壓力)의 계산식
1inch = 2.54cm 1inch^2 = 6.45cm^2 1inch^3 = 16.4cm^3 1foot = 30.48cm 1gallon = 3785cm^3 1pound = 454gram 1gram/cm^3 = 8.33lb/gal 1gpm = 63.1cm^3/sec	ρ(dyne) = 980×h(cm)×ρ(g/cm^3) ρ(psi) = 0.00694×h(ft)×ρ'(1b/ft^3) = 0.433×h(ft)×ρ(g/cm^3) * ρ는 (g/cm^3) 단위로 표현하는 밀도 * ρ'는 (1b/ft^3) 단위로 표현하는 밀도 * psi은 pounds per square inch * gpm은 gallons per minute

파이프 설계의 압력은 경험상 과도한 이송압을 피하는 것이 좋다. 적정한 송압을 유지하므로서 발브 및 연결부위의 누유를 피할 수 있고 펌프의 효율이 잘 유지되어 마력이 감소되므로 표준사양의 펌프를 사용할 수가 있다.

표 9-3에 표시한 액체낙차는 파이프계를 설계하는 도료기술자에 필요한 적정한 값을 제시하고 있다.

[표 9-3] 도료공장 파이프계의 설계에 권장되는 최대와 최적 액체의 낙차

	저점도 액체(ft) (물, 용제, 희석제류)	중~고점도 액체(ft) (기름, 바니쉬, 알키드, 에나멜류)
배출측 마찰낙차손(h_{fd}) 송압(h_d+h_{fd})	– 90 ft(최적) 140 ft(최대)	150 ft(최대) 180 ft(최적) 350 ft(최대)
흡입측 흡입낙차와 마찰낙차손 (h_s+h_{fs})	12 ft(최대)	12 ft(최대)

3. 층류에 필요한 압력

NEWTON 유동에 있어서 주어진 체적의 유체를 수평 파이프를 통하여 보낼 경우, 필요한 압력을 식(式) h로 표현하면

$$h = \frac{32(4Q\eta L)}{\pi D^4 \rho g} = 0.0415 \frac{\eta}{\rho} \frac{Q}{D^4} L \quad \text{-------------} \quad (4)$$

1) 임계저항(臨界抵抗) 계수(係數)

층류와 난류의 한 쪽에서 다른 쪽으로 이동하는 경계에서는, 양쪽 식의 h는 같지 않으면 안 된다. 따라서 그 전이점(轉移點)은 f = 64/N이다. 만약 N가 2,000이란 임계 값을 가질 경우 f는 0.032가 되고 이것은 임계저항 계수가 된다.

2) 층류에 있어서 파이프 중의 마찰저항

층류에 있어서의 단위 길이당 마찰손실은 다음과 같이 표현한다.

$h = h'L$ (h'는 마찰손실을 파이프의 단위 길이에 대해 나타내고, 댓쉬를 붙이지 않은 h는 파이프의 전 길이 L에 대한 마찰손실을 나타냄)

$$h' = 0.415 \frac{\eta}{\rho} \frac{Q}{D^4} = 0.0415 \frac{\nu Q}{D^4} \quad \text{---------------} \quad (5)$$

$$Q(\text{cm}^3/\text{sec}), D(\text{cm}), \nu(\text{stoke})$$

* GARDNER & STOKE VISCOSITY CONVERSION CHART

동적점도(stoke) $\gamma = \eta/\rho$	0.5	1	2	2.5	3	4	5	9	13	23	46	99
GARDNER HOLDT	A	D	H	J	L	P	S	V	X	Z	Z-3	Z-5

문제 2 GARDNER 점도 D의 알키드수지가 2inch의 수평파이프에 30gpm의 유량이 흐르고 있다. 파이프 길이 200ft의 마찰손실을 계산하라.

답 수식 (5)를 써서 단위 길이당 마찰손실을 계산하면

$$h' = 0.0415 \frac{\nu Q}{D^4} = \frac{0.0415 \times 1.0 \times 1890}{5.25^4} = 0.10\,\text{ft/ft}$$

$$30\text{gpm} = 30 \times 63.1 = 1893\text{cm}^3/\text{sec}$$

$$D점도 = 1.0\text{stoke}$$

$$2\text{inch} = 5.25\text{cm}$$

따라서 200ft의 마찰손실은 200×0.1 = 20ft이다.

3) 층류 부속품의 마찰저항

부속품의 마찰저항은 그것에 상응한 파이프 길이로 나타낼 수가 있다.

GARDNER 점도(粘度)		D	E	G	H	J	L	U
파이프의 등가장(等價長, ft)	ELBOW	6	5	3.6	3	2.2	2	1
	VALVE	2	1.6	1.2	1	0.5	–	–

문제 3 길이 400ft의 지름 2inch 수평 파이프에 G 점도의 바니쉬를 45gpm으로 보내고 있다. 이 상태에서 마찰저항을 낙차와 1b/inch²(psi)로 나타내어라. 단, 수평 파이프는 ELBOW 6개와 2개의 VALVE가 부착되어 있고, 바니쉬 밀도는 0.93 g/cm³.

답 단위 길이당 마찰손실은

$$h' = 0.0415 \frac{\nu Q}{D^4} = \frac{0.0415 \times 2840 \times 1.6}{5.25^4} = 0.256 \, ft/ft \, (cm/cm)$$

45gpm = 45×63.1 = 2840cm³/sec

G 점도 = 1.6stoke

2 inch = 5.25cm

부속품의 마찰저항은 G 점도에서 ELBOW 등가장 길이는 3.6 ft/ft,
VALVE의 등가장 길이는 1.2 ft/ft
부속품 전체는 24 ft/ft [(3.6×6) + (1.2×2) = 24]임.
마찰저항 h = 109 ft/ft [(400+24)×0.256 = 109 ft/ft]이다.

이것을 1b/inch² (psi)로 환산하면
$\rho'(psi) = 0.00694 \times h(ft) \times \rho'(1b/ft^3) = 0.00694 \times 109 \times 58 = 43.9psi$
　　　밀도 0.93g/cm³ = 0.93×62.43 = 58.061b/ft³
$\rho(psi) = 0.433 \times h(ft) \times \rho(g/cm^3) = 0.433 \times 109 \times 0.93 = 43.9$
　　　43.9psi = 43.9×0.07031 = 3kg/cm²
　　　(1psi = 0.07031kg/cm²)

4. 난류에 필요한 압력

파이프계를 흐르는 유체에 난류를 포함하는 문제를 풀 때 잘 쓰이는 압력 h 에 관한 식은 식 (6)이다.

$$h = 0.000826\, f\, \frac{Q^2}{D^5}L \qquad \text{----------------------} \quad (6)$$

저항계수 f 는 차원(次元)이 없는 량임.

1) 난류의 파이프 마찰저항

난류에 대한 마찰 저항계수(f)의 값이 필요하면 대략 0.022로 가정할 수 있다.

저항계수 f 는 REYNOLDS 수에 관계가 있고, 파이프 내부의 상대적 거칠음 ε/D (ε 는 파이프 내부표면의 요철이며, D는 파이프의 직경)에 관계가 있으나 계산식에 있어서는 복잡하여 생략하는 것으로 한다.

2) 난류의 부속품에 대한 파이프 라인의 저항 계산

난류에 있어서의 단위 길이당 마찰손실은 다음과 같이 표현한다.

$h = h'L$(h' 는 마찰손실을 파이프의 단위 길이에 대하여 나타내고, 댓쉬를 붙이지 않은 h 는 파이프의 전 길이 L 에 대한 마찰손실을 나타냄)

$$h' = 0.000826\, f\, \frac{Q^2}{D^5} \qquad \text{--------------------------} \quad (7)$$

문제 4 600ft의 수평 강제 파이프가 물을 100gpm으로 보내지는 데 사용된다. 3inch 파이프를 사용하고 10개의 ELBOW와 3개의 VALVE가 붙어 있다. 이 마찰손실을 낙차와 1b/inch²(psi)로 나타내어라

답 단위 길이당 마찰손실은

$$h' = 0.000826\, f\, \frac{Q^2}{D^5} = 0.000826 \times 0.022\, \frac{(100 \times 63.1)^2}{(7.8)^5} = 0.025\,cm/cm(ft/ft)$$

저항계수 f = 0.022로 가정함.

100gpm = 100×63.1 = 6310cm³/sec

3inch = 7.8cm

* 난류일 때 부속품의 마찰저항은 그것에 상응한 파이프 길이로 나타낼 수가 있다.

공칭 파이프의 지름(inch)		1	$1\frac{1}{2}$	2	$2\frac{1}{2}$	3	4
파이프의 等價長(ft)	ELBOW	2.6	4	5.5	6	8	10
	GATE VALVE	0.6	0.9	1.2	1.3	1.6	2.2

– 3inch의 ELBOW 등가장 길이는 8.0 ft/ft, VALVE의 등가장 길이는 1.6 ft/ft,

　부속품 전체는 85 ft/ft [(8×10) + (1.6×3) = 84.8]임.

　마찰저항 h = 17 ft/ft [(600 + 85) × 0.025 = 17.1 ft/ft]이다.

이것을 1b/inch²(psi)로 환산하면

ρ'(psi) = 0.00694×h(ft)×ρ'(1b/ft³) = 0.00694 × 17 × 62.4 = 7.4 psi

　　　　밀도 1.0 g/cm³ = 1.0×62.43 = 62.4 1b/ft³

ρ (psi) = 0.433×h(ft)×ρ(g/cm³) = 0.433×17×1.0 = 7.4 psi

　　　　7.4 psi = 7.4×0.07031 = 0.5 kg/cm²

5. 도료공장에서의 유동의 예제

　지금까지의 설명은 도료의 유동 문제를 파이프 라인에 국한된 범위에서 생각해
왔다.

　다음은 알키드 수지용액을 1층의 저장탱크에서 2층에 이송하는 파이프계의 설계
문제를 취급하기로 한다. 일반적으로 기름, 바니쉬, 전색제 등은 그 고점성 때문에
파이프 라인 안에서는 층류가 되지만 물이나 용제는 난류가 된다.

문제 5　점도 J(stoke=2.5), 비중 0.93의 알키드수지 660 gal을 15분에 1층의 저장탱크에
서 2층의 혼합탱크로 보낼 수 있도록 펌퍼와 파이프를 설계하여라.
혼합탱크의 유출구는 저장탱크의 표면에서 30 ft의 높이에 있는 2개의 밸브와 8개의 엘보우
를 포함한 220 ft의 파이프가 필요하다고 하며, 펌프는 저장탱크의 위에 있고, 8 ft의 수직 흡
입 펌프가 탱크 밑에서 이송한다. 이와 같은 상태에서 알맞은 파이프 지름을 구하라.

답 ① 흡입측 계산

흡입측 파이프는 $h_s + h_{fs} > 12\,ft$의 설계를 권장함.

$h_s = 8\,ft$이므로 h_{fs}는 $4\,ft$ 이내의 마찰저항이 되므로 흡입측의 전 유효 파이프 길이를 16 ft라고 가정하면, 파이프의 단위 길이당 마찰손실은 $0.25\,ft/ft\,(4/16=0.25)$를 넘을 수는 없다.

$$h' = \frac{0.0415\nu Q}{D^4} = \frac{0.0415 \times 2.5 \times 44 \times 63.1}{D^4} = 0.25$$

점도 = 2.5stoke

44gpm = 660gal/15min

1gpm = 63.1cm³/sec

흡입측 파이프의 직경은 D = 5.8cm이다.

② 압송측 계산

압송측 파이프는 $h_d + h_{fd} \fallingdotseq 180\,ft$를 권장함.

$h_d = 30\,ft$이므로 h_{fd}는 $150\,ft$의 낙차가 마찰에 쓰일 수 있도록 남겨져 있다.

압송측의 파이프 라인의 유효길이는 $239\,ft\,[220+(8\times2.2)+(2\times0.5)=238.6]$이므로 단위 길이당 마찰손실은 $0.63\,ft\,(150/239=0.627)$이다.

$$h' = \frac{0.0415\nu Q}{D^4} = \frac{0.0415 \times 2.5 \times 44 \times 63.1}{D^4} = 0.63$$

압송측 파이프의 직경은 D = 4.6cm이다.

흡입측과 압송측의 파이프 지름은 $1\frac{1}{2}$ inch와 2inch의 사이가 되는데 굵게 하는 것이 동력을 적게 하고 과부하에 대처할 수 있으므로 충분히 큰 안전계수를 파이프에 두는 것이 바람직하다.

문제 6 앞의 문제 5에 있어서 압송측 파이프를 직경 2inch와 3inch의 파이프를 쓸 때 양쪽에 걸리는 소요마력을 계산하라.

답 ① 2inch 파이프 사용시

흡입측 낙차(h_s+h_{fs}) = 12ft

배출측 낙차(h_d+h_{fd}) = 30+(239×0.379) = 121ft

$$h' = \frac{0.0415\nu Q}{D^4} = \frac{0.0415 \times 2.5 \times 44 \times 63.1}{(5.25)^4} = 0.379$$

전낙차 = 12+121 = 133ft

전압(ρ) psi = 0.443 · h(ft) · ρ(g/cm³) = 0.433×133×0.93 = 53.6 psi

54 psi = 54×0.07031 = 3.8kg/cm²

이론마력(Hp) = 1.37

$$P(Hp) = \frac{Q \cdot h \cdot \rho'}{33000} = \frac{44 \times 133 \times (0.93 \times 8.33)}{33000} = 1.37$$

Q : gal/min,   h : ft, ρ' : 1b/gal,

1 gram/cm³ = 8.33 1b/gal

② 3inch 파이프 사용시

흡입측 낙차(h_s+h_{fs}) = 12ft

배출측 낙차(h_d+h_{fd}) = 30+(239×0.08) = 49ft

$$h' = \frac{0.0415\nu Q}{D^4} = \frac{0.0415 \times 2.5 \times 44 \times 63.1}{(7.8)^4} = 0.08$$

전낙차 = 12+49 = 61ft

전압(ρ) psi = 0.433 · h(ft) · ρ(g/cm³) = 0.433×61×0.93 = 24.6psi

25 psi = 25×0.07031 = 1.8kg/cm²

이론마력(Hp) = 0.63

$$P(Hp) = \frac{Q \cdot h \cdot \rho'}{33000} = \frac{44 \times 61 \times (0.93 \times 8.33)}{33000} = 0.63$$

6. 액체(液體)의 자연유출(自然流出)

유동의 문제를 취급하려면 때에 따라서 높은 곳에 있는 탱크에서 파이프 라인을 통과하는 액체가 자연 유출하는 유량을 추정할 필요가 생긴다.

점도별(粘度別)로 유량에 대해 식으로 표시하면

(1) 저점도일 경우 유출속도 식은 $u = \sqrt{(2gh)/\{1.5+(fL/D)\}}$ 이다.

   u는 f값 없이는 계산할 수가 없으므로, 적당한 f의 값을 0.022로 가정한다.(물이나 저점도의 용제에 대해서는 0.022 값을 사용함)

(2) 중·고점도의 액체에 대한 유출속도 식은 $u = \dfrac{30.6\ hD^2\rho}{\eta L}$ 이고

(3) 유량의 식은 $Q = \dfrac{\pi D^2}{4}\sqrt{(2gh)/\{1.5+(fL/D)\}}$ 이 된다.

문제 7 유출구에서 75ft의 높이에 있는 물(20℃)이 길이 200ft, 공칭 $1\frac{1}{2}$inch의 파이프에서 유출되고 있다. 그 유출량을 구하라.

답 저점도의 유출속도 식은

$$u = \sqrt{\frac{(2gh)}{\{1.5+(fL/D)\}}} = \sqrt{\frac{2\times980\times2286}{\{1.5+(0.022\times6096/4.09)\}}} = \sqrt{\frac{4480560}{1.5+32.8}} = 361.4\text{cm/sec}$$

g = 980cm/sec   h = 75ft = 75×30.48 = 2,286cm

f = 0.022로 가정   L = 200ft = 200×30.48 = 6,096cm

D = $1\frac{1}{2}$ inch = 4.09cm

자연 유출량은

$$Q = \frac{\pi D^2}{4}\sqrt{\frac{(2gh)}{\{1.5+(fL/D)\}}} = \frac{3.14\times(4.09)^2}{4}\sqrt{\frac{2\times980\times2286}{\{1.5+(0.022\times6096/4.09)\}}}$$

$$= 13.1 \times 361.4 = 4,734\,cm^3/sec$$

$$= 4,734\,cm^3/sec = \frac{4734}{63.1} = 75\,gpm$$

$$1\,gpm = 63.1\,cm^3/sec$$

문제 8 피마자유의 탱크에서 4 inch 지름 파이프로 20 ft 거리에서 자연유출되고 있다. 기름의 점도는 10.4 poise, 밀도는 0.96 g/cm^{3}이다. 기름의 표면은 파이프의 유출구에서 30 ft 의 높이에 있다. 이때의 유량을 구하라.

답 중·고점도의 유출속도 식은

$$u = \frac{30.6hD^2\rho}{\eta L} = \frac{30.6 \times 914 \times (10.2)^2 \times 0.96}{10.4 \times 610} = \frac{2793439}{6344} = 440\,cm/sec$$

$$h = 30ft = 30 \times 30.48 = 914cm \qquad D = 4inch = 10.2cm$$

$$\rho = 0.96\,g/cm^3 \qquad\qquad\qquad \eta = 10.4\,poise$$

$$L = 20ft = 20 \times 30.48 = 610cm$$

$$\text{저항계수 } f = \frac{64\eta}{Du\rho} = \frac{64 \times 10.4}{10.2 \times 440 \times 0.96} = 0.154$$

자연 유출량은

$$Q = \frac{\pi D^2}{4}\sqrt{\frac{(2gh)}{\{1.5+(fL/D)\}}} = \frac{3.14 \times (10.2)^2}{4}\sqrt{\frac{2 \times 980 \times 914}{\{1.5+(0.154 \times 610/10.2)\}}}$$

$$= 81.7\sqrt{\frac{1791440}{1.5+9.2}} = 33,430\ cm^3/sec = \frac{33430}{63.1} = 530\,gpm$$

$$g = 980\,cm/sec \qquad 1\,gpm = 63.1\,cm^3/sec$$

파이프계의 유량 계산에는 액체의 온도, 전단응력, 파이프의 거칠음, 부속품의 형상 등 많은 변수가 있어 정확한 계산은 어렵게 된다. 따라서 공학적인 목적으로 압력과 유량, 점도 크기의 범위를 계산하는 것을 설계에 사용한다.

7. 배관(配管)과 파이프의 설계(設計)에 관계되는 중요한 식

① REYNOLDS 수(數) N

$$N = \frac{Du\rho}{\eta} = \frac{Du}{\nu} = \frac{1.27Q}{\nu D}$$

② 층류와 난류

$$\frac{Q}{D\nu} \begin{cases} < 1570 \quad 층류(層流) \\ = 1570 \quad 전의점(轉移點) \\ > 1570 \quad 난류(亂流) \end{cases}$$

③ 액체의 전낙차(全落差)

$$h = h_d + h_{fd} + h_s + h_{fs}$$

④ 파이프 단위(單位) 길이당 마찰낙차손(摩擦落差損)

$$h'(층류) = 0.0415 \frac{\eta Q}{\rho D^4} = 0.0415 \frac{\nu Q}{D^4}$$

$$h'(난류) = 0.000826 \, f \frac{Q^2}{D^5}$$

⑤ 소요마력(所要馬力)

$$P = \frac{Qh\rho'}{33000}$$

⑥ 탱크에서 액체(液體)의 자연유출(自然流出)

$$Q = \frac{\pi D^2}{4} \sqrt{\frac{2gh}{1.5+(fL/D)}} = 35D^2 \sqrt{\frac{h}{1.5+(fL/D)}}$$

도료공장의 설비제원 및 생산에 필요한 대조표

도료공장의 설비제원 및 생산에 필요한 대조표

1. 도료용 PREMIXING TANK의 일반사양

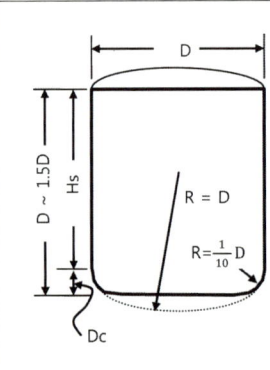

＊PREMIXING 설비의 제원
 – DISC TYPE : COWLES
 – DISC SIZE : D(Tank Dia)×0.33
 – TIP SPEED : 4500~5000 ft/min

TANK용량 (m³)	TANK DIMENSION (mm)			IMPELLER 주속 (4500~5000 ft/min)		
	D(Diameter)	Hs(Height)	Dc(Discharge)	마력(Hp)	속도(RPM)	DICK SIZE
1,000 ℓ	1200	1000	260	25/50	600/1200	380~420
1,500 ℓ	1300	1200	280	30/60	550/1100	420~460
2,000 ℓ	1400	1400	310	40/80	500/1000	450~490
3,000 ℓ	1600	1600	350	50/100	450/900	520~560
4,000 ℓ	1700	1800	370	60/120	425/850	550~590
6,000 ℓ	1900	2100	400	90/180	375/750	620~660

2. 도료용 FILLING TANK의 일반사양

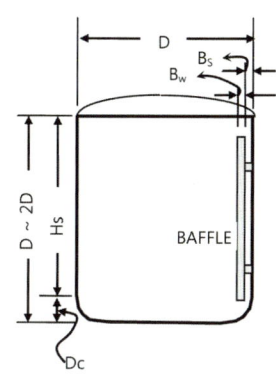

✴ FILLING TANK 의 DIMENSION

TANK용량 (m³)	TANK DIMENSION (mm)		
	D(Diameter)	Hs(Height)	Dc(Discharge)
2,000ℓ	1300	1600	280
3,000ℓ	1500	1800	330
4,000ℓ	1600	2000	350
6,000ℓ	1800	2400	380
10,000ℓ	2200	2700	460
20,000ℓ	2800	3300	580

✴ FILLING TANK의 설비제원

DISC TYPE		TURBINE	PROPELLER	RING
주속(FPM)		1200~1300	1700~1800	2200~2300
DISC	길이	D×0.33	D×0.33~0.4	D×0.25~0.26
	폭	D×0.06(Φ45°)	D×1/12(Φ25°)	D×0.026(Φ90°)
BAFFLE	폭(BW)	D×1/12		
	간격(BS)	D×1/72		
적용 점도		저점도용	저~중점도용	중~고점도용
모 형				

✴ TANK 용량별 교반 DISC의 회전수(TURBINE TYPE)

주속(FTM) TANK 용량(Gal.)	저속 교반 500~650	중속 교반 650~800	고속 교반 800~1,000	DISC 직경(Inch)
20,000	32~41	41~51	51~70	60
10,000	41~52	52~64	64~88	48
5,000	50~65	65~80	80~111	38
1,000	87~113	113~139	139~191	22
500	109~142	142~175	175~240	18
100	185~241	241~297	297~408	10.8
50	234~304	304~374	374~514	8
5	504~655	655~806	806~1,109	3.8
1	868~1128	1,128~1,388	1,388~1,909	2.2

3. 합성수지 반응조의 일반사양

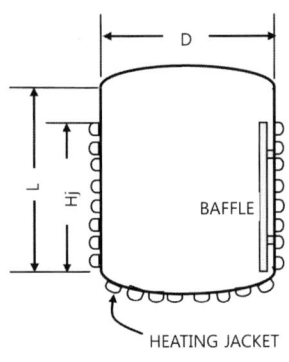

* 합성수지 반응조의 일반사양

TANK 용량 (ℓ)	DIMENSION (Dmm×Lmm)	사입량 (ℓ)	교반기 동력 (kw)	전열면적 (m³)	JACKET 높이(Hj) (mm)	용제 분리조 (ℓ)	REFLUX CONDENSER (m³)	냉각수량 (m³/Hr)
500	800 x 1000	400	1.5	2	650	60	3	4
1000	950 x 1300	700	2.2	3	850	80	5	7
1500	1200 x 1300	1200	3.7	4.5	850	100	7	9
2000	1300 x 1400	1500	3.7	5	950	150	10	13
2500	1400 x 1500	1900	5.5	6	1000	150	12	16
3000	1500 x 1600	2300	5.5	7	1050	200	15	20
4000	1600 x 1800	3000	7.5	8	1200	200	20	26
5000	1700 x 2000	3700	7.5	9.5	1300	200	25	33
6000	1900 x 2000	4500	11	11	1350	250	30	39
7000	1900 x 2200	5000	11	12	1450	300	35	46
8000	2000 x 2300	5700	11	13	1500	300	40	52
10000	2200 x 2400	7500	15	15.5	1600	350	50	65
12000	2400 x 2500	9300	15	18	1650	400	55	72
14000	2400 x 2700	10000	15	19	1800	400	65	85
15000	2500 x 2700	11000	22	20	1800	450	70	91
16000	2500 x 3000	12000	22	21.5	2000	500	75	98
18000	2600 x 3000	13000	22	23	2000	500	80	105
20000	2600 x 3500	15000	22	25	2350	600	90	120

4. 배합설계 이론공식

구 분 / 원 료 명	Weight (W₁)	S.G	Volume (V₁)	Weight Solids (W₂)	S.G	Volume Solids (V₂)	백분율 (%)
1 Acrylic Resin-50%	48.50	0.95	51.05	24.25	1.04	23.32	65.59
2 Melamine Resin-60%	17.30	0.98	17.65	10.38	1.11	9.35	26.30
3 Heliogen Blue	4.30	2.10	2.05	4.30	2.10	2.05	5.76
4 Heliogen Green	0.35	2.10	0.17	0.35	2.10	0.17	0.48
5 TiO2	2.12	4.00	0.53	2.12	4.00	0.53	1.49
6 Carbon Black	0.12	1.75	0.07	0.12	1.75	0.07	0.20
7 Permanent Violet	0.11	2.00	0.06	0.11	2.00	0.06	0.17
8 Homogenol-1%	0.50	0.86	0.58	0.003	2.65	0.001	0.002
9 SF 69-1%	0.50	0.86	0.58	0.003	0.96	0.003	0.008
10 Swasol	5.20	0.88	5.91	–	–	–	–
11 Butyl Cellosolve	6.60	0.91	7.25	–	–	–	–
12 N-BuOH	2.60	0.81	3.21	–	–	–	–
13 Xylene	11.80	0.86	13.72	–	–	–	–
Total	100.00	0.972	102.83	41.636		35.554	100.000

① $\text{SPECIFIC GRAVITY} = \dfrac{W_1}{V_1} = \dfrac{100}{102.83} = 0.972$

② $\text{S.V.R(\%)} = \dfrac{V_2}{V_1} \times 100 = \dfrac{35.554}{102.83} \times 100 = 34.6\%$

③ $\text{S.W.R(\%)} = \dfrac{W_2}{W_1} \times 100 = \dfrac{41.636}{100} \times 100 = 41.6\%$

④ $\text{P.V.C(\%)} = \dfrac{V_{2\text{Pigment}}}{V_{2\text{Pigment}} + V_{2\text{Binder}}} \times 100 = \dfrac{2.88}{2.88+32.674} \times 100 = 8.1\%$

⑤ 이론 도포율(m²/l) $= \dfrac{10 \times \text{고형분 용적비(\%)}}{\text{건조도막 두께}(\mu)} = \dfrac{10 \times 34.6}{45} = 7.69\,\text{m}^2/l$

⑥ 단위 면적당 이론적 도포 가격(₩/m²) $= \dfrac{\text{건조도막 두께} \times \text{Lit}(l)\text{당 도료가격}}{10 \times \text{고형분 용적비(\%)}}$

⑦ 이론적 도료 소요량(l) = $\dfrac{\text{건조도막 두께}(\mu) \times \text{면적}}{10 \times \text{고형분 용적비}(\%)}$

⑧ 건조도막 두께(microns) = $\dfrac{\text{습도막 두께}(\mu) \times \text{고형분 용적비}(\%)}{100}$

⑨ 습도막 두께(microns) = $\dfrac{\text{건조도막 두께}(\mu) \times 100}{\text{고형분 용적비}(\%)}$

⑩ 실제 도포율(m^2/l) = 이론도포율 $-$ $\dfrac{\text{이론도포율} \times \text{LOSS}(\%)}{100}$

⑪ 도료 100g을 1.5m²에 도포시의 DFT는

$$\text{DFT}(\mu) = \frac{100[\,\text{(도료의 무게(100g)} \times \text{신나의 비중)} - \text{(신나의 무게(100-SOLID)} \times \text{도료의 비중)}\,]}{\text{도료의 무게(100g)} \times \text{도료의 비중} \times \text{신나의 비중} \times 1.5}$$

⑫ 도료 1l 을 20m²에 도포시 DFT는

$$\text{DFT}(\mu) = \frac{1000[\,\text{(도료의 무게(100g)} \times \text{신나의 비중)} - \text{(신나의 무게(100-SOLID)} \times \text{도료의 비중)}\,]}{\text{도료의 무게(100g)} \times \text{신나의 비중} \times 20}$$

5. 점도 대조표

POISE	CENTIPOISE	FORD CUP #3	FORD CUP #4	GARDNER-HOLDT BUBBLE	KREBS-STORMER Ku	SAYBOLT UNIVERSAL (SSU)	DIN #4 (20℃)
0.10	10		5	A4		60	
0.15	15		8	A3		80	
0.20	20	12	10			100	
0.25	25	15	12	A2		130	
0.30	30	19	14	A1		160	
0.40	40	25	18	A		210	19
0.50	50	29	22		30	260	
0.60	60	33	25	B	33	320	25
0.70	70	36	28		35	370	
0.80	80	41	31	C	37	430	33

POISE	CENTIPOISE	FORD CUP #3	FORD CUP #4	GARDNER -HOLDT BUBBLE	KREBS- STORMER Ku	SAYBOLT UNIVERSAL (SSU)	DIN #4 (20℃)
0.90	90	45	32		38	480	
1.00	100	50	34	D	40	530	38
1.20	120	58	41	E	43	580	45
1.40	140	66	45	F	46	690	50
1.60	160		50	G	48	790	55
1.80	180		54		50	900	
2.00	200	84	58	H	52	1,000	60
2.20	220		62	I	54	1,100	65
2.40	240		65	J	56	1,200	72
2.60	260		68		58	1,280	
2.80	280		70	K	59	1,380	85
3.00	300		74	L	60	1,475	92
3.20	320			M		1,530	100
3.40	340			N		1,630	110
3.60	360			O	62	1,730	120
3.80	380					1,850	
4.00	400			P	64	1,950	130
4.20	420					2,050	
4.40	440			Q		2,160	145
4.60	460			R	66	2,270	160
4.80	480				67	2,380	
5.00	500	208	135	S	68	2,480	175
5.50	550			T	69	2,660	190
6.00	600			U	71	2,900	220
7.00	700				74	3,375	
8.00	800				77	3,880	
9.00	900			V	81	4,300	270
10.00	1,000	416	270	W	85	4,600	330
11.00	1,100				88	5,200	
12.00	1,200				92	5,620	
13.00	1,300			X	95	6,100	440

POISE	CENTIPOISE	FORD CUP #3	FORD CUP #4	GARDNER -HOLDT BUBBLE	KREBS- STORMER Ku	SAYBOLT UNIVERSAL (SSU)	DIN #4 (20℃)
14.00	1,400				96	6,480	
15.00	1,500				98	7,000	
16.00	1,600				100	7,500	
17.00	1,700				101	8,000	
18.00	1,800			Y		8,500	560
19.00	1,900					9,000	
20.00	2,000	834	540		103	9,400	
21.00	2,100					9,850	
22.00	2,200					10,300	
23.00	2,300			Z	105	10,750	
24.00	2,400				109	11,200	
25.00	2,500			Z1	114	11,600	
30.00	3,000				121	14,500	
35.00	3,500			Z2	129	16,500	
40.00	4,000				133	18,500	
45.00	4,500			Z3	136	21,000	
50.00	5,000	2,081	1,350			23,500	
55.00	5,500					26,000	
60.00	6,000			Z4		28,000	
65.00	6,500					30,000	
70.00	7,000					32,500	
75.00	7,500					35,000	
80.00	8,000					37,000	
85.00	8,500					39,500	
90.00	9,000					41,000	
95.00	9,500					43,000	
100.00	10,000	4,160	2,700	Z5		46,500	
110.00	11,000					51,000	
120.00	12,000					55,500	
130.00	13,000					60,000	
140.00	14,000					65,000	

POISE	CENTIPOISE	FORD CUP #3	FORD CUP #4	GARDNER-HOLDT BUBBLE	KREBS-STORMER Ku	SAYBOLT UNIVERSAL (SSU)	DIN #4 (20℃)
150.00	15,000			Z6		69,500	
160.00	16,000					74,000	
170.00	17,000					80,000	
180.00	18,000					83,500	
190.00	19,000					88,000	
200.00	20,000	8,340	5,400			93,000	
300.00	30,000					140,000	

6. 표준체 대조표

JAPAN JIS Z-8801-1966	U.S.A ASTM E-11-61		체의 호칭 KS A 5101		BRITISH B.S 410-1962	
Opening(μm)	Opening(mm)	No	호칭치수(μm)	호칭번호(Mesh)	Opening(mm)	No
5660	*5.66	$3\frac{1}{2}$	5660	$3\frac{1}{2}$		
4760	4.76	4	4760	4		
4000	*4.00	5	4000	5		
3360	3.36	6	3360	6	3.35	5
2830	*2.83	7	2830	7	*2.80	6
2380	2.38	8	2380	8	*2.40	7
2000	*2.00	10	2000	10	*2.00	8
1680	1.68	12	1680	12	1.68	10
1410	*1.41	14	1410	14	*1.40	12
1190	1.19	16	1190	16	1.20	14
1000	*1.00	18	1000	18	*1.00	16
810	0.811	20	840	20	0.850	18
710	*0.707	25	710	25	*0.710	22
590	0.595	30	590	30	0.600	25
500	*0.500	35	500	35	*0.500	30
420	0.420	40	420	40	0.420	36
350	*0.354	45	350	45	*0.355	44

JAPAN JIS Z-8801-1966	U.S.A ASTM E-11-61		체의 호칭 KS A 5101		BRITISH B.S 410-1962	
Opening(μm)	Opening(mm)	No	호칭치수(μm)	호칭번호(Mesh)	Opening(mm)	No
297	0.297	50	297	50	0.300	52
250	*0.250	60	250	60	*0.250	60
210	0.210	70	210	70	0.210	72
177	*0.177	80	177	80	*0.180	85
149	0.149	100	149	100	0.150	100
125	*0.125	120	125	120	*0.125	120
105	0.105	140	105	140	0.105	150
88	*0.088	170	88	170	*0.090	170
74	0.074	200	74	200	0.075	220
63	*0.063	230	62	230	*0.063	240
53	0.053	270	53	270	0.053	300
44	*0.044	325	44	325	*0.045	350
37	0.037	400	37	400		

＊ : ISO

7. 입도계 대조표

Production club arbitrary scale	Hegman arbitrary scale	REL scale(μm)	Micrometres(μm)	Mils
10	8	0	0	0
	$7\frac{1}{2}$		6.4	0.25
		10	10.0	0.39
9			10.2	0.40
	7		12.7	0.50
	$6\frac{1}{2}$		19.1	0.75
		20	20.0	0.79
8			20.3	0.80
	6		25.4	1.00
		30	30.0	1.18
7			30.5	1.20
	$5\frac{1}{2}$		31.8	1.25

Production club arbitrary scale	Hegman arbitrary scale	REL scale(μm)	Micrometres(μm)	Mils
	5		38.1	1.50
		40	40.0	1.58
6			40.6	1.60
	$4\frac{1}{2}$		44.5	1.75
		50	50.0	1.97
5	4		50.8	2.00
	$3\frac{1}{2}$		57.2	2.25
4			61.0	2.40
	3		63.5	2.50
	$2\frac{1}{2}$		69.9	2.75
3			71.1	2.80
	2		76.2	3.00
2			81.3	3.20
	$1\frac{1}{2}$		82.6	3.25
	1		88.9	3.50
1			91.4	3.60
	$\frac{1}{2}$		95.3	3.75
	0		101.6	4.00

8. SEALING 재질별 화학 안정성

Material name	Polyurethane	Neoprene	Buna-N	Hypalon	Nordel	Vition	Teflon
Gasoline	B	D	A	B	D	A	A
Kerosene	C	B	A	D	D	A	A
Naptha	C	D	B	D	D	A	A
Toluene	C	D	C	D	D	A	A
Xylene	C	D	D	D	D	A	A
Hexane	B	B	A	B	D	A	A
Heptane	B	B	A	A	−	A	A
Methyl alcohol	D	A	A	A	B	C	A
Ethyl alcohol	D	A	A	A	A	A	A

Material name	Polyurethane	Neoprene	Buna-N	Hypalon	Nordel	Vition	Teflon
Furfural	D	D	D	D	A	D	A
Isopropyl alcohol	D	B	C	A	B	A	A
Bytyl alcohol	D	A	A	A	A	A	A
Isobutyl alcohol	D	A	C	A	A	A	A
Propyl alcohol	D	A	A	A	B	A	A
Ethyl acetate	D	D	D	D	B	D	A
Butyl acetate	C	D	D	C	B	D	A
Methyl acetate	D	B	D	D	A	D	A
Cellosolve acetate	D	D	C	D	A	D	A
Eehylene glycol	−	−	A	−	−	A	A
N-Butyl acetate	−	−	D	−	−	D	A
Acetone	D	D	D	B	A	D	A
MEK	D	D	D	D	A	D	A
MIBK	D	D	D	D	B	D	A
Cyclohexanone	D	D	D	D	C	D	A
Isophorone	B	D	D	D	C	D	A
Ethyl cellosolve	D	C	C	D	A	B	A
Butyl cellosolve	D	C	B	B	A	C	A
Butyl carbitol	−	B	A	B	A	A	A
Methyl cellosolve	D	D	D	D	B	D	A
Methylene chloride	D	D	D	−	C	B	A
Trichloro ethylene	D	D	D	D	D	A	A
Dimethyl formamide	−	D	C	D	−	A	A
Dipentene	D	D	C	D	D	A	A
Acetic acid	C	C	C	A	A	C	A
Oleic acid	B	D	B	C	B	B	A
Stearic acid	A	B	C	B	B	A	A
Lactic acid	−	C	B	A	B	A	A
Benzoic acid	D	D	D	D	B	A	A
Oxalic acid	−	B	B	B	A	A	A
Adipic acid	−	D	B	−	−	−	A
Maleic anhydride	−	D	D	D	C	A	A

Material name	Polyurethane	Neoprene	Buna-N	Hypalon	Nordel	Vition	Teflon
Fumaric acid	–	B	C	B	–	A	A
Formic acid	D	D	D	A	B	B	A
Ethylene glycol	B	A	A	A	A	A	A
Prophylene glycol	–	C	A	–	A	A	A
Diethylene glycol	D	A	A	A	A	A	A
Glycerine	A	A	A	A	A	A	A
Styrene	C	D	D	D	D	B	A
Ethyl silicate	–	A	A	B	A	A	A
Sodium silicate	–	A	A	A	A	A	A
Melamine	–	–	C	–	–	–	–
Toluene di isocyanate	–	D	–	D	A	–	A
Dibutyl phthalate	C	D	D	D	A	B	A
Dioctyl phthalate	C	D	D	D	B	A	A
Tricresyl phosphate	C	D	D	D	A	B	A
Dimethyl phthalate	–	D	D	D	B	C	A
Boric acid	A	A	A	A	A	A	A
Ammonia 10%	–	–	A	–	–	A	–
Benzyl chloride	D	D	D	D	D	A	A
Mono ethanol amine	C	C	B	D	B	C	A
Sodium bisulfate	–	A	A	–	A	A	A
Sodium nitrate	–	B	C	A	A	A	A
Ferrous sulfate	–	A	B	–	A	A	A
Hydro quinine	–	D	C	D	–	C	A
Perchloro ethylene	D	D	C	D	D	A	A
Silicone	–	A	A	A	–	A	–

＊ 안정성 구분 ⇒ A : 적용가능, B : 약간영향, C : 심한영향, D : 적용불가

X
도료공장의 설비제원 및 생산에 필요한 대조표

9. 안료분산에 관한 일반적인 용어 및 식의 요약

명 칭	기 호	단 위
안료밀도	ρ_p	g/cm^3
BINDER-밀도	ρ_b	g/cm^3
흡유량(ASTM D281-31)	OA_r	1b 유(油)/100 1b 안료
GARDNER-COLEMAN 흡유량(ASTM D1483-60)	OA_c	1b 유(油)/100 1b 안료
최소흡유량	OA_m	ml 유(油)/ml 안료
습윤점	WP	cm^3 VEHICLE/g 안료
유동점	FP	cm^3 VEHICLE/g 안료
안료체적농도	PVC	체적%
임계안료체적농도	CPVC	체적%
안료충진계수(단일안료의 CPVC)	PPF	체적%
BINDER-INDEX	BI	–

$$PVC = \frac{100\rho_b}{\rho_b + 0.01OA_r\rho_p}$$

$$PVC(\text{아마인유}) = \frac{93.5}{0.935 + 0.01OA_r\rho_p} \qquad \rho_b = \text{아마인유의 밀도}(0.935\text{g/cm}^3)$$

$$OAm = \frac{100}{CPVC} - 1 : \quad CPVC = \frac{100}{OA_m + 1}$$

$$BI = \frac{0.01OA_r\rho_p}{100/CPVC - 1}$$

도료공장의 기본설계와 생산운영 방식

도료공장의 기본설계와 생산운영 방식

1. 공장 계획안의 검토

공장 계획안은 기획단계에서 계획설계, 기본설계, 상세설계로 나누어 검토한다 (표 11-1 공장설계 PROJECT 관리 참조).

기획안을 수립할 때는 공장의 입지조건에 따른 부지의 선정이 매우 중요하고 공장운영의 고정비에 해당되는 부분을 개략적으로 파악하는 것이 좋다. 공장의 입지조건은 공장의 허가기준, 전력, 전기, 용수, 상하수도, 폐수, 교통, 물류비용, 인적자원 등이 먼저 검토되어야 한다.

시설배치의 문제는 경영 및 관리적인 면에서 기업의 많은 관심의 대상이 되어 왔다. 작업자와 설비 및 자재 등의 생산요소를 효율적으로 배치 한다는 것은 기업의 효능 및 잠재이익과 나아가서는 기업의 사활에도 긴밀한 관련이 있다.

제조공장의 경우 자재 취급 및 운반비용이 간접제조비의 20~50%를 차지하며 이 비용 중 최소 10~30%를 배치개선을 통하여 절감할 수 있다고 알려져 있다. 그러나 이러한 관심도에 비하여 배치안을 체계적으로 수립하는 방법은 비록 체계적 배치안의 수립의 기원이 산업혁명의 시점까지 거슬러 올라간다고 하더라도 비교적 최근에 대두 되었다고 할 수 있다.

과거의 배치안 수립은 거의 배치안 수립 담당자의 경험과 직관 또는 공학적인 관점에만 의존된 반면에 현재의 배치안 수립에는 배치안 수립에 관련된 요인을 분석하여 얻어진 자료에 따라 체계적으로 시설배치 문제를 해결하는 방법이 시도되고 있다. 바람직한 공장배치란 불필요한 운반을 지양하고 공간을 최대한 활용하면서 적은 노력으로 빠른 시간에 목적하는 제품을 경제적으로 생산할 수 있도록 설비를 배치하는 것이라 할 수 있다.

도료의 소비자 욕구가 다양화됨에 따라, 산업 전반적으로 다품종 소량생산 체제의 필요성이 높아지고 있다. 소비자의 욕구를 충족시키기 위해서는 생산성과 유연성을 갖춘 생산능력이 필요하며 이를 해결할 수 있는 수단이 바로 생산자동화이며 공장설계시 필히 검토되어야 할 부문이다.

그러나 생산자동화를 위해 단순히 자동화 설비만을 도입했다고 해서 생산효율성이 높아지고 제품의 품질이 향상되는 것은 아니다. 또 새로운 생산설비가 기술적으로 아무런 문제없이 운영된다고 해도 이 성과가 반드시 기업의 경쟁력 제고로 연결되는 것도 아니다. 오히려 많은 투자를 필요로 하는 생산자동화 기술의 도입이 현실과 전략에 부적합하여 실패하는 경우에는, 기업의 존립마저 위태롭게 할 수도 있다.

생산자동화는 생산과정의 효율화를 추구하기 위한 기술혁신의 한 부분이며, 동시에 자동화 과정에서 새로운 기술을 도입하고, 소화하는 능력을 축적함으로써 기술혁신을 촉진하는 수단이 되기도 한다.

생산자동화를 추진하는 목적은 기업이 처한 경제·사회적 환경과 기술 및 제품의 특성에 따라 서로 다르며, 기업전략 및 생산전략에 따라 기업별로 차이를 보이게 된다. 자동화 추진동기를 보면 작업능률 개선이 가장 높고 다음으로 인원감소, 생산능력 확대 등이다.

공장 설계시 생산자동화의 성공을 위해서는 ① 제품의 성역화 ② 생산성 향상 ③ 품질 균일화 등의 기술적인 부문을 먼저 정립시키고 새로운 생산기술은 기업의 현실에 적합하고 기업전략, 자원, 제품 및 시장환경 등에 적합한지를 충분히 검토한 후 반영하여야 한다.

또한 생산시스템은 통합생산자동화 CIM(COMPUTER INTEGRATED MANUFAC-TURING)을 도입하여 체계적인 관리시스템으로 만들어 나가야 한다.

[표 11-1] 공장 설계 PROJECT 관리(1)

도료 생산기술의 정석

228

기 획(企劃)	설 계(設計)	
	계획설계(計劃設計)	기본설계(基本設計)
▶ 입지계획 • 후보지 설정, 현지조사 　– 기후조건 　– 생활시설/학교, 상점, 병원 등 　– 토지현상 · 면적 · COST 　– 교육시설/대학 · 전문기술자 　– 용역/内容 · COST 　– 연락통신/교통 · 運輸 　– 각종 법규제/공해, 준토지역 등 　– 우대조치 • 입지선정 　– 조사결과 비교검토 ▶ 생산계획 • 생산품목 · 규모설정←[판매계획] ▶ PROCESS FLOW • PROCESS 조사 · 선정(제1차) • 주요시설 계획 • 용역(用役)대충 사용량 • 개략(槪略) LAYOUT • 개략 공정 • 운전, MAIN 계획 • 개략 운전비 ▶ 인원(要員)계획 • 부문(部門)구성, 근무형태 • 인원구성(내용 · 人數) • 정원계획 ▶ 경제성 개략(槪略)검토 • 대충(槪算)투자규모(설비삼각 조건) • 대충 운전비용 　– 고정비, 변동비 • 대략(槪略) COST 산정 　– 판매계획 : 판매원 · 판매단가 　– 이익계획 　– 자금계획 • 환경 · 보안대책	▶ 공장계획(기본조건 설정) 　– 신설, 능력증강, 개조, 이전 • 조성 · 외구(外構)계획 • 제품 · 원료 　– 생산품목 · 생산량 　– 원료종류 · 부자재 · 사용량 • PROCESS 설정(제2차) 　– PROCESS FLOW 　– 주요 기기(機器) 능력설정 　– 기기 기본 LAYOUT 　– 동선(動線) 기본계획 • 용역시설(施設) 개요검토 • 공장 기본계획 　– 주요 시설배치 　– 시설별 부서(部屋)구성 　– 부서(部屋)별 SPACE 설정 　– 실내조건 설정 • 대충(槪算) 건설비 　– MASTER · SCHEDULE 　– 법규제 조사검토 ▶ 기존(旣存)용지 · 공장 진단조사 • 용지(用地) · 시설배치 　– 시설별 부서(部屋)구성 　– SPEC : 실내조건 • 제품 · 원료 · 부자재 　– LINE · 품목별 · SPEC · 량 • PROCESS 　– PROCESS FLOW 　– M/B, 기기배치 　– 주요기기 · SPEC 　– 공장 내외(内外) 동선 • STOCK 출하 • 용역(用役) 관계 　– 전력, 용수, 가스, 전기 등의 　　사용량, SPEC 등 　– 공급능력, 설비내용 • 폐기물 • COST 　– 자금, 원료 등 • 관리방법 　– 생산, 출하, 재고, 품질 • 환경 · MAINTENANCE • 현상(現狀) 문제점 도출, 개선안	▶ 용지(用地)계획 • 조성(造成)계획 • 외구(外構)계획 　– 건폐율, 용적율, 조경면적 ▶ 제품 · 원료 · 부자재 • 생산품목, SPEC · 량 • 원료 종류별 SPEC · 량 • 부자재별 SPEC · 량 ▶ PROCESS(제3차) • PROCESS FLOW • M/B, U/B, P&ID, EFD, UFD • 기기능력 결정(治本사양) • 기기LAYOUT · 작업방법 ▶ STOCK • 원료품 · 중간제품별 · 부자재별 　량 · SPACE · 조건 ▶ 출하(出荷) • 수출 · 내수 지역별 　모양 · 량 · 설비 · 수송방법 ▶ 용역(用役) • 용역설비 기본사양 ▶ 동선(動線) • 공장内外동선 　– 사람 · 물건 · 폐기물 　– 작업방법 · 필요인원 ▶ 관리방식 • 일반 · 생산 · 출하 · 재고 • 품질관리 방식, 검사방법 ▶ 인원계획 ▶ 시설(施設)계획 • 시설배치 계획 • 시설별 계획 • 시설별 부대설비 계획 ▶ 대충(槪算)공사금액 ▶ 소방 · 안전계획 ▶ MASTER　SCHEDULE ▶ 사전협의 • 諸관청 · 전기공사 · 가스공사 ▶ 관청신청 자료작성 • 개발행위 허가신청 • 특정공장 신설신고

[표 11-1] 공장 설계 PROJECT 관리(2)

상세설계(詳細設計)	조달(調達)	공사(工事)	시운전(試運轉)
▶ 기기(機器) · 상세사양 • 개별기기사양, 기종결정 　– PROCESS, 機器 　– 공압 · 반송설비 　– 수변전 설비 　– 보일러 설비 　– STOCK 출하설비 • 기기 LIST, MOTOR LIST • 계장 LIST	▶ VENDOR 견적 자료작성 • 기기 사양서 • 공사 사양서 • DATA SHEET 등	▶ 공사관리 계획과 관리 • 공사체제 편성 • 공사관리 • 공정관리 • COST 관리 • 안전관리 　– 안전협의회 　– 산재 · 공사 보험	▶ 운전 MANUAL • 기기취급 설명서 • 운전 MANUAL/PROCESS • 윤활유 LIST • MAINTENANCE MANUAL
▶ 배관설계	▶ VENDOR 견적 · 선정 • 공사별 · 기기별 선정 • 견적 징수 • 기술평가 • 가격조사 • 가격분석 • VENDOR 결정 · 계약	▶ 관청 신고 • 개발공사 착공 & 완료신고 • 공사완료 신고 • 방화 대상물 사용신고 • 위험물 완성검사 신고 • 전기공작물 사용전 검사신고 • 특정 시설공사 완료신고 • 보일러 설치신고 • ELEVATOR 설치신고 • 공정 안전 보고서(PSM) • 기타 등	▶ 시운전 계획 • 시운전내용 　– 무부하 시운전 　– 저부하 운전 　– FULL　LOAD 운전 　– 생산품목 변경 　– 기기 조달 • SCHEDULE • CHECK 항목 LIST
▶ 기기(機器) · 상세 • PROCESS 기기설계 • 공압 · 반송설비 설계 • 수 변전설비 설계 • 보일러설비 설계 • STOCK · 출하설비 설계			
	▶ 품질관리 · 납기관리 • 기기입회 검사 　– 성능검사 　– 제작공정검사 　– 인수검사		▶ 시험검정 MANUAL
▶ 개별시설 상세설계 • 디자인 · 구조설계 • 기계기초 설계	▶ 납기관리 • 공정관리 · 조달		▶ 기계보증
▶ 개별시설 부대설비 검토 • 조명 · 콘센트 • 급배수 · 위생비 • 공조설비 • 화재 · 소방계획 • 피난설비 등	▶ 운반 • 반입계획 · 경로조사 • 기기분할 검토 • 운반	▶ 기기 · 자재관리 • 임시창고 • 재고 · 입출관리 • 가설(假說)계획 · 시공 • 공사시공 　– 토목,건축공사 　– 배관공사 　– 전기 · 계장공사 　– 보온 · 도장공사 • 기기 배관 세척 　– 세정 　– 물, 공기, 증기프로 • 시험테스터 　– 공사중간 검사 　– 완공검사 　– 내압 · 기밀 테스트 　– 용접검사 　– MOTOR 회전방향테스트 　– 윤활유 공급 　– 기기 무부하 테스트 • 시공도 작성	▶ 성능보증
▶ 외구(外構)관계 상세설계 　울타리 　도로포장 　녹화(잔디 · 수목) 　배수구 등			▶ 환경 CHECK
▶ 실행 SCHEDULE			
▶ 관청신청 서류작성 • 건축허가 신청서 • 소방시설 착공서 • 위험물설치 허가신청 • 전기 안전공사 계획 • 환경설비 설치계획 • 고압 · 압력용기 시설허가 • 기타 등			
▶ 각종 사양서 • 기기 사양서 • 공사 사양서			
▶ 배관 MANUAL			

2. 최적공장(最適工場)의 레이아웃

공장을 어느 지역에 세울 것인가, 공장내의 기계설치 또는 생산라인의 설비배치를 어떻게 하면 최적위치·최적규모로 레이아웃 할 것인가가 중요하다.

공장 레이아웃은 생산시스템을 디자인하는 출발 시점이자, 속전속결(速戰速決)의 기업전(企業戰)에서 경쟁우위를 확보하는 데 필수조건이며, 레이아웃의 모든 복합적 요소를 경제적 관점에서 분석, 최적모델로 접근한 최적공장 레이아웃으로 설계하여야 한다.

1) 공장배치(工場配置)의 기본원칙

눈에 드러나는 낭비요소가 설비 재배치를 하여 가능한 적게 나타나고, 전체가 조화를 이루면서 안심하고 일할 수 있으며, 사람이나 물품의 이동이 간편하게 이루어지도록 함이 바로 배치의 기본 원칙이다.

배치검토라고 하면 흔히 생산현장의 기기장치와 작업대의 배치로만 생각하는데, 기타의 다른 근무장소의 배치들도 대단히 중요하다. 원료창고의 배치, 제품창고의 배치, 에너지 설비류의 배치, 위험 물질이나 극독물 등 규제법규에 따른 취급을 해야 할 보관장, 사무실의 배치 등 기타 작업장마다 근무장소마다의 배치는 당연히 배치원칙에 따라야 한다. 또한 공장 전체의 배치가 출입문에서부터 폐기물을 처리하여 버리는 곳까지 처음부터 끝까지가 수월하고 편하며, 구석 구석이 조화가 잘 이루어지게 배치되어야 한다.

자연 여건도 검토되어야 한다. 남향의 집이 겨울에는 따뜻하고 여름에는 서늘하여 좋듯 햇볕의 방향에 따라 작업장의 위치 선정도 중요하다. 도료공장인 경우 조색은 작업장의 전등위치에 따라 작업장의 밝기를 구분할 수가 있으므로 에너지 절감에 많이 도움이 된다.

한정된 부지와 자금, 향후 성장 전망에 따라서 지하와 지상을 유용하게 쓸 경우를 감안한 배치검토의 다각화 등은 많이 연구되어야 한다.

모든 배치검토에서 사람의 이동과 원료의 흐름은 대단히 큰 몫을 차지한다. 원재료의 흐름이 그대로 생산의 흐름이므로 생산현장은 원재료의 공정에 따라 배치해야 한다. 여러 종류의 제품 생산으로 되어있는 배치이면 필요 없는 운반작업이 거의 없을 것이다. 그러나 한 공장 안에서 여러 종류의 제품을 만들 때에는 제품별 배치냐 공정별 배치냐 하는 망설임도 나타난다. 따라서 어떠한 배치가 최우선인가의 경제 계산도 필수 불가결하다.

날마다 연속생산을 하는 엇비슷한 공정순서를 지닌 공장이라면 제품별 배치로 된다. 하지만 여러 종류의 제품을 조금씩 자주 바꾸어 생산해야 할 공장이라면 어떤 배치가 최선의 배치인가를 원재료의 흐름, 일할 사람의 배치, 근무시간, 안전면 등에서 거듭 비교 검토하여 최선의 배치안을 확정함이 마땅할 것이다.

근무 효율 면에서 배치검토안이 어느 정도 수립되어 가는 시점에서는, 안전유지 점검을 하여 평상 근무 때는 물론, 위급할 때를 대비한 안전유지 설계가 마련되어야 한다.

여러 배치 안을 비교 검토한다든지, 전체의 조화와 성장할 장래를 대비, 배치를 검토하고 모형 축척판을 만들어 검토하는 것도 여러 사람의 의견을 모으는 데에 도움이 크다(그림 11-1,2 도료공장의 PROCESS FLOW PLAN 참조).

2) 배치 요소별 소요공간

배치에 소요되는 공간에 대한 기본원칙은 다음과 같다.

① 생산 일을 할 사람의 활동공간과 설비의 분해, 정비 점검을 할 공간을 채택한다.

② 원재료나 재공품이 머물러 있을 때에 필요로 하는 보관장소를 갖는다.

③ 가공할 때에 나오는 폐기물들을 임시 보관할 장소를 갖는다.

④ 설비를 바꾸거나 더 설치할 상황에 대비하여 예비공간을 확보한다.

⑤ 설비의 운전조합 활동에 필요한 공간을 확보한다.

⑥ 가장 높은 부분과 낮은 부분을 분해, 정비, 점검, 수리할 수 있는 상하와 주변의 공간을 사전에 마련한 구조물로 건축한다.

⑦ 전력선, 가스관류, 증기관류, 용수관류, 전화통신류, 배수 및 폐수관류의 결선 안전수리 공간을 확보한다.

⑧ 층으로 이루어지는 지면일 경우 액체처럼 흐름이 많은 공정은 지반 고르기를 하기 전에 상하층화 하는 배치도 고려해야 한다.

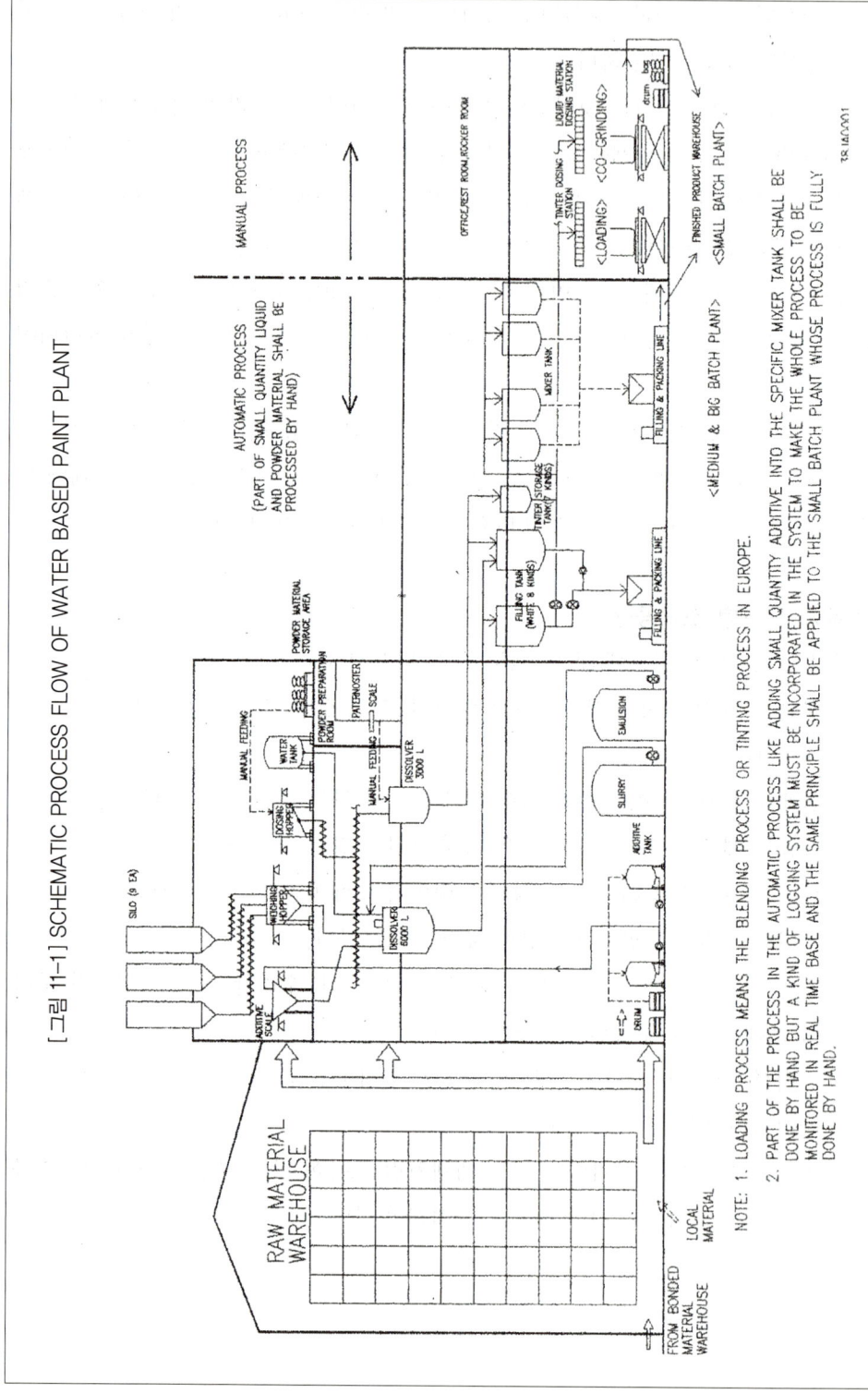

[그림 11-1] SCHEMATIC PROCESS FLOW OF WATER BASED PAINT PLANT

NOTE: 1. LOADING PROCESS MEANS THE BLENDING PROCESS OR TINTING PROCESS IN EUROPE.

2. PART OF THE PROCESS IN THE AUTOMATIC PROCESS LIKE ADDING SMALL QUANTITY ADDITIVE INTO THE SPECIFIC MIXER TANK SHALL BE DONE BY HAND BUT A KIND OF LOGGING SYSTEM MUST BE INCORPORATED IN THE SYSTEM TO MAKE THE WHOLE PROCESS TO BE MONITORED IN REAL TIME BASE AND THE SAME PRINCIPLE SHALL BE APPLIED TO THE SMALL BATCH PLANT WHOSE PROCESS IS FULLY DONE BY HAND.

[그림 11-2] SCHEMATIC PROCESS FLOW OF SOLVENT BASED PAINT PLANT

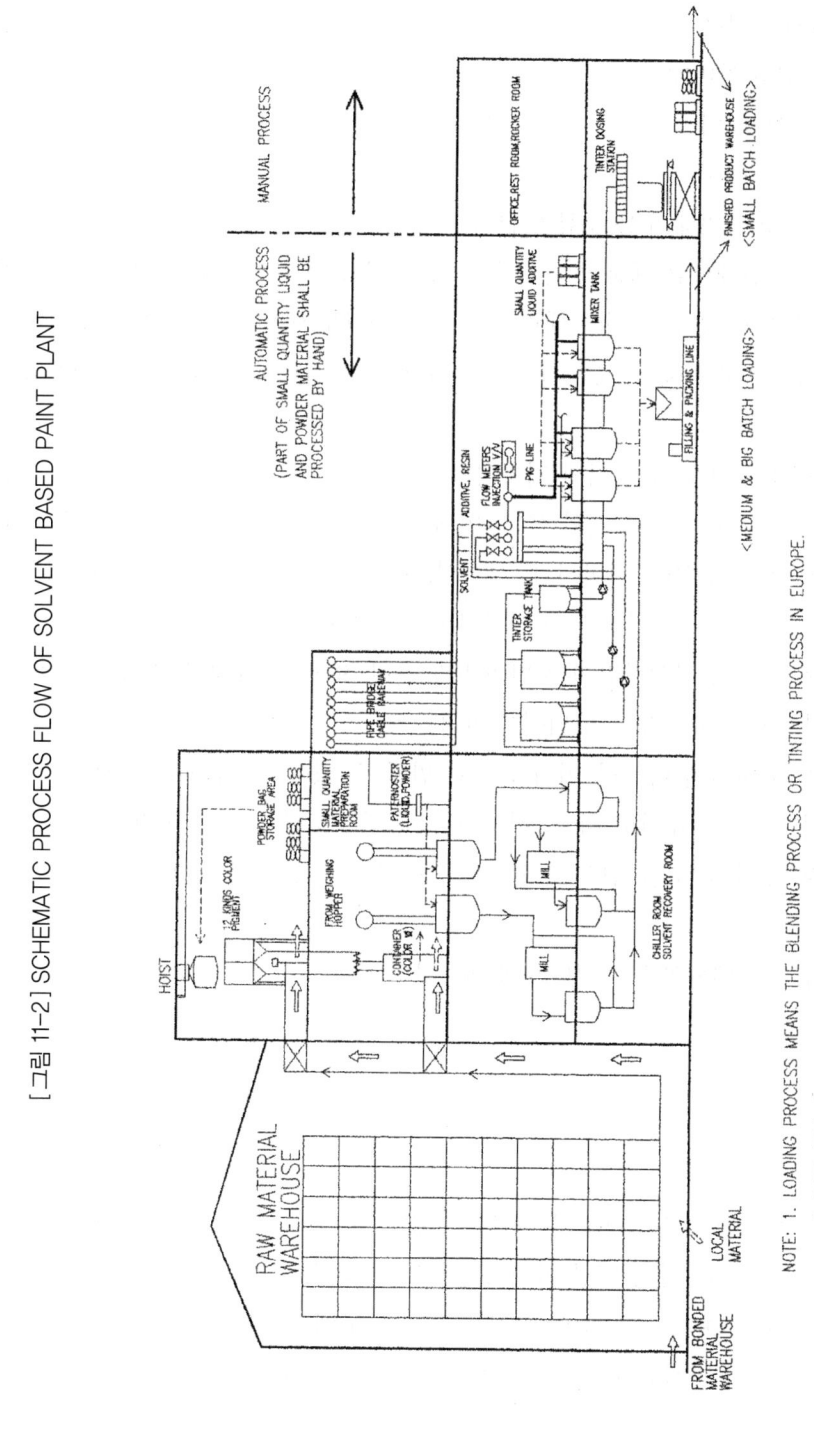

NOTE: 1. LOADING PROCESS MEANS THE BLENDING PROCESS OR TINTING PROCESS IN EUROPE.

2. PART OF THE PROCESS IN THE AUTOMATIC PROCESS LIKE ADDING SMALL QUANTITY ADDITIVE INTO THE SPECIFIC MIXER TANK SHALL BE DONE BY HAND BUT A KIND OF LOGGING SYSTEM MUST BE INCORPORATED IN THE SYSTEM TO MAKE THE WHOLE PROCESS TO BE MONITORED IN REAL TIME BASE AND THE SAME PRINCIPLE SHALL BE APPLIED TO THE SMALL BATCH PLANT WHOSE PROCESS IS FULLY DONE BY HAND.

XI 도료공장의 기본설계와 생산운영 방식

3) 설비배치의 유형

설비배치의 유형은

① 공정중심의 설비배치

②제품별 설비배치

③고정형 설비배치

④프로젝트형 설비배치 등 종류가 많다.

대량 연속 생산제품은 제품별 배치가 좋고, 소량을 자주 생산하는 제품은 공정별 배치가 될 수밖에 없다. 그러나 대량도 아니고 소량도 아닌 그 중간량을 생산하는 제품은 그 신장성과 다른 제품들과의 공정 연관성을 검토하여 제품 중심이나 공정 중심으로 정한다.

훌륭한 배치가 되게 하기 위해 기초자료로 수집 할 것은 품종구성, 제품별 생산량, 제품별 소요자재, 공정순서와 설비, 인원 및 작업 소요시간 등이 필요하다. 지원 설비로는 에너지류, 수리, 정비시설, 실험실, 사무실, 화장실, 세면장 및 갱의실, 청소용품 등 기본공정 이외의 모든 설비류가 대상이 된다.

자재의 흐름형식, 작업장간의 운반방법과 운반 요구량, 자재의 재고, 저장요구, 운반방식과 운반설비 등도 검토되어야 한다.

배치안은 단 하나가 아니라 여러 안으로 만들 수 있다. 그때마다 도면도 그리고 공간정보나 법규 등 규제도 대조, 검토한다. 공간정보란 사람의 동작, 이동, 설비의 분해, 정비, 점검, 조립, 안전유지에 필요한 공간 및 증설에 대비한 배려 등을 뜻한다.

이렇게 검토한 배치안으로 정밀하게 배치한다.

3. 창고의 자동화 계획

현대적인 생산시설에서 창고의 역할은 단순히 원자재, 부품, 완제품, 재공품, 치공구, 계기 등을 저장하는 것만 아니다. 저장품목의 종류와 양을 조절하는 정보시스템(INFORMATION SYSTEM)의 도입을 통하여 구매, 생산, 판매, 분배 등을 원활하게 하기 위한 동적재고관리(DYNAMIC INVENTORY CONTROL)의 기능도 수행해야 한다.

재고관리 및 생산합리화의 불가피한 조건으로 부각된 자동창고는 현재 종류가 다양하다. 고층창고의 자동 저장장치, 스티커크레인(STACKER CRANE)과 콘베어(CONVEYOR) 따위로 이루어진 자동 물류취급 및 반송설비 등을 갖추고 있으며, 여기에 물류(MATERIAL FLOW)와 정보의 흐름(INFORMATION FLOW)을 관리하는 전산시스템이 도입되어 제 기능을 발휘한다. 이러한 구성요소들을 참고하여 요구조건에 알맞게 선택하는 것이 중요하다.

1) 자동화 계획의 작업순서

창고의 자동화 계획은 영역이 넓고 복합적인 시스템이기 때문에 관계되는 부문이 많다.

자동화 계획시 진행해야 할 작업순서를 흐름도(그림 11-3)로 표시하였다.

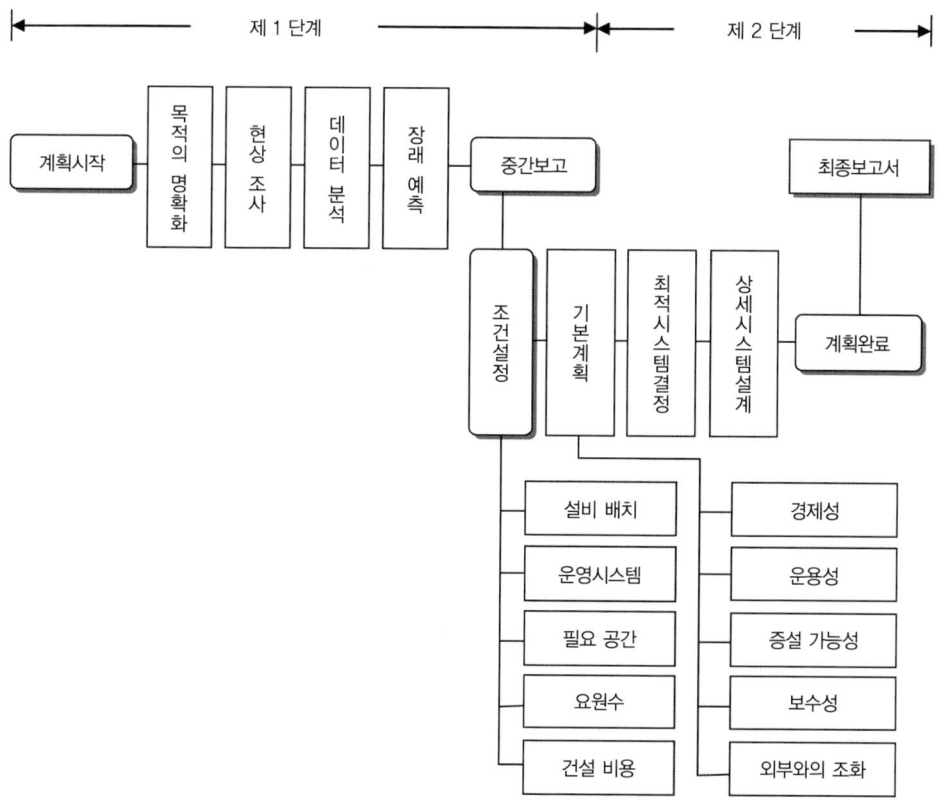

[그림 11-3] 계획의 작업순서

2) 현상조사와 분석

계획의 범위 및 내용 등의 사항들이 일목요연하게 조사되는 시점에 이르러 전체 계획이 거의 확정된다고 하겠다. 따라서 이 단계에서 충분한 시간과 노력을 기울여 현상을 파악한 뒤에 계획을 추진하는 것이 중요하다.

창고 자동화 계획의 현상 조사항목(표 11-2)을 참조하기 바란다.

[표 11-2] 현상조사 항목표

(1) 취급 대상물의 조사	① 하자(荷姿) (치수, 형상, 중량) ② 물품의 특성(보관온도, 위험물 지정) ③ 사용기기(FORKLIFT 댓 수, RACK)
(2) 물류량 조사	① 입고량(양, 건수, 품종 수) ② 출고량(양, 건수, 품종 수) ③ 입,출고 트럭(형식 댓 수) ④ 입,출고 실수 ⑤ 입,출고 시간대 ⑥ 각 데이터의 일일 변동 ⑦ 각 데이터의 시간 변동
(3) 요원조사	① 업무내용 ② 종업원수 ③ 작업 시간대
(4) 환경조사	① 부지조건 ② 지반조건 ③ 기상조건 ④ 법규
(5)정보의 흐름	① 경로 ② 내용 ③ 양 ④ 설비

3) 창고 자동화의 유의점

(1) 목적이 무엇에 있는가를 재확인 하라.

잘못하면 기구가 복잡하고, 고 능력인 설비가 고급이므로 좋은 설비라고 착각하기 쉽다.

자동 보관의 목적은 필요한 물건이 필요한 시기에 필요한 수량만큼, 필요한 장소에서 안전하고 확실하게 얻을 수 있도록 보관함에 있다라고 할 수 있다. 그 목적에만 적합하면 족하므로 항상 그 목적을 잊지않는 것이 중요하다.

(2) 자동 보관하기 위한 물건의 하자(치수, 형상, 중량)를 단위(UNIT)화 할 수 있는가?

하자(荷姿)를 일정하게, 하중조건을 일치시킬 수 있는지를 재고해 보아야 한다.

이는 자동으로 보관하기 위해서는 화물의 보관위치(LOCATION)와 공간(CELL)의 크기를 정해야 하기 때문이다. 취급할 화물의 낱개치수, 팔레트(PALLET) 단위치수 등의 상관관계를 조정하여 한 단위(UNIT)에 여러 종류를 적재하여 자동화에 대응하는 수단을 강구한다.

특이한 제품은 자동보관의 대상에서 제외하여 기존의 방법으로 보관하고, 가능한 것부터 착수한다.

(3) 장기적인 관점에서도 적합한가.

장기적 관점에서 자동 보관설비를 설치한다 하더라도 사업환경은 시시각각 변하고 있으며, 최근에는 10년 계획이 5년 만에 변하는 경우가 적지 않다. 이 경우 환경이 변하여 적합하지 않을 때도 보관이라는 동일한 목적으로 다른 경우로 사용할 수가 있어야 한다.

4) 계획을 세우면서 유의해야 할 점

(1) 입출고 능력의 확정

입출고 능력은 정해진 시간 내에 입출고해야 될 최대 요구량으로 정의되나, 설비의 능력 및 규모를 크게 하는 경우는 보전(MAINTENANCE) 비용이 많이 소요되기 때문에 설비의 신뢰도가 엄격하게 되는 등 투자효율을 저하시키는 원인이 된다. 이 문제를 해결하기 위해서는 최대(PEAK)시의 요구능력을 평균화하는 방향으로 고려하는 것이 좋다.

ⓐ 입출고 정보 사전 정리

OFF-LINE COMPUTER를 이용하여 선별리스트(PICKING LIST)를 작성하고, 출고 순서 및 품목별 분류를 한 다음 한번에 같은 종류의 품목별로 집계된 총수량을 처리하는 방법이다.

ⓑ 출고의 빈도를 고려한 보관위치의 선정

여가시에 창고 내에서 화물을 출고하기 쉬운 위치로 이동하여 둔다.

ⓒ 타 부분과의 입출고시간, 하자, 적치의 조정

자동화의 보관의 목적은 적시에 출하하는 데 있으나 반드시 출고와 같은 양의 화물을 입고함으로써 양자의 시간대 및 관련사항 등 조정 가능한 항목을 정리한다.

ⓓ 일시적인 임시 적치공간 설치

ⓔ 출고 후 잔여량의 취급처리 고려

(2) 보관수량의 결정

보관 수량의 결정이 자동창고 시스템의 규모를 확정하는 주요한 요소가 된다. 보관기간(월, 주, 일, 시)동안 입고량과, 출고량의 차이에 교통사정, 계절변동, 기후 등의 외적 요인과 영업전략, 자금조달 등의 내적 요인을 추가하여 보관수량을 결정한다.

다양화하는 최근의 경향에 대처하기 위해서는 1 품종 1 팔레트(PALLET) 적재방법보다 여러 품종을 1 팔레트에 혼합, 적재하는 방법이 바람직하다. 주로 2품종의 1 팔레트 적재방식이 많이 쓰이며 유용하다.

(3) 각종 보관 시스템의 적성평가

어느 종류의 자동 보관방식이 최적인가를 검토하는 데 중요한 것은, 단순한 설비의 가격 비교가 아니라 적성(JUSTIFICATION) 평가이다. 그 주요한 검토항목은 표 11-3과 같으며 보통 단위당(예를 들어 1 PALLET당)에 대하여 비교, 평가한다.

[표 11-3] 주요 적성평가 항목

1. 건축, 설비기기	6. 보전비
2. 토지대	7. 재고관리
3. 인건비	8. 에너지비
4. 파손, 분실, 도난	9. 세금
5. 작업성	10. 자금, 이자

(4) 창고 주변 작업과의 균형 (BALANCE)

자동 보관하는 전후에 화물의 횡적인 반송취급 및 분류, 수집하는 작업이 따른다. 자동보관 설비에로의 접속점이 애로(BUTTLE NECK)가 되면 능력(효율)에 악영향을 미치게 되므로 상호간의 균형을 이루는 계획이 필요하다.

중요한 계획상의 유의할 점은 다음과 같다.

ⓐ 주변 설비의 반, 출입 능력과 자동창고 측 능력의 균형

ⓑ 연결 장소에서의 높이(LEVEL) 일치, 특히 최초 및 최후의 단계에서 사람이 작업을 해야 하는 경우에는 사람의 키에 맞추어 작업이 쉬운 높이로 화물을 출고하며 크레인으로부터 꺼내는 장소(위치)와 다른 반송설비의 높이를 일치시키며 트럭과 바닥 높이도 일치시킨다.

ⓒ 설비간 및 사람과 설비 사이의 연결(INTERLOCK)과 안전성의 확인

ⓓ 정보의 교환

제어의 주체를 자동보관 설비측에 두느냐, 반송기 측에 두느냐, LOCAL의 기능을 어느 곳에 두느냐를 검토한다. 정보(펀치카드, 바코드)는 화물이 갖고 다니는가, 화물과는 별도인 전달방법(유선, 무선, 빛)으로 전달하는가를 선택한다.

(5) 화물 선별장(IDENTIFICATION PLACE)의 고려

보관의 자동화가 이루어져도 실제 현장에서는 화물선별 장에서는 수작업이 압도적으로 많으며 애로(BUTTLE NECK)가 될 수도 있다. 화물선별장을 얼마나 잘 설계하느냐의 여부가 바로 자동창고 설비의 효율에 상당한 영향을 줄 수 있기 때문에 그 사업의 물류를 좌우한다 해도 과언이 아니다.

(6) 재고관리

일반적으로 2,000 PALLET 정도에서는 오프라인 컴퓨터 이용에 의한 방법이 많이 사용되며, 품명, 수량, 선반(RACK)번지를 주로 기억 · 정리하여 보관설비측의 선반(RACK) 번호를 지시한다.

이 경우 주요한 유의점은 다음과 같다.

ⓐ 선별 리스트(PICKING LIST)의 작성

ⓑ 잔량 재입고 처리

ⓒ 입출고 능력의 효율 향상을 위한 RACK 번호 지정

ⓓ 주 컴퓨터(HOST COMPUTER)로의 정보연락 방법

ⓔ 정보 및 현물의 확인방법과 명령의 수수

ⓕ 동일 상품의 분산보관

이상과 같이 창고의 자동화 계획을 추진함에 있어서, 고려해야 할 작업순서 및 유의할 사항을 참조하기 바란다. 자동창고 설비를 설치할 때는 시설투자의 타당성 및 경제성 등을 충분히 검토하여 창고의 자동화 계획을 추진토록 권장하는 바이다.

4. 도료 제조공정의 개요

도료공장 생산의 특수성은 대량생산과 다품종 소량생산을 위한 생산체제를 선택하여 가동률을 향상시키고, 생산속도의 향상을 모색하며 납기 내에 생산이 이루어질 수 있도록 생산방안을 수립하는 것이다. 생산방안은 제조공정을 단순화시키는 것이다.

일반적인 도료의 제조공정은 전공정 생산시스템(CO-GRINDING SYSTEM)으로, 원료의 출고부터 배합, 분산, 마감, 조색, 조정, 여과, 포장, 입고 순으로 이루어진다. 이 공정을 분석하여 보면 작업 소요시간이 가장 많이 걸리는 공정은 분산공정이다. 이 분산공정은 안료의 응집이나 응결체를 분쇄하는 것이 중요한 것으로 이 MILL BASE는 덩치 큰 입자를 가장 빨리 분쇄하도록 작성되어야 한다.

이 공정을 어떻게 변화시킬 수 있느냐에 따라 생산방식이 다르며 생산납기를 줄일 수가 있다.

표 11-4는 도료제조 공정별 작업소요 시간을 나타낸 것이다.

[표 11-4] 생산작업의 제조 공정별 작업시간 분석 (건축용도료/6,000ℓ BATCH 기준)

제조 공정	투입 원료	원료 구성비(%)		작업시간 (Hr's)	비 고
		WEIGHT(Kg)	VOLUME(ℓ)		
배합	수지 용제 안료 첨가제	15 10 25 5	30	4	(*주)
분산				30	
마감	수지 용제 첨가제	35 5 2	67	2	
조정	조색제	3	3	1	
여과, 포장				3	
계		100	100	40	

(*주) : 작업시간이 가장 많이 소요되는 배합+분산공정의 생산품(MILL BASE)을 안료 별로 고농도화하여 미리 생산하고 제품 주문시 사용하는 방안을 검토한다.

5. 생산운영 단축방안

시장의 경쟁력 확보를 위해서는 생산납기를 최대한 단축하여 소비자에게 빠른 시간 내에 제품을 공급해야만 살아남을 수가 있다. 표 11-4의 작업시간 분석표를 보면 분산공정의 작업시간이 가장 길다. 이 공정을 어떻게 하면 줄일 수 있는가를 검토해야 한다. 또한 소량 BATCH도 작업시간은 적을 수 있으나 BATCH별 분산시간과 색상 오염 등으로 LOSS에 의한 수율이 낮고 다품종 소량일 경우 더욱 심각한 작업 LOSS 및 납기 지연을 일으킬 수 있다.

이러한 문제점을 개선하기 위해 안료별로 조색제를 개발하여 안료의 농도를 높여(기존도료의 안료 함유량에 비해 3~10배가 높은 고농도 배합) 사전에 분산 저장하고, 고객의 요구시 색상에 맞는 고농도 조색제를 투입한 후 요구제품의 품질에 맞는 원료를 후첨하는 제조방식으로, 작업시간을 많이 줄일 수 있고 작업공정을 단순화시킬 수 있다.

고농도 조색제는 MULTI-BASE용 수지를 개발하여 여러 유형의 제품에 사용한다면 조색제의 종류도 줄일 수 있고 원가절감에도 지대한 효과가 있을 것이다.

6. 생산운영 SYSTEM

1) CO-GRINDING SYSTEM (전공정 생산 SYSTEM)

일반적인 도료생산 제조방식으로 배합공정부터 분산, 마감, 조정, 여과 및 포장을 거쳐 제품을 입고시키는 공정으로, 생산 BATCH별 안료의 분산을 위한 생산작업 공정으로 작업시간이 많이 걸리고 대량 생산용 작업이다(그림 11-4 참조).

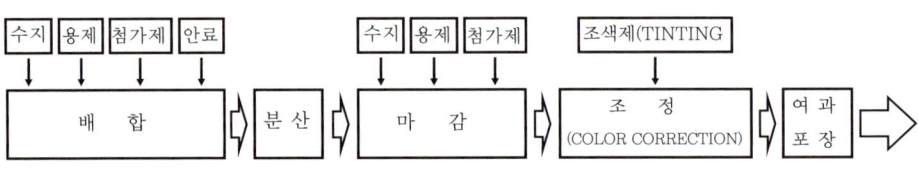

[그림 11-4] CO-GRINDING SYSTEM

2) IN-BATCH TINTING SYSTEM

백색 또는 CLEAR BASE 도료를 제조하여 저장 후 주문시 BASE 도료에 요구 색상에 맞는 원색도료로 조색 생산하는 SYSTEM이다. 주 생산은 담색계통 또는 조색제가 적게 투입되는 엷은 색상제품에 적용되며 소량 BATCH에 적용하면 생산납기를 줄일 수 있다.

색상별 원색도료를 BASE로 관리할 경우 진한 색에도 적용할 수가 있으나, 원색도료의 저장관리 비용이 많이 들므로 소량일 때만 적용하고 있다(그림 11-5 참조).

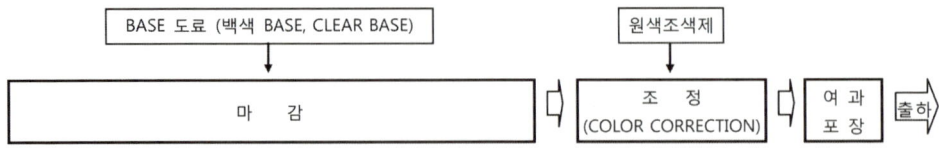

[그림 11-5] IN-BATCH TINTING SYSTEM

3) INTERMEDIATE TINTING SYSTEM

최근에 개발하여 사용하는 생산 SYSTEM으로 안료별로 고농도 조색제를 개발하여 제품의 색상에 맞는 안료비율에 준해 조색제를 투입하고, 도료물성 기준에 맞는 수지, 용제, 첨가제를 가하여 혼합 생산한다. 기존공정에서 작업시간이 많이 소요되는 공정을 줄일 수 있고 생산납기를 단축 시킬 수가 있다. 이 생산 SYSTEM의 고농도 조색제를 여러 제품에 사용할 수가 있다면 품목별 조색제의 수량을 감소시킬 수가 있으므로 원가절감에 상당한 효과가 있을 것이다.

INTERMEDIATE TINTING SYSTEM은 중, 소량 BATCH용에 적용된다(그림 11-6 참조).

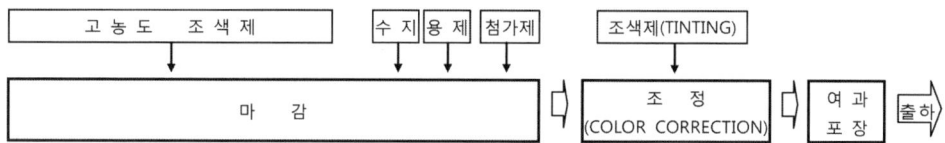

[그림 11-6] INTERMEDIATE TINTING SYSTEM

4) IN-CAN TINTING SYSTEM

소비자에게 1일내 생산공급을 위한 소량생산 SYSTEM으로, 이 SYSTEM은 CAN에 포장된 BASE 도료를 창고에 보관하고 있다가 주문시 창고에서 불출하여 조색 공급하는 SYSTEM으로 페인트 대리점에서 공급할 수 있는 체계로 되어 있다.

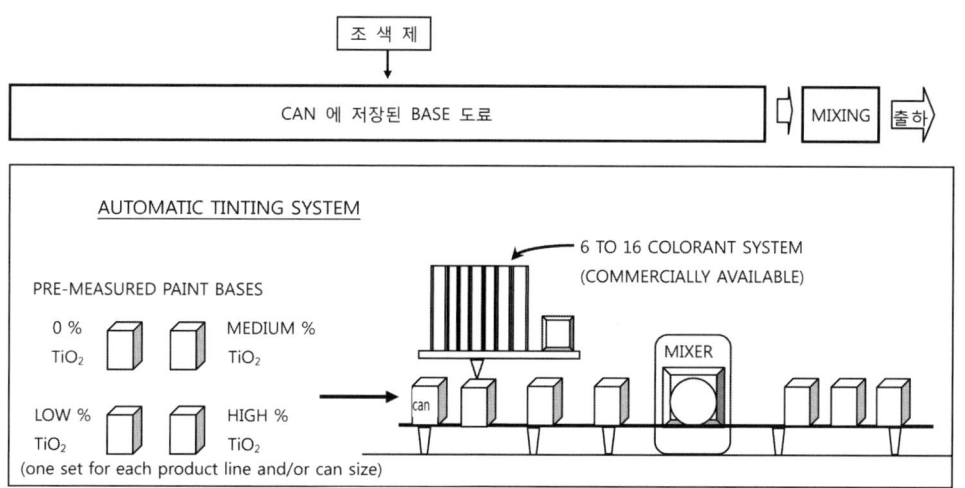

[그림 11-7] IN-CAN TINTING SYSTEM

BASE 도료는 TiO₂ 함량이 0%, LOW%, MEDIUM%, HIGH%인 4종으로 구성되어 있으며 FILLING된 CAN에 포장되어 공급된다. 제품의 품목 및 색상에 따라 BASE 도료를 선택하여 UNIVERSAL 조색제로 TINTING(엷은 색은 3%, 진한 색은 10%를 투입함)하여 MIXING 후 소비자에게 바로 공급하는 SYSTEM이다(그림 11-7 참조).

5) BASE FILL & TINTING SYSTEM

IN-CAN TINTING SYSTEM과 같은 소비자에게 1일 생산공급을 위한 소량생산 SYSTEM으로 지역별 분공장 또는 공장용 생산공급 SYSTEM이다.

BASE 도료는 TiO₂ 함량이 0%, HIGH%인 2종으로 운영되며, 조색제는 UNIVERSAL TINTER를 사용한다. 운영방법은 BASE 도료의 INTERMEDIATE COMPONENT를 생산하여 TANK에 저장하고 EMPTY CAN에 제품의 품목 및 색상에 맞는 BASE 도료 조제와 UNIVERSAL 조색제를 투입 MIXING 후, 소비자에게 공급한다(그림 11-8 참조).

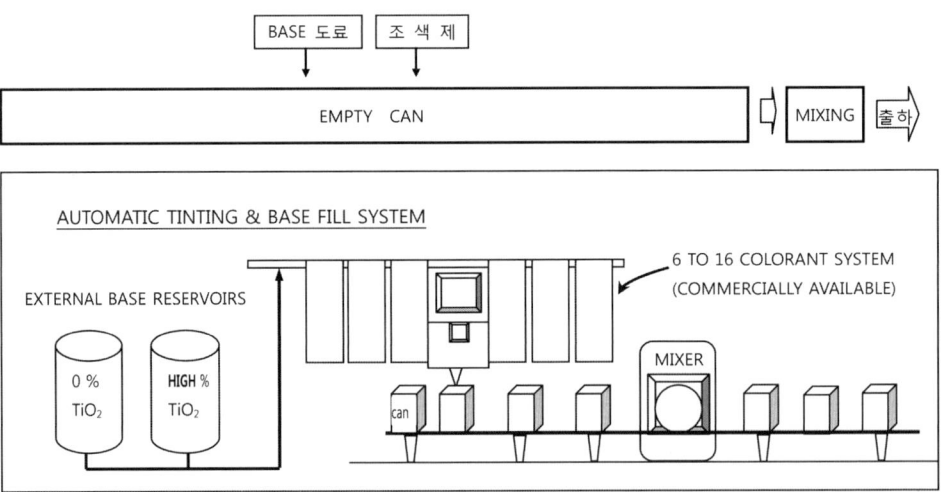

[그림 11-8] BASE FILL & TINTING SYSTEM

도료 생산기술의 정석

도료공장의 생산성관리

도료공장의 생산성관리

1. 생산성 향상 기법 도입

일반 기업체가 추진해온 생산성 향상의 방법으로는 설비투자를 중심으로 한 생산의 효율화가 주였다. 부존자원이 빈약한 우리나라로서는 작업방법 개선에 의한 노동 생산성 향상이 필수적이라 할 수 있었다.

초기의 과학적 관리방법인 작업연구에 있어서는 대체로 생산 현장만이 연구의 대상이었으나, 최근 복잡해지는 경영관리에 발맞추어 구매·생산·판매·재무·인사 등 모든 분야를 포괄하는 전사적 품질수준 향상을 목표로 하는 새로운 관리기술이 요청된다.

이에 부응하기 위하여 IE 팀 창설과 생산관리 기법의 도입 및 전사적 전개가 필요하다. 과학적 분석에 기초를 둔 작업관리로서 P.A.C(Performance Analysis and Control) 시스템을 도입, 이의 효율적인 운영으로 작업 일선 감독자 및 작업자에게 직무에 대한 책임감을 확고히 부여함으로써 생산현장의 작업개선에 성공할 수가 있다.

1) P. A. C SYSTEM의 도입

작업관리 분석을 위해서는 생산성에 대한 현황조사가 필요하다. 샘플을 설정하여 생산라인의 생산성 조사를 스톱워치에 의해 측정해 보면 노동 생산성이 30% 수준으로 낮으며 그 원인을 분석한 결과는 다음과 같다.

첫째, 생산성 측정에 대한 정확한 산출방법이 없어 작업의 분배, 공정의 개선활동 등이 미흡하였으며

둘째, 기초 데이터의 부족으로 생산업무의 정형화가 이루어지지 않아 관리표준이 설정되지 않았고

셋째, 작업자의 성취동기가 없어 오로지 물량 증대에만 급급하여, 작업자의 사기가 저조하였으며

넷째, 현장 관리자의 기본 작업관리 업무보다는 자재조달 등의 부수업무가 과중하였고

다섯째, 지원부서와 생산부서간의 생산저조에 대한 책임전가 등으로 생산현장은 일대 혼돈 속에 있었으며 전반적인 정비가 요구되었다.

이와 같은 원인분석 결과, IE 팀에서는 무엇보다 작업 표준시간의 산출 및 적용이 급선무임을 인식하여 적용방법을 연구하게 된다.

2) 표준시간 산출방법

표준시간의 산출방법은 PTS 방법 중 WORK FACTOR 방법을 채택하여 이의 실용화를 위해 간편법인 READY WORK FACTOR 법을 채택, 이에 대한 표준시간 자료를 설정한다.

(1) 표준시간의 정의

① 표준화된 작업을

② 정상적인 숙련도의 작업자가

③ 정상적인 작업 조건하에서

④ 정상적인 작업속도(정신적, 육체적 무리가 없는 경제적인 속도)로 작업을 하고 정상적인 피로와 지연을 행하는 데 필요한 시간

(2) 표준시간의 설정 목적

① 원가계산의 분배지수

② 작업일정 계획의 수립(부하의 판단)

③ 생산일정 계획의 수립(CAP의 평가 및 평준화)

④ 원가 및 외주단가의 견적

⑤ 생산성(효율) 관리

⑥ 공정의 계획

⑦ 생산방식의 선택

⑧ 예산관리

⑨ 장려금 제도의 도입 및 설정

(3) 표준시간의 구성

① 주 작업시간 : 1단위를 생산, 혹은 가공하는 데 필요한 시간

　　　┌ 정미시간 : 순수하게 작업에 필요한 시간
　　　└ 여유시간 : 작업시간 외에 불가피하게 필요한 시간
　　　　　┌ 물적여유
　　　　　└ 인적여유

② 준비 작업시간 ┌ 준비 정미시간
　　　　　　　　└ 준비 여유시간

(4) 표준시간의 설정 절차

작업(공정) 선정

↓

현황 파악(시간치 중심 과거자료 검토, 치 공구, 작업력, 작업환경, 사용부품
　　↓　　조사, 작업자 선택, 작업자 대화)

간단한 개선

↓

요소작업 구분 및 분석(요소작업 분석표, 작업유형 분류)

↓

VTR 촬영 목시 관찰(서브릭 관찰)	미세동작 분석 분석기법 결정	동작 분석표 WF법 혹은 MTM법 분석단위로 동작 기재

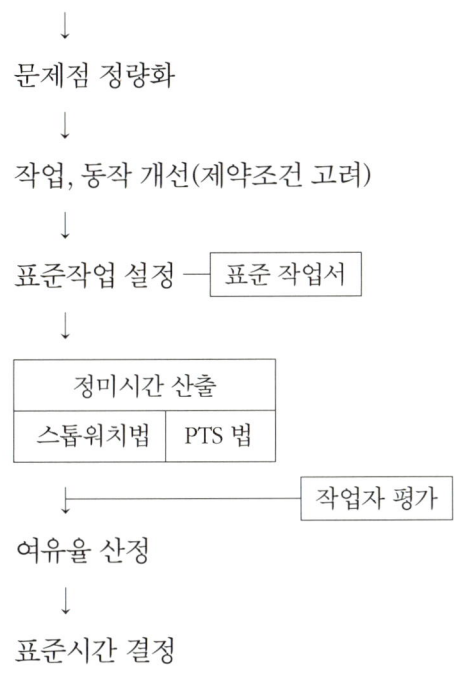

↓
문제점 정량화
↓
작업, 동작 개선(제약조건 고려)
↓
표준작업 설정 ─ 표준 작업서
↓

정미시간 산출	
스톱위치법	PTS 법

└─────────── 작업자 평가

↓
여유율 산정
↓
표준시간 결정

3) 표준시간의 산출인원 및 관리

표준시간의 산출방법은 R. W. F로 하기로 하였으나 표준시간의 산출이 최소 6개월 이상 경력의 전문요원을 필요로 하므로 각 사업부에서 현장경력 5~7년 이상인 직·반장급을 대상으로 전문요원을 선출하여 이들에게 전문교육을 실시한다. 이러한 과정에서 양성된 인원으로 모델공정에 대하여 정확한 표준시간을 산출해서 전사표준으로 설정한다.

산출된 표준시간을 적용하기 위해 각 사업부의 경영진을 비롯해서 현장 근로자의 충분한 인식이 요청된다. 사업부와 다소의 마찰이 있을 수 있으나 근본취지가 생산업무의 정형화 및 목표관리(MBO)에 있고 작업자에게 성취동기를 부여하기 위한 것이므로 쉽게 합의점에 도달할 수가 있다.

산출된 표준시간에 따라서 모든 생산업무의 분담 및 할당, 활동에 대한 평가, 생산성 저하요인의 분석 및 대책수립, 공정계획, 적정 인원계획, 공정편성, 생산계획, 경영계획 수립 작성 및 자재 수급계획 등을 실시토록 한다. 이러한 생산활동 성과에 대한 분석과 관리제도로서 생산성관리 제도를 창안하여 관리하면 된다. 이 생산성 관리제도의 기초가 되었던 것은 P.A.C 시스템이다. 여기서 P.A.C란 PERFOR-

MANCE(실시효율)의 ANALYSIS(분석)와 CONTROL(관리)로서 작업노력에 의한 능률의 유지와 향상을 위한 작업능력 관리의 한 방식이다.

이 P.A.C 시스템의 특징은

① 과학적인 표준시간에 의한 PERFORMANCE 측정

② 제일선 감독자의 지도력:

PERFORMANCE의 실적은 능률급을 자극 방법으로 하기 보다는 제1선 감독자에 의해 작업자의 의욕을 높이고 작업지도에 의한 높은 수준을 유지한다. P.A.C는 높은 PERFORMANCE의 원동력을 관리자나 감독자의 지도감독으로 얻을 수 있다.

③ PERFORMANCE의 직위 · 책임별 분류:

PERFORMANCE을 관리 감독자의 책임과 작업자의 책임으로 분류하고, 작업 PERFORMANCE의 추구와 더불어 감독자 책임의 LOSS 공수를 직위별 능률로 구한다.

④ PERFORMANCE에 관한 분석적 보고:

제1선 감독자는 그 부문에 대한 PERFORMANCE의 최종 성과를 아는 것뿐만 아니라 그 내역을 분석, 보고하여 생산성 향상에 대한 ACTION을 보다 확실히 할 수 있다.

⑤ 일일 적정배치를 위한 지원부문 운영:

제1선 감독자는 PERFORMANCE에 관한 책임을 완수하려면 매일 발생하는 여력의 노동력을 자기의 판단으로 자유로이 방출할 수 있는 체계가 필요하다. 더욱이 노동력의 세밀한 유효 활동을 하기 위하여 각 공정에 매일 지원하는 지원부문을 설치한다.

2. 생산성 관리제도

1) 산출량에 대한 공수환산

① 표준공수 : 소정의 생산량에 표준시간의 합계를 의미한다.

즉 모델별 대당 표준시간 × 모델별 생산량

② 생 산 량 : 제품검사 합격품으로 한다.

2) 투입인원 작업시간에 대한 공수환산

① 직접인원 : 직접 작업자와 공정검사 및 조정한 인원

② 간접인원 : 과장 · 사무직원 및 자재 · 공구설비 등 관리인원

③ 재적공수 : 해당과 인원에 대한 투입공수

④ 지원공수 : 타 부문과 서로 주고 받은 공수

⑤ 잔업공수 : 정상근무시간 외에 작업한 공수

⑥ 유실공수 : 작업자 책임이 아닌 불가피한 LOSS 공수로서 표준시간 결정시 여유시간에 포함되지 않은 공수

(예)

• 자재 불량 : 투입된 자재가 불량시 이에 의해서 라인에서 발생되는 유실

• 불량 재작업 : 출하검사에서 불합격된 제품의 수정작업 및 중간검사 후의 수리 작업 공수로서 해당공수를 계산하여 사용

• 기계 고장 : 기계고장에 의한 작업중단시 발생되는 공수

• 자재 품절 : 생산도중 자재 품절로 인해 작업이 중단되었을 경우 유실되는 공수

3) 생산성 지표의 산출방법

(1) 노동 생산성의 향상 정도

① 방법개선 정도 : 설계 또는 제조기술면의 개선 정도로서 표준시간 단축률로 결정된다.

② 실시면에서의 달성도

- 생산성에 실시 결과의 표준시간에 대한 효율로 평가된다(실동공수 효율).

- 생산 및 간접부서에서의 실시결과의 표준시간에 대한 효율로 평가된다(작업공수 효율).

• 노동생산성 = 방법개선률×실동 혹은 작업공수 효율

• 노동생산성 = $\dfrac{\text{개선 전 표준공수}}{\text{개선 후 표준공수}} \times \dfrac{\text{개선 후 표준공수}}{\text{현재 실동 혹은 작업공수}}$

(2) 공수효율 평가

① 실 동 률 : 관리상태의 정도를 의미한다.

② 실동공수 효율 : 작업자의 노력도, 숙련도, 감독자의 지도력의 정도를 의미

한다.

$$\bullet\ \text{작업공수 효율} = \text{실동공수 효율} \times \text{실동률} = \frac{\text{표준공수}}{\text{실동공수}} \times \frac{\text{실동공수}}{\text{작업공수}}$$

(3) 생산성 지표의 산출공시

[표 12-1] 생산성 지표

지 표 명	단 위	산 출 공 식
표준공수	MIN	Ι (MODEL 별 S/T × MODEL 별 생산량)
환산 생산량	대	표준공수 ÷ 기준모델 S/T
일평균 작업인원	명	작업공수 ÷ 정상 작업일수 ÷ (480분 − 휴식시간)
일평균 재적인원	명	재적공수 ÷ 정상 작업일수 ÷ (480분 − 휴식시간)
1인당 생산량	대/인	환산 생산량 ÷ 일평균 작업인원
1인당 월생산량	대/인	환산 생산량 ÷ 작업공수 × 480분 × 25일
실동공수 효율	%	표준공수 ÷ 실용공수 × 100
실용율	%	실용공수 ÷ 작업공수 × 100
작업공수 효율	%	표준공수 ÷ 작업공수 × 100
잔업 및 특근율	%	(잔업 + 특근공수) ÷ 작업공수 × 100
출근율	%	{재적공수 − (결근,휴가,출장,지각,조퇴,외출공수)} ÷ 재적공수 × 100
대당평균 실동공수	분/대	실동공수 ÷ 환산 생산량
대당평균 작업공수	분/대	작업공수 ÷ 환산 생산량
직접률	%	작업인원 작업공수 ÷ 총작업공수 × 100
추가 작업률	%	{(작업공수 ÷ 재적공수) − 1} × 100

4) 공수분석 자료의 전산화

앞에서 설정된 생산성관리의 업무는 가장 초보적인 단계로, 데이터의 수집 및 실적자료의 집계가 문제가 된다. 소수 인원에 대한 생산성의 측정 및 취합은 수작업으로도 용이하게 실시할 수 있지만, 대규모 인원에 대해서는 실적에 대한 취합과 유지관리에도 막대한 인원과 비용이 따르게 된다.

따라서 이에 대한 업무의 효율성 제고와 관리의 정확성 유지 또한 분석을 용이하게 하기 위해 이러한 제반 생산성 관리업무를 전산 처리하기에 이르러 기초 데이터의 입력관리, 표준시간의 관리, 생산성의 측정, 데이터의 누적 생산성의 분석 등을 전산 프로그램을 개발하여 사용하여야 한다.

이와 같이 대규모 작업군에 대하여 일별 생산성의 성과가 측정되고 결과에 대한 요인이 분석되면, 분석내용에 따른 대책이 마련되어 시행되는 일련의 시스템 활동이 전개된다. 이에 따라 점차적으로 생산성이 향상되게 되며 자체 생산성 지수의 향상과 더불어 생산현장의 모든 업무가 정형화됨으로써, 관리수준의 레벨업에 의해 한 차원이 향상된 관리방식을 도입한 것이 된다.

[표 12–2] 공수관리에 대한 전산시스템

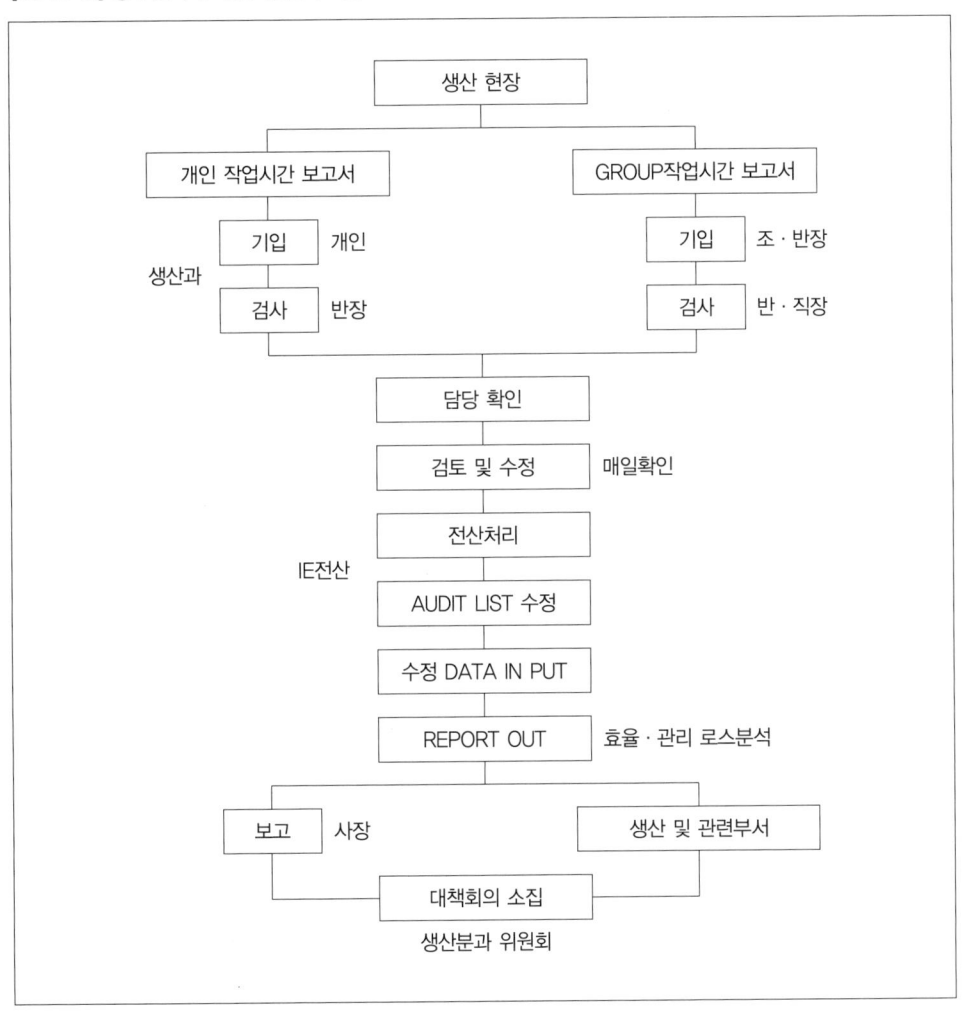

이상과 같은 과정을 거치는 동안 생산물량의 증가와 더불어 작업에 소요되는 인원증가를 최대로 억제하고 라인별, 작업별, 퍼어포오먼스의 측정과 차질요인을 분석해서 작업의 배치효율(LINE BALANCING), 작업자의 노력도 유지, 숙련도 향상을 위한 교육, 지원부품(자재·설비) 등을 강화해 1인당 생산성을 3배로 향상시킬 수가 있을 것이다.

생산성 향상은 정확한 측정지수 및 관리방법이 없더라도 자연적인 물량증가에 투입인력 억제라는 방법으로도 이룰 수 있지만 그 증가 폭은 둔화될 것이다. 따라서 생산성 향상의 지속적인 달성을 위해서는 정확한 표준시간의 산출과 이에 따른 생산성의 측정이 체계적으로 이루어질 수 있는 관리제도가 정형화되어야 한다.

그러나 이러한 관리는 일개 부문의 노력만으로는 목표 달성이 어려우며 전부문의 협력체제와 경영자는 물론 종업원의 충분한 인식과 참여에 의해 지속적으로 성장해 나갈 수 있는 것이다.

3. 설비의 가동률 관리

1) 설비의 종합효율

"우리 회사의 설비가동률(設備稼動率)은 85% 이상입니다"라는 말을 들으면 그야말로 설비는 잘 가동이 되고 유효하게 사용되고 있는 것처럼 들린다. 여기서 주의해야 할 일은 그 설비 가동률이 어떤 계산식으로 어떤 데이터를 근거로 계산되었는가 하는 점이다. 한마디로 설비 가동률이라는 말을 사용하고 있기는 하지만, 기업에 따라 그 산출방법이 각각 다르다. 따라서 숫자만 가지고 그대로 받아들여 계산한다는 것은 오해의 근원이 된다.

일반적으로 설비 가동률이라고 하는 것은 시간가동률(時間稼動率)을 뜻하는 경우가 많은 것 같다. 시간가동률은 부하시간(負荷時間)에 대해 설비의 정지(비가동)시간을 제외한 가동시간과의 시간적 비율을 산출한 것이다. 이것을 계산식으로 나타내면

$$\text{시간가동률}(時間稼動率) = \frac{\text{가동시간}(稼動時間)}{\text{부하시간}(負荷時間)} = \frac{\text{부하시간} - \text{정지시간}}{\text{부하시간}} \text{ 이 된다.}$$

여기서 말하는 부하시간이란 하루(또는 한달) 동안에 설비에 부하를 주는 시간을 말한다. 즉 하루 동안의 조업시간에서 하루 동안의 계획휴지시간(計劃休止時間)을 뺀 시간이다.

계획 휴지시간이란 생산계획상의 휴지시간, 계획보전(計劃保全)을 위한 휴지시간, 조회(朝會) 기타의 관리상의 휴지시간 등이다. 이를 테면 하루의 조업시간이 8

시간 즉 480분, 하루의 계획 휴지시간이 20분이라고 한다면 하루의 부하시간은 20분을 뺀 460분이 된다.

또 가동시간은 부하시간에서 설비의 정지(비가동)로스 시간을 뺀 시간, 즉 실제로 설비가 가동한 시간이다. 설비의 정지(비가동) 로스시간이란 고장정지, 작업준비 조정(調停), 부속품 교체, 기타 정지로스를 가져오는 시간을 말한다.

이것은 하루의 부하시간이 460분, 하루의 정지로스 시간이 고장시간 30분, 작업준비 30분, 합계 60분이라고 하면 하루의 가동시간은 400분이 된다.

그렇게 되면 이때의 시간 가동률은

$$\text{시간가동률}(時間稼動率) = \frac{400(分)}{460(分)} \times 100 = 87\% \text{ 즉 } 87\%\text{가 된다.}$$

현장에서 기록되는 원시(原始) 데이터가 정확하면 시간가동률 87%는 정확한 수치라고 할 수 있다. 위에서 말한 시간 가동률만으로는 설비의 가동상태를 올바르게 나타내고 있다고는 할 수 없다. 설비의 6대 로스 중 정지 로스만을 계산에 넣은 것이 시간 가동률인데, 설비로스에는 그 밖에도 속도로스, 불량로스 등이 있다. 이들 로스를 모두 계산에 넣어 정확한 설비의 가동상태를 나타내어야 하는 것이다.

TPM에서는 그림 12-1에 제시하는 바와 같이 설비의 6대 로스 전체를 계산에 넣고 각각 산출한 시간가동률, 성능가동률, 양품율(良品率)을 서로 제곱한 설비종합효율(設備綜合效率)로 종합적인 설비의 가동상태를 측정하도록 하고 있다.

이 설비 종합효율은 현재의 설비가 시간적, 속도적, 품질적으로 종합되어 부가가치를 만들어내는 시간에 얼마만큼 공헌을 하고 있는가를 나타내는 척도가 된다.

성능가동률(性能稼動率)이란 무엇인가?

성능가동률은 속도가동률과 실질가동률로 곱하여 얻어진다. 속도가동률은 나까이가와(中井川)씨의 사고방식에 의한 것으로서 스피이드의 차(差)를 뜻하며, 설비의 고유능력, 설계능력에 대한 실제로 가동하고 있는 스피이드의 비율로 스피이드의 차를 클로우즈업 시키는 것이다.

속도 가동률의 계산식은

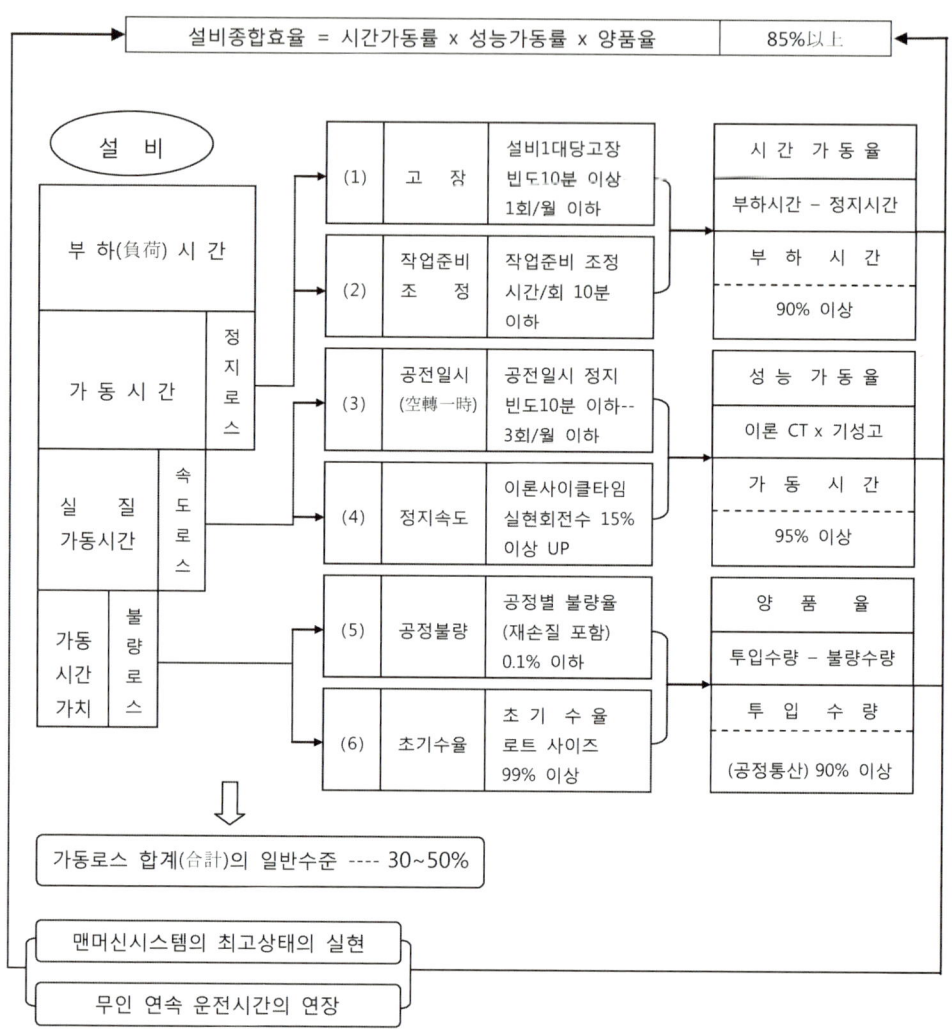

[그림 12-1] 설비 종합 효율이란

$$속도\ 가동률 = \frac{이론(또는\ 기준)사이클\ 타임}{실제\ 사이클\ 타임}$$

이를 테면 이론(또는 基準) 사이클 타임이 1개당 0.8분, 실제 사이클타임이 1개당 0.5분이라고 한다면 다음과 같이 된다.

$$속도\ 가동률 = \frac{0.5(分)}{0.8(分)} \times 100 = 62.5\%$$

실질가동률은 일정한 스피이드의 지속성(持續性)을 의미하는 것으로서, 단위시간 내에 일정한 스피이드로 가동하고 있는가 어떤가를 클로우즈업 시키는 것이다. 이것은 설계기준 스피이드에 대해 빠르다 늦다가 아니고 스피이드를 떨어뜨려서 가동하는 경우, 그 스피이드로 장시간 안정가동을 하고 있는가 어떤가이며, 일시 정지에 의한 로스, 일보상(日報上)에 나타나지 않을 작은 사고나 조정로스를 산출하는 것이다.

그 계산식은 실질가동시간 $= \dfrac{\text{실가공시간(實加工時間)}}{\text{가동시간(稼動時間)}} = \dfrac{\text{기성고(既成高)} \times \text{실제 사이클타임}}{\text{가동시간(稼動時間)}}$

이를 테면 하루의 기성고 400개, 실제 사이클타임 1개당 0.8분, 가동시간 400분이라고 한다면

실질 가동률 $= \dfrac{400(\text{個}) \times 0.8(\text{分})}{400(\text{分})} \times 100 = 80\%$

[(1 – 실질가동률) 즉 20%가 일시 정지에 의한 로스]

성능가동률을 산출해 보면

성능가동률 = 실질가동률 × 속도가동률

$= \dfrac{\text{기성고(既成高)} \times \text{실제 사이클타임}}{\text{가동시간(稼動時間)}} \times \dfrac{\text{이론(또는 기준)사이클타임}}{\text{실제 사이클타임}}$

$= \dfrac{\text{기성고(既成高)} \times \text{이론(또는 기준) 사이클타임}}{\text{가동시간(稼動時間)}} \times \dfrac{400(\text{個}) \times 0.5(\text{分})}{400(\text{分})} \times 100 = 50\%$

(또는 $= 0.625 \times 0.80 \times 100 = 50\%$)

양품율(良品率) 98%로 하고 지금까지 예시(例示)한 데이터를 기본으로 설비 종합효율을 계산해 보면 표 12-3과 같이 된다.

즉 설비 종합효율 = 시간가동률 × 성능가동률 × 양품율
$= 0.87 \times 0.50 \times 0.98 \times 100 = 42.6\%$

시간 가동률이 87% 라 해도 종합효율을 계산해 보면 실제로는 42와 50%가 넘어서고 기업의 평균적인 것이므로 종합효율로 보면 설비가 반(半)밖에 유효하게 사용되지 않는다는 셈이 된다.

우리의 경험으로 보아 바람직스러운 모습으로서는
- 시간가동률(時間稼動率) ------------------ 90% 이상
- 성능가동률(性能稼動率) ---------------- 95% 이상
- 양품율(良品率) ------------------------- 99% 이상

따라서 설비종합효율은 설비종합효율 = $0.90 \times 0.95 \times 0.99 \times 100$ = 85% 이상을 목표로 하고 있다. 이는 단순한 짐작이 아니라 실질로서 나타나고 있다.

[표 12-3] 설비 종합효율의 계산 방법

A	1일의 조업시간 = 60분×8시간 = 480분
B	1일의 계획 휴지시간 = 20분(생산 계획상의 휴지시간, 계획보전을 위한 휴지시간, 조회 기타의 관리상의 휴지시간)
C	1일의 부하시간 = A − B = 460분
D	1일의 정지로스시간(고장 20분, 작업준비 시간 20분, 조정 20분으로 하면) = 60분
E	1일의 가동시간 = C − D = 400분
G	1일의 기성고(旣成高) = 400개
H	양품율(良品率) = 98%
I	이론(또는 기준) 사이클 타임 = 0.5 분/개
J	실제 사이클 타임 = 0.8 분/개로 하면
F	실가동시간 = J×G = 0.8×00
T = 시간가동율 = $\frac{E}{C} \times 100 = \frac{400}{460} \times 100 = 87\%$	
M = 속도가동률 = $\frac{I}{J} \times 100 = \frac{0.5}{0.8} \times 100 = 62.5\%$	
N = 실질가동률 = $\frac{F}{E} \times 100 = \frac{0.8 \times 400}{400} \times 100 = 80\%$	
L = 성능가동률 = M×N×100 = 0.625×0.800×100 = 50%	
설비 종합효율 = T×L×H×100 = 0.87×0.50×0.98×100 = 42.6%	

가령 현재의 설비 종합효율이 50% 이고 이것을 TPM에 의해 85% 이상으로 하면 그 차(差)는 실로 35%나 된다. 현재의 50%에 대한 35%인 만큼 35%를 50%로 나누면 종합효율은 현재에 비해 무려 7할이나 향상 된다. 종합효율의 향상은 바로 생산성 향상인 것이다. 이러한 향상은 꿈만은 아닌 것이다.

2) 설비의 예방보전

설비관리란 "설비의 건강관리"라고 할 수 있다.

인간의 건강관리는 예방의학이 발달한 덕분으로 병에 걸리는 일도 적어졌고 수명(壽命)도 대단히 길어졌다. 설비의 건강관리에도 이 예방의학의 사고방식이 크게 도움이 된다. 예방보전은 설비의 예방의학이며, 설비의 건강관리에 있어 가장 기본이 되는 것이라 할 수 있다.

예방보전에서는 예방의학의 일상예방에 해당되는 것이 일상보전(日常保全)이다. 급유(給油), 청소(淸掃), 조절(조이기 등), 점검(點檢) 등을 세밀히 함으로써 설비의 병인 고장이 일어나지 않도록 열화(劣化)를 방지하는 데 마음을 써야 한다.

즉 일상보전은 설비를 사용하고 있는 오퍼레이터 자신이 해야 하며 이것이 TPM에 있어서의 "오퍼레이터의 자주보전(自主保全)"의 기본적인 사고방식이 되고 있다. 또 보전의 전문 담당자는 "설비의 의사(醫師)"로서 설비의 건강진단에 해당하는 정기점검(設備診斷), 조기치료에 해당하는 예방수리(事前交替) 등을 담당한다.

예방보전을 소홀히 하면 고장(병)이 나기 쉽고, 예방적으로 수리를 하면 싸게 먹히는데도 끝끝내 노화될 때까지 설비를 혹사하면, 복원을 위해 막대한 비용이 든다. 예방보전의 비용 따위는 미미한 액수에 지나지 않는다. 그런데 어떻게 된 셈인지 하면 좋다는 것을 알고 있으면서도 예방보전을 하지 않으려 한다거나, 어중간하게 하는 기업이 아직도 많다는 것이 이상한 일이 아닐 수 없다. 예방보전도 제대로 하고 있지 않는 공장은, 설비를 강제적으로 열화(劣化)시키고 있다고 하지 않을 수가 없다.

기계의 회전부분(回轉部分)이나 접동면(摺動面)에 절삭분(切削粉)이나 먼지, 티끌이 붙으면 표면에 상처가 생겨서 열화(劣化)된다. 또 중요한 급유를 게을리하면 심하게 마모(摩耗)되거나 탄다. 마찰이 커져서 에너지의 낭비가 되기도 한다.

고장이나 일시 정지는 아무래도 발생하는 것이므로 "발생해도 하는 수 없다"고 체념상태에 있는 기업은 상당히 중태(重態)라고 할 수 있다. 고장, 일시 정지 등으로 설비종합효율이 저하되고, 그 결과 생산에 쫓긴 나머지 예방보전을 해야겠다고 알고는 있으면서도 그럴 여유가 없다. 따라서 고장, 일시 정지는 그치지 않고 발생한다는 악순환을 되풀이 하게 된다. 이 악순환을 잘라버려야 한다.

톱 스스로가 TPM의 도입을 결심해야만 진정한 체질개선이 가능한 것이다.

4. 재고관리

최고경영자는 항상 재고관리에 관심을 가져왔다. 회사에 있어서 재고관리는 가장 비싸고 중요한 자산 중의 하나이다. 종종 재고는 산업체의 총투자 자산의 40%까지 되기도 한다.

기업의 전반적인 기능에 대한 투자규모와 투자의 중요성 때문에 훌륭한 재고관리는 기업에 매우 중요하다. 한편 회사는 갖고 있는 재고량을 줄임으로써 비용을 경감시키려고 노력한다. 그러나 한편으로 소비자 불만족은 낮은 재고수준과 재고부족으로 납기가 심각할 정도로 증가할 수 있다는 것을 인식하는 것이 필요하다. 재고는 재화의 생산, 유통, 마케팅의 가동시스템의 필수조건이다.

잠재적인 재고상품에 적용되는 중요한 세 가지 의사결정이 있다. 이 결정은 다음과 같다.

1) 상품을 언제 주문할 것인가?
2) 얼마나 많이 주문할 것인가?
3) 어떤 상품을 주문할 것인가?

재고결정의 중요한 목표는 총재고 비용을 최소화시키는 것이다. 주문비(ORDERING COST)는 주문하는 데 관련된 모든 비용으로 구성된다. 주문비는 공급과 주문서식, 주문공정, 서무직원 등등의 비용들로 구성되어 있다. 유지비는(CARRYING COST)는 일정기간 재고를 보유하고 유지하는 데 관련된 비용들이다. 유지비는 저장, 보험, 손상, 도난, 기회비용 등등이다.

지금 논의하고자 하는 재고모형은 수요(DEMAND)와 대기시간(LEAD TIME)은 알려져 있고 일정하며 수량할인(QUANTITY DISCOUNT)이 허용되지 않는다는 것을 가정하고 있다. 이러한 경우에는 가장 중요한 비용은 주문비와 일정기간의 재고 유지비이다. 그러므로 재고결정을 하는 데 있어서는 유지비와 주문비의 합계를 최소화시키는 것이 전반적인 목표가 될 것이다.

주문량이 증가하면 매년 주문하는 총 회수는 감소할 것이다. 그러므로 주문량이 증가할 때 연간 주문비는 감소할 것이다. 그러나 주문량이 증가할 때 유지비는 다량의 평균 재고량을 유지하는 비용 때문에 역시 증가할 것이다.

그림 12-2는 주문량과 유지비와 주문비와의 관계를 그래프로 나타내고 있다. 그래프를 보면 총비용을 최소화시키는 총비용과 주문량을 알 수 있다. 최소비용이 되게 하는 주문량은 최적 주문량(OPTIMAL ORDER QUANTITY : Q*) 혹은 경제적 주문량(ECONOMIC ORDER QUANTITY : EOQ)이라 한다. 이것은 "얼마나 주문할 것인가"에 대한 질문에 답을 줄 것이다.

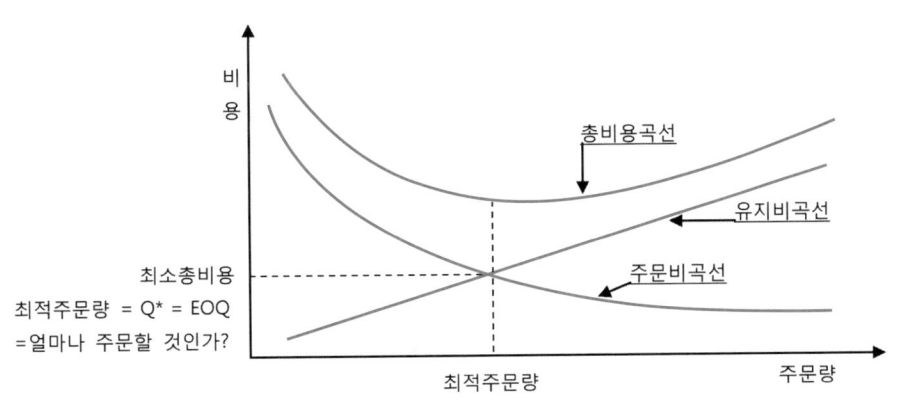

[그림 12-2] 주문량과 비용의 관계

만약 수요와 주문을 하고 난 후 재화를 획득하기 위해서 걸리는 시간인 대기시간이 알려져 있고 일정하며 수량 할인이 없다고 가정 한다면 일정기간 동안의 재고 사용을 그리는 것은 간단하다. 그림 12-3의 재고수준은 0에서 출발한다.

Q* 단위의 주문을 받을 때 재고수준은 Q*로 상승한다. 이때 재고는 일정한 비율로 사용되고, 결국은 0으로 다시 떨어질 것이다. 그러나 재고가 부족하지 않도록 하기 위해 언제 주문해야만 하는가? 그림 12-3 를 보자.

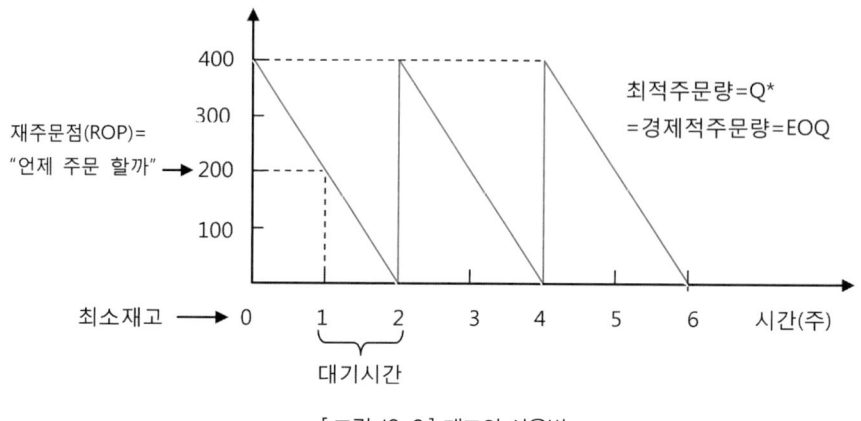

[그림 12-3] 재고의 사용법

대부분의 생산관리자는 재주문점을 세운다. 재고수준이 재주문점으로 떨어질 때 주문한다. 만약 대기시간이 1주일이라면 재고량은 1주당 200개의 비율로 판매되고, 재주문(ROP)은 1×200 = 200개이다. 이 도표는 최적주문량과 재주문점을 나타내고 있다.

즉 Q는 400개이고 ROP는 200개이다. 그러므로 재고수준이 200개 이하로 떨어졌을 때는 언제나 400개를 주문한다. 1주일 내에(대기시간) 재고수준이 0으로 내려갈 때 다시 주문한 400개는 도착한다.

5. 경제적 주문량

변수 Q가 주문량을 나타낸다고 하자. 수요가 일정하다고 가정하고 평균 재고수준을 결정하라. 1개의 구입비용을 P라 가정한다면 재고의 평균가치는 얼마인가?

그림 12-2에서 최적주문량은 주문비와 유지비를 합계한 총비용을 최소화시키는 점이다. 그림 12-2을 보면 최적주문량은 주문비와 유지비가 같은 점이다. 우리는 이런 사실을 앞으로 문제를 푸는 데 사용할 것이다. 그래프로 최적 재고수준을 결정하는 대신에 최적량을 직접 구하는 방정식을 개발하자.

필요한 단계는 다음과 같다.

(1) 주문비를 나타내는 식을 개발하라.

(2) 유지비를 나타내는 식을 개발하라.

(3) 주문비와 유지비가 같다고 하자.

(4) 최적량을 구하는 방정식을 풀어라.

아래의 변수를 사용해서 주문비와 유지비를 결정하고 Q^*를 구하라.

  Q : 1회 주문량

  Q^* : 1회 최적 주문량

  D : 재고 품목에 대한 연간 수요량

  O_C : 1회 주문비

  C_C : 연간 단위당 유지비

① 주문비 = (주문회수/연) (주문비/주문)

$$= \left(\frac{연간수요}{1회 주문량} \right) (주문비/주문)$$

$$= \left(\frac{D}{Q} \right) (O_C)$$

$$= \frac{D}{Q} O_C$$

② 유지비 = (평균 재고수준) (유지비/단위/연)

$$= \left(\frac{주문량}{2} \right) (유지비/단위/연)$$

$$= \left(\frac{Q}{2} \right) (C_C)$$

$$= \frac{Q}{2} C_C$$

③ 즉 최적 주문량은 주문비 = 유지비 일 때 구할 수 있다.

$$\frac{D}{Q} O_C = \frac{Q}{2} O_C$$

④ Q^*를 구하기 위해서 Q^*를 좌변으로 놓고 풀면

$$2DO_C = Q^2C_C$$

$$Q^2 = \frac{2DO_C}{C_C}$$

$$Q^* = \sqrt{\frac{2DO_C}{C_C}}$$

많은 기업이나 산업체에선 재고 유지비는 단위 비율이다. 가격의 연간 백분율로 종종 표시한다. 이러한 경우엔 방정식에 또 하나의 변수가 있다.

I가격의 백분율로서의 연간재고 유지비라 하자. 연간재고 I단위 저장비 C_C는 $C_C = IP$로 구할 수 있는데 P는 재고품목에 대한 단위 가격이다.

이런 경우 $Q^* = \sqrt{\dfrac{2DO_C}{IP}}$ 로 나타내어 진다.

문제 1 펌퍼집을 다른 제조업자에게 판매하는 회사인 멜트사는 1회 주문할 때의 최적 주문량을 결정하여 재고비용을 줄이고자 한다. 연간수요는 1,000개이고 주문비는 1회 10달러며, 연간 1개의 평균 유지비는 0.5달러이다. 이 숫자를 가지고 1회 최적 주문량을 계산하라.

답 ① $Q^* = \sqrt{\dfrac{2DO_C}{C_C}}$

② $Q^* = \sqrt{\dfrac{2(1,000) \times (10)}{0.5}}$

③ $Q^* = \sqrt{40,000} = 200$개

문제 2 멜트사는 PUMP INPUT GENERATORS에 대한 최적 주문량을 결정하고자 한다. 연간 수요는 4,900개이고 1회 주문비는 50달러이다. 가격은 1개당 500달러이며, 단위 가격의 백분율로 표시된 연간 유지비는 20%이다. 최적 주문량은 얼마인가?

답 N 년 동안 주문 기대회수와 주문(T) 사이의 기대시간을 다음과 같이 결정할 수 있다.

$$Q^* = \sqrt{\frac{2DO_C}{C_C}} = \sqrt{\frac{2 \times 4,900 \times 50}{500 \times 0.2}} = 70$$

주문 기대회수 $N = \dfrac{\text{수요}}{\text{주문량}} = \dfrac{D}{Q^*} = \sqrt{\dfrac{DC_C}{2O_C}} = \sqrt{\dfrac{4,900 \times 500 \times 0.2}{2 \times 50}} = 70$

주문 사이의 기대시간 $= T = \dfrac{\text{1년간의 작업일수}}{N}$

문제 3 삼우한국컴퓨터 회사는 이 회사에서 생산하는 미니컴퓨터에 사용하고자 매년 8,000개의 트랜지스터를 구입한다. 트랜지스터 1개의 비용은 10달러이고, 1개의 연간 유지비용은 3달러이다. 주문비는 1회 30달러이다.
최적주문량, 매년 주문 기대회수와 주문 사이의 기대시간은 얼마나? 삼우한국컴퓨터는 연간 200일 작업을 한다고 가정하라.

답 총 연간 재고비용은 유지비와 주문비의 합계이다.
총 연간비용 = 주문비 + 유지비
모델을 변수로 나타내면 총비용 TC를 다음과 같이 나타낼 수 있다.

$$TC = \frac{D}{Q}Q_C + \frac{Q}{2}C_C = \frac{8,000}{400} \times 30 + \frac{400}{2} \times 3 = 1,200$$

총 연간 재고비용 = 1,200달러

$$Q^* = \sqrt{\frac{2DO_C}{C_C}} = \sqrt{\frac{2 \times 8,000 \times 30}{3}} = 400$$

$$N = \sqrt{\frac{DC_C}{2O_C}} = \sqrt{\frac{8,000 \times 3}{2 \times 30}} = 20$$

$$N = \frac{\text{1년간의 작업일수}}{N} = \frac{200}{20} = 10$$

6. 재주문점(再注文點)

주문량을 결정했으므로 또 하나의 재고문제, "언제 주문할 것인가?"를 살펴 보자. 가장 간단한 재고모형은 주문한 것은 즉각석으로 수령한다는 것을 가정하고 있다. 바꾸어 말하면 주문하기 전에 특정상품 재고수준이 0이 되어야 주문하고, 즉각적으로 주문한 상품을 수령한다는 것을 가정하고 있다. 그러나 소비자들도 알다시피 주문하고 그것을 수령하는 사이의 시간 즉, 대기시간 혹은 배송시간은 종종 수일 혹은 수 주일이 걸린다. 그러므로 언제 주문을 해야만 하는가 하는 결정은 통상 재주문(REORDER POINT)으로 표현되는데 재주문점은 주문을 해야만 하는 재고수준이다.

재고수준 결정은 상비재고, 안전재고, 계절성재고, 단발성재고로 구분 관리하면 재고관리에 유익하다.

재주문 ROP는 다음과 같다.

ROP = (일일 수요) {새로운 주문을 위한 대기시간(일)} = dL

ROP에 대한 식은 수요가 일정 불변하다는 것을 가정하고 있다. 그렇지 않으면 안전재고 (SAFETY STOCK)가 추가되어야만 한다.

일일 수요 d는 연간수요 D를 연간 작업일수로 나눔으로써 다음과 같이 구한다.

$$d = \frac{D}{작업일수}$$

문제 4 트랜지스터에 대한 한국사의 연간수요는 8,000개이다. 이 회사는 연간 200일을 작업한다. 평균 배송시간은 3일 걸린다. 트랜지스터에 대한 재주문을 계산하라.

답 $d = 일일 수요 = \frac{D}{작업일수} = \frac{8,000}{200} = 40$

ROP = 재주문점 = dL = 40개/일×3일 = 120개

그러므로 트랜지스터의 재고가 120개로 떨어질 때 주문을 해야 한다. 3일 후에 즉 재고량이 0으로 떨어질 때 주문하면 상품이 도착할 것이다.

7. 생산재고의 모형

지금까지의 재고 모형에서는 전체 재고 주문은 한번에 수령 된다는 것을 가정했다. 그러나 기업은 재고를 일정기간 동안 수령할 때도 있다. 그러한 경우엔 즉각적인 수령을 한다는 가정을 요구하지 않는 다른 모형을 요구한다. 이 모형은 재고가 연속적으로 유통되거나 상품이 생산되자 마자 동시에 판매될 때 작용된다. 이러한 상황 아래선 일일 생산(혹은 재고흐름)과 일일 소요량을 고려해야 한다. 그림 12-4은 재고수준을 시간의 함수로 나타내고 있다.

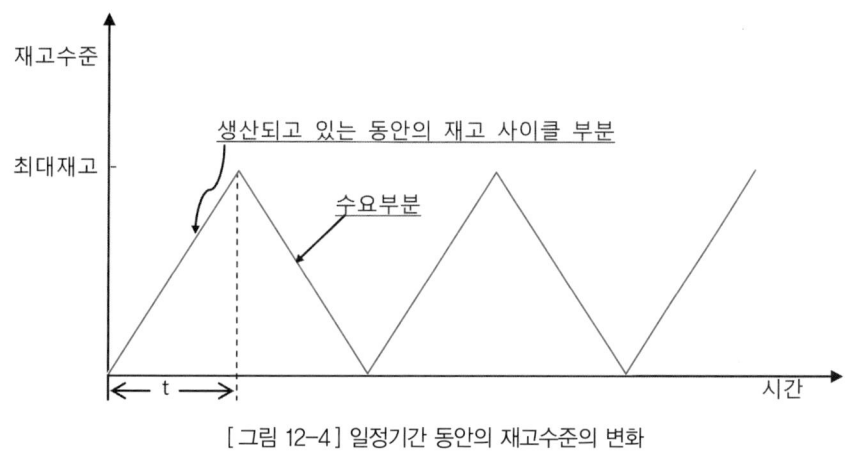

[그림 12-4] 일정기간 동안의 재고수준의 변화

이 모형은 특히 생산환경에 적합하기 때문에 통상적으로 생산실행모형(PRODUCTION RUN MODEL)으로 불린다. 재고가 일정기간 계속 수령되고 정통적인 경제적 주문량이라는 가정이 타당할 때 유용하다. 우리는 이 모형을 주문비나 준비비가 유지비와 같다고 놓고, 적절한 변수를 풀어서 도출한다. 아래는 유지비에 대한 식을 개발하고 있다.

아래의 기호를 사용하여 생산 실행모형에 대한 연간 재고유지비에 관한 식을 결정하라.

    Q : 1 회 주문량

    C_c : 연간 단위당 유지비

    P : 일일 생산율

D : 일일 수요율 혹은 사용률

t : 생산 실행기간(일)

① 여가 재고유지 비용 = (평균 재고수준) × (연간난위 유지비) = (평균 재고수준) × C_C

② 평균 재고수준 = (최대 재고수준/2)

③ 최대 재고수준 = (생산실행 동안의 총 생산량) − (생산실행 동안의 총사용량) = $P_t − d_t$

그러나 Q = 총생산 = Pt, 따라서 t = Q/P 그러므로,

최대 재고수준 = $P(\dfrac{Q}{P}) − d(\dfrac{Q}{P}) = Q − \dfrac{d}{P}Q = Q(1 − \dfrac{d}{P})$

④ 연간재고 유지비용 = $\dfrac{\text{최대 재고수준}}{2}(C_C) = \dfrac{Q}{2}\{1 − (\dfrac{d}{P})\}$
 (혹은 단순한 유지비)

문제 5 아래의 자료를 가지고 1회 최적 주문량을 구하라.

연간수요 = D = 1,000개

준 비 비 = O_C = \$10

유 지 비 = C_C = \$ 0.50 단위/년

일일 생산율 = P = 8개/일

일일 수요율 = d = 6개/일

답 ① $Q^* = \sqrt{\dfrac{2DO_C}{C_C\{1 − (\frac{d}{p})\}}}$

② $Q^* = \sqrt{\dfrac{2(1,000)(10)}{0.5\{1 − (\frac{6}{8})\}}} = \sqrt{\dfrac{20,000}{0.5(\frac{1}{4})}} = \sqrt{160,000} = 400$

8. 수량할인(數量割引)의 모형

많은 기업들은 판매량을 늘리기 위해서 대량 구입하면 제품을 싸게 해 주겠다고 제의한다. 인하된 상품 가격으로 대량 구입할 기회가 주어지면, 경영자는 경제적 주문량($Q_E = \sqrt{2DO_C/C_C}$)과 수량할인(Q_D, QUANTITY DISCOUNT)을 비교하여 의사결정을 해야만 한다.

전반적인 접근방법은 Q_E와 Q_D 중에서 어떤 옵션이 제품비를 포함시켜야만 하는 총비용을 최소화시키는가를 찾는 것이다. 그러므로 목표는 총비용을 최소화시키는 것이다.

$$T_C = 총비용 = 주문비 + 유지비 + 제품비 = \frac{D}{Q}O_C + \frac{QC_C}{2} + 제품비$$

문제 6 아래의 자료를 가지고 수량 할인을 취할 것인지를 결정하라.

D = 500개, O_C = \$4.9, C_C = \$1, P = \$10

만약 80개를 구입 한다면 할인가격은 1개당 8\$이 된다.

P_D = 할인가격 = \$8, Q_D = 할인량 = 80개

답 ① Q_E를 계산하라.

$$Q_E = \sqrt{\frac{2DO_C}{C_C}} = \sqrt{\frac{2((500)(4.9)}{1}} = \sqrt{4,900} = 70개$$

② Q = Q_E = 70에 대한 총비용을 계산하라.

$$T_C = \frac{D}{Q}O_C + \frac{QC_C}{2} + PD = \frac{500}{70}(4.9) + \frac{70(1)}{2} + 10(500) = 5,070$$

③ Q_D = 80에 대한 총비용을 계산하라.

$$T_C = \frac{500}{80} \times 4.9 + \frac{80(1)}{2} + 8(500) = 4,071$$

④ 총비용이 최저인 양을 선택하라, 이 예제에서는 최적 주문량은 다음과 같다.

$$Q^* = Q_D = 80개$$

대한페인트 상점이 가지고 있는 철문에 관한 자료가 아래와 같다면 수량 할인을 택해야만 하는가.

D = 2,000개, O_c = \$10, C_c − \$1,   P = \$1, P_D = 할인가격 = \$0.75,
Q_D = 할인량 = 2,000개

답 ① $Q_E = \sqrt{\dfrac{2 \times 2,000 \times 10}{1}} = \sqrt{40,000} = 200$

② Q = Q_E = 200에 대한 총비용

$$T_C = \frac{2,000}{200} \times 10 + \frac{200}{2} \times 1 + 1 \times 200 = 2,200$$

③ Q = Q_D = 2,000에 대한 총비용

$$T_C = \frac{2,000}{2,000} \times 10 + \frac{2,000}{2} \times 1 + 0.75 \times (2,000) = 2,510$$

④ 최적 주문량은 200개

의사결정에 필요한 원가정보

의사결정에 필요한 원가정보

1. 손익분기점(B.E.P) 분석

CVP 분석은 보통 손익분기점 분석(B.E.P : BREAK-EVEN POINT ANALYSIS)의 기법을 통하여 이루어지기 때문에 CVP 분석과 손익분기점 분석은 종종 동의어로 사용된다.

손익분기점(BREAK-EVEN POINT)이란, 수익과 제조 및 판매와 관련하여 발생하는 총비용(또는 원가)이 일치하는 점을 말한다. 그러므로 이 점에서는 이익도 손실도 나지 않는다. 그리고 이 손익분기점은 판매 수량 또는 판매액으로 표시된다. 만일 모든 원가나 비용이 조업도와 직접적인 비례성을 갖고 증가하고 고정비가 존재하지 않으면 모든 조업도에서 판매 단위당 일정의 이익이 실현되는 것으로 볼 수 있다.

이 같은 상황하에서는 손익분기점은 0이 되고 이익은 판매액(량)에 비례하여 증감할 것이다. 그러나 고정비가 존재하는 경우에는 사정이 달라진다.

제조원가와 판매비 및 일반 관리비가 변동비와 고정비의 두 부분으로 구성되는 경우에 손익분기점은 다음과 같은 간단한 식으로 표시할 수가 있다.

손익분기점에서의 판매액 = 고정비 + 변동비

위 등식에서 고정비는 일정의 조업도 내에서 일정한 것으로 가정하였고, 변동비 총액은 판매액에 비례하여 증감한다. 판매액의 일정부분은 변동비를 회수하는 데 활용되고, 나머지 부분인 공헌이익은 순이익을 표시하게 된다.

조업도 증가시는 변동비 절감이 효과가 있고, 불경기시는 고정비 절감이 효과가 있다.

손익분기점 분석을 위한 공식은

(1) 손익분기점의 매출액 $= \dfrac{\text{고정비}}{1-(\text{변동비}/\text{매출액})} = \dfrac{\text{고정비}}{1-\text{변동비율}} = \dfrac{\text{고정비}}{\text{한계이익율}}$

손익분기점의 판매량 $= \dfrac{\text{고정비}}{\text{가격}-(\text{변동비}/\text{판매량})} = \dfrac{\text{고정비}}{\text{제품 단위당 한계이익}}$

(2) 일정한 매출액일 때 손익 $= \text{매출액} \times (1 - \dfrac{\text{변동비}}{\text{매출액}}) - \text{고정비}$

일정한 판매량일 때 손익 $= \text{판매량} \times (\text{가격} - \dfrac{\text{변동비}}{\text{판매량}}) - \text{고정비}$

(3) 목표이익 달성점 매출액 $= \dfrac{\text{고정비}+\text{목표이익}}{1-(\text{변동비}/\text{매출액})}$

목표이익 달성점 판매량 $= \dfrac{\text{고정비}+\text{목표이익}}{\text{가격}-(\text{변동비}/\text{판매량})}$

2. 손익분기점을 구하는 방법

1) 등식법에 의한 B.E.P의 예출방법

손익분기점에서의 매출액이란 고정비와 변동비의 합계액과 일치하여 이익이 "0" 인 상태의 매출액을 의미하므로 다음 관계식이 성립된다.

- 매출액 = 고정비 + (매출액×변동비율) + 목표이익(0)
- (매출수량×가격) = 고정비 + (매출수량×제품 1 단위당 변동비) + 목표이익

위의 등식에 의해서 B.E.P 매출액 및 매출수량을 구할 수 있다.

그러면 간단한 예제를 통하여 B.E.P를 구해 보기로 한다.

문제 1   K.Y. Kim이란 사람이 어린이날을 맞아 서울대공원 앞에서 동화책을 팔아 보려고 계획을 하고 있다. 그는 출판사에서 권당 ₩50(변동단가)에 얼마든지 책을 구입할 수 있으며, 팔지 못한 책의 반품도 가능하다. 동화책의 판매가격은 권당 ₩90(판매단가)이고, 판매장소의 임차료는 ₩2,000(고정비)이며 신불조건이다. 몇 권의 책을 팔아야 손익분기점이 되는가?

답 1). ① 손익분기 매출수량을 구하는 방법

(매출수량×가격) = 고정비 + (매출수량×제품 1단위당 변동비) + 목표이익

B.E.P 매출수량(책수) = x 라고 하면

$$₩90x = ₩2,000 + ₩50x + 0$$

$$₩40x = ₩2,000$$

$$x = 50권(B.E.P \ 매출수량)$$

② 손익분기 매출액을 구하는 방법

매출액 = 고정비 + (매출액×변동비율) + 목표이익

$$변동비율 = \frac{변동비}{매출액} = \frac{제품단위당 \ 변동비}{제품단위당 \ 가격} \ 이므로$$

B.E.P 매출액 = x 라고 하면

$$x = ₩2,000 + \left(\frac{₩50}{₩90} x \right) + 0$$

$$\frac{40}{90} x = ₩2,000 + 0$$

$$x = \frac{₩2,000 + 0}{0.444} = ₩4,500$$

③ 일정액의 이익을 올리기 위해 필요한 매출 수량을 구하는 방법

(매출수량×가격) = 고정비 + (매출수량×제품 1단위당 변동비) + 목표이익

만일 목표이익이 ₩800이고, 목표이익 ₩800을 달성하기 위한 매출수량 = x 라고 하면

$$₩90x = ₩2,000 + (₩50x) + 800$$

$$₩40x = ₩2,800$$

$$x = 70권$$

④ 일정액의 이익을 올리기 위해 필요한 매출액을 구하는 방법

매출액 = 고정비 + (매출액 x 변동비율) + 목표이익

만일 목표 이익이 ₩400이고, 목표이익 ₩400을 달성하기 위한 매출액 = x 라고 하면

$$x = ₩2,000 + (x \times \frac{₩50}{₩90}) + ₩400$$

$$\frac{40}{90} x = ₩2,400$$

$$x = ₩5,400$$

2) 이익율법에 의한 B.E.P 산출방법

공헌 이익율법이란 앞에서 살펴본 등식법을 응용한 것으로 공헌이익이 차지하는 비율을 말한다.

$$즉, 공헌이익률 = \frac{공헌이익}{매출액} = \frac{매출액 - 변동비}{매출액} = 1 - \frac{변동비}{매출액}$$

📑 2). B.E.P 매출액 및 수량은 다음과 같이 구할 수가 있다.

① B.E.P 매출액 = $\dfrac{고정비}{\underset{(한계이익)}{1- 변동비율}}$ = $\dfrac{고정비}{1- (변동비/매출액)}$

앞의 예를 풀어보면

$$B.E.P \ 매출액 = \frac{₩2,000}{1-(₩50/₩90)} = ₩4,500$$

②. B.E.P 매출수량 = $\dfrac{고정비}{판매단가 - 단위당 변동비}$ = $\dfrac{고정비}{단위당 공헌이익}$

여기에서 B.E.P 매출수량 = $\dfrac{₩2,000}{₩90 - ₩50}$ = 50권

③. 목표이익 매출액 $= \dfrac{\text{고정비}+\text{목표이익}}{1-\text{변동비율}} = \dfrac{\text{고정비}+\text{목표이익}}{\text{공헌이익율}}$

예제에서 목표 이익을 ₩400으로 예상할 때

$$\text{매출액} = \dfrac{\text{₩2,000}+\text{₩400}}{\text{₩90}-\text{₩50}} = 60\text{권}$$

3. 한계이익(공헌이익)

한계이익이란 제품 1단위의 판매가 고정비를 회수하고 이익을 창출하는 데 얼마나 공헌하는가를 나타내는 개념으로서, 매출액에서 변동비를 제외한 금액을 말하며 한계이익에서 고정비를 제외하면 이익이 된다.

따라서 한계이익이 고정비보다 크면 이익이 발생하고 고정비보다 작으면 손실이 발생하게 된다.

- 한계이익 = 매출액 – 변동비 = 고정비 + 이익
- 한계이익 단가 = 판매가격 – 단위당 변동원가

＊제품 손익계산서

(단위 : 백만원)

구 분		계 획		실 적		차 이		비 고
판매수량		6,500,000매		6,200,000매		−300,000매		
매출액		₩26,000	₩4,000	₩24,490	₩3,950	−1,510	−50	
매출원가	변동비	7,800	1,200	7,750	1,250	50	−50	
	고정비	4,650	715	4,650	750	0	−35	
	계	12,450	1,915	12,400	2,000	50	−85	
판매비	변동비	3,120	480	3,100	500	20	−20	
	고정비	2,050	315	2,050	331	0	−16	
	계	5,170	795	5,150	831	20	−36	
일반 관리비		550	85	550	89	0	−4	
지 급 이 자		1,560	240	1,600	258	40	−18	

연구소 비용	530	82	530	85	0	−3	
당기이익(경상이익)	5,740	–	4,260	–	−1,480	–	
한계이익, 단가	15,080	2,320	13,640	2,200	−1,440	–	
고 정 비	9,340	–	9,380	–	−40	–	

• 당기이익 − 법인세 = 순이익

＊이익 감소 요인분석(한계이익 개념 적용)

① 판매수량 미달 : 계획의 한계이익 단가×판매수량 차이

　　₩2,320×300,000매 = 6억 9천 6백만원

② 판매단가 미달 : 판매단가 차이×실적 판매수량

　　₩50×6,200,000매 = 3억 1천만원

③ 매출원가 변동비 : 원가차이×실적 판매수량

　　₩50×6,200,000매 = 3억 1천만원

　　고정비 : 고정비 차이 금액

④ 포장운반비 : 포장 운반비 차이 원가×실적수량

　　₩20×6,200,000매 = 1억 2천 4백만원

⑤ 이자지급 : 고정비 차이 금액

4. 원가관리 실무

1) 특별 주문가격의 결정

문제 1-1 뉴코아사의 년간 총 생산능력은 30,000 단위이다.
현재의 조업수준은 연 평균 25,000 단위고 제품 단위당 원가와 비용은 다음과 같다.

직접 재료비	₩400
간접 노무비	₩300
변동 제조 간접비	₩100
변동 제조원가	₩800
고정 제조 간접비	₩200(년간 ₩5,000,000)
제조원가	₩1,000
영업 변동비	₩100
영업 고정비	₩300(년간 총액 ₩7,500,000)
단위당 전부원가	₩1,400

이 제품의 판매단가는 ₩2,000이다. 따라서 단위당 이익은 ₩600이 된다. 지금 이 제품 3,000 단위를 단위당 ₩980에 대량 매입하겠다는 주문을 받았다. 주문을 수락한다면 특별 선적비가 ₩100,000만 발생한다. 이 주문을 수락할 것인가?

답 비교 손익 계산서 : 공헌이익 법

(단위: 천원)

구 분		주문이 없는 경우		주문을 받는 경우	
		단 가	총원가	총원가	차 이
매 출 액		₩2,000	₩50,000	₩52,940	₩2,940
변 동 비	제조원가	800	20,000	22,400	2,400
	영업	100	2,500	2,500	0
	계	900	22,500	24,900	2,400
공 헌 이 익		1,100	27,500	28,040	540
고 정 비	제조원가	200	5,000	5,000	0
	영업	300	7,500	7,600	100
	계	500	12,500	12,600	100
영 업 이 익		600	15,000	15,440	440

– 유휴 생산능력이 있다면 정규적인 생산과 판매에 불리한 영향을 미치지 않는 범위 안에서 수락할 수가 있다.

그러므로 가격은 단위당 총 변동비 또는 증분원가를 최저한으로 하고 제품 단위당 (전부원가 + 목표이익)을 가산된 금액을 최고한으로 한 범위에서 결정된다.

문제 1-2 클론사는 외국 BUYER로부터 개당 430원에 60,000개의 판매 제의를 받았다. 현재 조업도 80%를 유지하고 있고 생산량 240,000개, 판매가 500원, 재료비 150원, 직접노무비 200원, 변동간접비 50원으로 변동비계 400원이고 고정비는 18,000,000원이었다. 귀하는 어떤 의사결정을 내리겠는가? 공장장에게 파악을 해 보니 이번 주문생산을 위하여 새로운 설비투자는 없고 영업부서에서는 외국 고객이므로 국내시장 가격 500원에는 영향이 없다고 한다.

답 ① 클론사의 개당 총원가 = 변동비 400원 + 고정비 75원 = 475원
　　② 총원가 방식에 의하면 판매가 430원 − 475원 = 45원이 손실
　　③ 차액원가 방식에 의하면 판매가 430원 − 변동비 400원 = 30원의 공헌이익
　　　　30원×60,000개 = 1,800,000원을 증대

공헌이익 > 0의 판단기준으로 클론사는 이번 제의를 수락함으로써 이익 1,800,000원을 증대할 수 있다.

2) 제품믹스

문제 2 KTM사가 제조하는 3종의 제품에 대한 단위당 판매가격, 변동비, 공헌이익은 다음과 같다.

구　분		X	Y	Z
판 매　단 가		₩60	₩90	₩80
변동 제조원가	직접 재료비	27	14	40
	직접 노무비	12	32	16
	변동 제조 간접비	3	8	4
	계	42	54	60
공 헌 이 익		18	36	20
공 헌 이익율		30%	40%	25%
직접 노무비는 시간당 ₩8				
주당 이용가능 직접 노동시간 3,000 시간이다.				

① 각 제품에 소요되는 직접 노동 시간당 공헌이익을 계산하라.

② 수요급증 생산능력 초과시 어떤 제품을 우선 생산하는 것이 유리한가?

답

	구 분	X	Y	Z
	제품 단위당 공헌이익	₩18	₩36	₩20
①	제품 단위당 직접 노동시간	1.5시간	4시간	2시간
	직접 노동 시간당 공헌이익	₩12	₩9	₩10
②	3,000 시간에 대한 공헌이익	₩36,000	₩27,000	₩30,000

3) 시설투자 결정

문제 3-1 소올 S사는 취득원가 ₩10,000. 내용년수 10년인 신 기계를 도입하려고 한다. 기계도입 전, 후 연간 매출액 및 비용은 다음과 같다.

구 분	도 입 전	도 입 후
판 매 량	5,000 단위	5,000 단위
판매단가	₩10	₩10
직접 재료비	4	4
직접 노무비 단가	3	2
변동 제조 간접비 단가	1	1
고정 제조 간접비	–	1,000
기타 고정비	4,000	4,000

답 차액원가 연간 5,000 단위 판매 – 생산

구 분		도 입 전	도 입 후	차 이
매 출 액		₩50,000	₩50,000	0
변 동 비	직접 재료비	20,000	20,000	0
	직접 노무비	15,000	10,000	₩5,000
	변동 간접비	5,000	5,000	0
	계	40,000	35,000	5,000

공 헌 이 익		10,000	15,000	5,000
고 정 비	고정 간접비	–	1,000	–1,000
	기타 간접비	4,000	4,000	0
	계	4,000	5,000	–1,000
영 업 이 익		6,000	10,000	4,000

문제 3-2 아트사는 현재 보유하고 있는 기계 취득원가 40,000,000원 상각액 누계 18,000,000원 내용년수 경과 후 매각가격은 5,500,000원이다.

대체하고자 하는 신형기계는 취득가 51,000,000원, 내용년수 5년, 잔존가치 0원이고 매년 재료비/노무비/간접비를 포함해서 13,000,000원의 비용을 절감한다고 한다.

제조능률 및 품질에 대한 차이와 신형기계 대체시 이익률이 높은지 검토하라.

답 아트사의 최저 필요 수익율은 15% 라면

n = 5	1	12%	13%	14%	15%
	연금현가	3.605	3.517	3.433	3.352

① 신형기계의 현금 지출원가

51,000,000 − 5,500,000 = 45,500,000

② 차액원가(신기계 원가절감액) = 13,000,000

③ 연금 현가계수 = $\dfrac{\text{현금지출원가 } 45,500,000}{\text{원가절감액 } 13,000,000}$ = 3.5

연금 현가계수 3.5에 적합한 이자율을 보간법에 의해서 계산하면

$= 13\% + \dfrac{(14\% - 13\%) \times (3.517 - 3.5)}{(3.517 - 3.433)}$

$= 13\% + \dfrac{(1\% \times 0.017)}{0.084}$

$= 13\% + 0.202 = 13.202\%$

④ 이자율 비교 13.202% − 15% = −1.798%

신기계 대체결정은 15%보다 적으므로 보류해야 한다.

4) 특정 제품 생산 중단 여부에 대한 결정

문제 4-1 대우테그사는 에나멜, 우레탄, 에폭시 제품을 생산 판매한다. 월평균 매출액 및 비용 자료는 다음과 같다.

＊제품별 손익 계산서

구 분		계	에나멜	우레탄	에폭시
매 출 액		₩250,000	₩125,000	₩75,000	₩50,000
변 동 비		105,000	50,000	25,000	30,000
공 헌 이 익		145,000	75,000	50,000	20,000
고 정 비	급 료	50,000	29,500	12,500	8,000
	광 고 비	15,000	1,000	7,500	6,500
	보 험 료	3,000	2,000	500	500
	기 타	57,000	26,500	17,500	13,000
	계	125,000	59,000	38,000	28,000
영 업 이 익		20,000	16,000	12,000	−8,000

에폭시 제품을 판매하지 않는 것이 기업 전체 이익을 향상 시키는 데 기여하는가?

답 에폭시 제품의 비교 손익계산서

구 분		판 매	중 단	차 이
매 출 액		₩50,000	−	₩−50,000
변 동 비		30,000	−	30,000
공 헌 이 익		20,000	−	−20,000
고 정 비	급 료	8,000	−	8,000
	광 고 비	6,500	−	6,500
	보 험 료	500	−	500
	기 타	13,000	₩13,000	−

	계	28,000	13,000	15,000
영 업 이 익		−8,000	−13,000	−5,000

회피가능 고정비가 공헌이익의 상실보다 적으므로 계속 판매한다.

그러므로 기업이익은 ┌ 회피가능 고정비 > 상실되는 공헌이익이면 향상되고
└ 회피가능 고정비 < 상실되는 공헌이익이면 감소한다.

문제 4-2 요트도료사는 건축도료, 분체도료, 목공도료를 생산 판매하고 있다. 그러나 건축용 도료는 판매에서 손실을 보게 되어 이 생산라인을 폐지하려 한다. 건축용도료의 생산라인을 폐쇄할 경우 회사의 총 손실액은 얼마인가.

* 요트도료사의 제품별 손익계산서

구 분		건축도료	분체도료	목공도료	계
매 출 액		₩100,000	₩250,000	₩150,000	₩500,000
변 동 비		54,000	150,000	60,000	264,000
공 헌 이 익		46,000	100,000	90,000	236,000
고 정 비	개 별 비	40,000	20,000	30,000	90,000
	*공통배분	20,000	50,000	30,000	100,000
	계	60,000	70,000	60,000	190,000
순 이 익		−14,000	30,000	30,000	46,000

* 공통배분 고정비는 매출액 기준으로 배부.

답 건축용도료가 폐쇄 되었다고 가정하여 손익계산서를 작성하면

구 분		분체도료	목공도료	계
매 출 액		₩250,000	₩150,000	₩400,000
변 동 비		150,000	60,000	210,000
공 헌 이 익		100,000	90,000	190,000
고 정 비	개 별 비	20,000	30,000	50,000
	*공통배분	62,500	37,500	100,000
	계	82,500	67,500	150,000
순 이 익		17,500	22,500	40,000

* 공통배분 고정비는 매출액 기준으로 배부.

– 영업부서의 의견은 시장에서 건축용을 팔지 않고서는 분체도료나 목공도료조차 판매가 어려울 것이라고 하는데 의사결정의 판단기준은 절약원가 > 상실된 수익일 때 중단결정을 한다.

5) 외주가공 및 자사 생산여부 결정

문제 5-1   현우사는 부품 볼트를 생산하고 있다. 연간 8,000 단위이며 제조단가는 ₩18원이다. 외부 8,000개의 볼트 부품을 단가 ₩15원에 공급하겠다고 제의를 했다. 외주가공을 할 것인가?

답 볼트 부품의 제조원가와 외부 구입원가

구 분	제조 단가	차액 단가		차액 총원가	
		제 조	구 입	제 조	구 입
직 접 재 료 비	₩3	₩3	–	₩24,000	–
직 접 노 무 비	4	4	–	32,000	–
변 동 간 접 비	1	1	–	8,000	–
감 독 자 급 료	3	3	–	24,000	–
감 가 상 각 비	2	–	–	–	–
기 타 고 정 원 가	5	–	–	–	–
외 부 구 입 원 가	–	–	₩15	–	₩120,000
계	18	11	15	88,000	120,000
제조의 경우 유리한 원가 차이		4	–	32,000	–

문제 5-2.1   폴드사는 부품 6,500개를 자가 제조할 것인가. 구매할 것인가를 고려하고 있다. 구입시보다 생산원가가 싸지는지 검토한다.

구 분	단위원가	제조원가	구매원가	차이
재 료 비	₩6.25	₩40,625		
노 무 비	10.00	65,000		
간 접 비	5.00	32,500		
구 매 가 격	20.50	–	₩133,250	
주문 / 인수 / 검사비	2.00	–	13,000	
계		138,125	146,250	₩-8,125

답 폴드사는 자가 생산할 때 구매시보다 8,125원이 싸게 되어 순이익이 증가한다.

문제 5-2.2 폴드사가 부품제조 대신 유휴설비를 이용하여 신제품 제조에 이용한다면

구 분		단위원가	총 액
판 매 수 량			4,800
매 출 액		₩31.25	₩150,000
제조원가	재료비	10.00	48,000
	노무비	12.25	58,800
	간접비	5.00	24,000
	계	27.25	130,800
증 가 이 익		4.00	19,200

답 증가이익 = 19,200 − 8,125 = 11,075원

자사에서 부품을 생산하는 대신 신제품을 제조할 때의 이익이 증가된다.

6) 일시 조업중단에 관한 의사결정

문제 6 현대사는 유리제품을 장기간 생산판매하였으나 경제환경 여건으로 일시 조업중단을 결정해야 한다.

공장 정상 조업도		100,000 시간/년
공장 고정비	조업 시	15,000,000 원
	휴업 시	10,000,000 원
경쟁 판매가		5,000 원
1 시간당 변동비		4,400 원
당매가에 의한 조업도		10,000 시간/년

- 조업 중단시 발생원가 : 종업원 퇴직금, 경비원 급료, 보관비, 조업중단 준비비

- 조업 재개시 발생원가 : 종업원 채용, 훈련비, 조업준비비

- 조업 중단/개시와 관계없이 발생하는 비용 : 보험료, 상각비, 재산세, 이자비용

🔳 휴업시와 조업시의 손익계산서를 작성하면

구 분	휴 업 시	조 업 시	차 이
매 출 액	–	50,000,000 원	
변 동 비		44,000,000 원	
공 헌 이 익		6,000,000 원	6,000,000 원
고 정 비	10,000,000 원	15,000,000 원	5,000,000 원
순 손 실	–10,000,000 원	–9,000,000 원	1,000,000 원

휴업시는 1천만 원이 손실이고, 조업시는 9백만 원이 손실이다. 조업을 하는 것이 휴업을 하는 것보다 1백만 원이 유리하며, 조업을 계속하는 경우 이점은 종업원 확보와 경기 회복시 곧바로 생산에 착수할 수가 있다.

7) 반제품 판매 또는 추가 가공제품의 판매 결정

문제 7-1). 극동 실리콘사는 단일 생산 공정에서 2가지 이상 제품을 생산하는 경우 일정 단계까지는 제품별로 구분되지 않다가 분리점을 지난 후 구분될 때 중간제품으로 팔 것인가, 추가 가공해서 팔 것인가를 결정해야 한다.

극동 실리콘사의 추가 가공원가와 수익은 아래와 같다.

분리점에서 제 품	추가가공 제 품	분리점에서의 판 매 가 격	추 가 가 공			
			판매가격	증가수익	원 가	공헌이익
A	폴리머	1,000원	1,500원	500원	800원	–300원
B	에멀젼	6,500원	8,500원	2,000원	1,500원	500원
C	오 일	15,000원	20,000원	5,000원	4,300원	700원

🔳 A, B, C 제품과 폴리머, 에멀젼, 오일의 판매수량을 고려하여, 추가가공에 의한 증가수익 > 추가가공 비용을 판단 기준으로 가공여부를 결정한다.
예컨대 폴리머 제품이 대다수 차지하고 있다면 이 회사의 전체 수익은 적자가 될 수 있다는 것이다.

참고문헌

1. Paint Flow and Pigment Dispersion   Tenple. C. Pattom
2. Journal of Paint Technology   Vol 42, No 550, November 1970
3. Pigment & Resin Technology   May 1976
4. Paint Manufacture   April 1978
5. TiO$_2$ International Catalogue
6. Power requirements for Disc-Type Impellers   Morehouse-Cowles
7. Chemical Engineer's Handbook   3d ed, Mc Graw-Hill, New York, 1950, Perry. J. H
8. Unit Operations   John Wiley, New York, 1950, Brown. G. G
9. Plants for Synthetic Resins, Varnishes and Adhesives   Soken Chem. Eng.
10. The Scaling-up of chemical Plant and Process's   Chemical Engineering
    September 17, 1962
11. Super Flow High-Performance Perl Mill & Micro Media   Buhler AG
12. Zirconox Ceramic Milling Media   Jyoti Ceramic Industries
13. 色材   50, 1977. 分散系의 物理化學
14. 分散 技術 入門   小石眞純
15. 攪拌機의 基本作業   神東塗料
16. 經營分析實務 & 調色의 基礎知識   KCC塗料
17. 企業經營의 意思決定 技法   강덕수
18. 合理的 生産管理를 위한 研究   박지형
19. 最適工場 LAYOUT   신정철, 황학
20. 倉庫管理 시스템 1982.   野津勝

XIII
의사결정에 필요한 원가정보

도료 생산기술의 정석

2010년 10월 25일 초판 1쇄 인쇄
2010년 10월 30일 초판 1쇄 발행

지은이 이기열
펴낸이 정종진
펴낸곳 지식더미

주 간 채수영 박기현
기획·편집 정현철 박미현
디자인 김재경 정희철
마케팅 김종렬 송은진
파는곳 도서출판 성림
　　　　서울시 서초구 방배본동 766-34 덕성빌딩 3층
　　　　전화 02-534-3074~5 / 팩스 02-534-3076
　　　　E-Mail. wisejongjin@yahoo.co.kr
　　　　Homepage. www.sunglimbook.com
등록일자 1989년 11월 21일
등록번호 2－911

ⓒ이기열, 2010. Printed in Korea
ISBN 978-89-7124-335-0